Agiles Projektmanagement im Berufsalltag

Ursula Kusay-Merkle

Agiles Projektmanagement im Berufsalltag

Für mittlere und kleine Projekte

Springer Gabler

Ursula Kusay-Merkle
Wiesbaden, Deutschland

ISBN 978-3-662-56799-9 ISBN 978-3-662-56800-2 (eBook)
https://doi.org/10.1007/978-3-662-56800-2

Die Deutsche Nationalbibliothek verzeichnet diese Publikation in der Deutschen Nationalbibliografie; detaillierte bibliografische Daten sind im Internet über http://dnb.d-nb.de abrufbar.

Springer Gabler

Gedruckt auf säurefreiem und chlorfrei gebleichtem Papier

Springer Gabler ist ein Imprint der eingetragenen Gesellschaft Springer-Verlag GmbH, DE und ist ein Teil von Springer Nature
Die Anschrift der Gesellschaft ist: Heidelberger Platz 3, 14197 Berlin, Germany

Vorwort

Sie sollen zum ersten Mal eine kleine Initiative übernehmen? Ihre Führungskraft bittet Sie, sich einer Sache anzunehmen, „quasi als kleines Projekt"?

Oder Sie haben schon Projekte neben Ihrer „normalen Arbeit" her durchgeführt und fragen sich: War es gut so? Könnte es besser und vielleicht auch leichter gehen?

So beginnen Sie im Internet zu suchen: „Projektmanagement".

Jede Menge Einträge: Methoden, Tools, Kurse...

Bei Wikipedia finden Sie:

> Als **Projektmanagement (PM)** wird das Initiieren, Planen, Steuern, Kontrollieren und Abschließen von Projekten bezeichnet. Viele Begriffe und Verfahrensweisen im Projektmanagement sind etabliert und standardisiert.
> *Abgrenzung:* Das ergänzende Gegenstück zum Projektmanagement ist das Prozessmanagement. Damit werden Prozesse standardisiert und strukturiert, die auf ein effizientes Erreichen von Unternehmenszielen ausgerichtet sind, welche nicht in Form von ‚Projekten' bearbeitet werden. Das Projektmanagement (als Spezialfall von Prozessen) kann somit auch Gegenstand von Aktivitäten im Prozessmanagement sein (https://de.wikipedia.org/wiki/Projektmanagement, Zugegriffen 17. Dezember 2017).

Dann fällt Ihr Blick auf das Inhaltsverzeichnis des Beitrags. Endgültig beschleicht Sie das Gefühl, dass dies nicht wirklich eine Hilfestellung sein wird.

Vielleicht haben Sie auch die Chance, an einem Projektmanagement-Seminar teilzunehmen und lernen viele hilfreiche Dinge. Aber die Beispiele stammen meist eher aus größeren Projekten mit „Vollzeitprojektleitern". Dafür bekommen Sie einige Templates oder Beispiele an die Hand, mit denen Sie künftig arbeiten könnten.

Und so versuchen Sie dann, diese Templates am Rechner auszufüllen. Bleibt es für Sie wie eine theoretische Übung oder können Sie diese so richtig mit Leben füllen?

Wie kam es zu diesem Buch?

Ich selbst arbeite seit den 1980er-Jahren an und in Projekten. Ich habe Erfahrungen gemacht in kleinen, größeren und einem sehr, sehr großen Projekt. Und ich habe viele eigene Projekte während meiner Selbstständigkeit als Trainer und in verantwortlicher

Position in einer Akademie gesteuert. Ich habe die Zertifizierung als Project Management Professional (PMP®) gemacht. Gleichzeitig erlebte ich, dass wir im Kollegenkreis bei internen Projekten mitunter „hemdsärmelig“ agierten, denn diese Projekte liefen immer parallel zum Alltagsgeschäft. Wir Projektmanagement-Trainer wissen alle, wie wir sie „perfekt“ planen könnten. Allein: Dann kommt ein Kundenprojekt dazwischen und hat immer höhere Priorität. Und dann regiert eventuell der Pragmatismus.

Viele Diskussionen haben wir um Zielgruppen unserer Seminare, ihre Bedürfnisse und Seminarinhalte geführt!

Verstehen Sie mich nicht falsch: Ich bin immer noch PMP® und finde den Projektmanagement-Standard des Project Management Institute sehr gut. Ich bereite nach wie vor sehr gerne meine Seminarteilnehmer auf ihre Prüfung vor und die Mail nach bestandener Prüfung ist für mich die schönste Seminarbeurteilung! Ich rate den Teilnehmern immer, sich beim Lernen und bei der Beantwortung der Prüfungsfragen richtig große Projekte vorzustellen, denn das kann hilfreich sein.

Aber meine Alltagsprojekte sind i. d. R. nicht groß. Wenn ich darin selbst manche Teile nicht so richtig umsetze oder anpasse, bin ich dann ein schlechter Projektleiter oder einfach nur pragmatisch?

Die Lösung für dieses Dilemma fand ich bei agilen Ansätzen. Sie haben mich angesprochen: Die Betonung der Interaktion und Zusammenarbeit, der laufende Blick darauf, was jetzt am wichtigsten ist, die leichte Anpassung an Veränderungen.

Es war zugegeben Liebe auf den zweiten Blick. Denn bei der ersten Präsentation hörte ich „Sprints“ alle 2 bis 3 Wochen und dachte an die Überstunden in manchen Projekten, vor allem gegen Ende.... Und das alle 2 bis 3 Wochen? Nein, danke. So musste meine intensivere Beschäftigung mit agilen Ansätzen noch etwas warten, bis ich den Zugang über das Wertesystem der agilen Methoden bekam.

Seither habe ich sie für mich nach und nach erobert, Manches ausprobiert und Erfahrungen gesammelt. Vieles verdanke ich Communities, in denen Erfahrungen und Informationen sehr freigiebig ausgetauscht werden. Ich habe Fachliteratur gelesen und agile Zertifizierungen gemacht, um mein Wissen und meine Erfahrung nachzuweisen und ich habe in vielen Seminaren den agilen „Virus“, der mich erwischt hatte, weiterverteilt.

Was ich zunächst aber vermisst habe, war der Austausch über den pragmatischen Einsatz in Projekten, die keine „Vollzeitprojekte“ sind. Das ist in der Regel meine Herausforderung im Alltag, hier habe ich die meiste Erfahrung gesammelt.

Lange hatte ich schon ein Konzept für ein Seminar im Kopf. Arbeitstitel: „Klauen bei Agil“. Politisch natürlich nicht korrekt ausgedrückt. Einige Tools aus der agilen Welt in einem eher klassischen Umfeld einzusetzen war die Idee. Im Laufe der Zeit und mit mehr Erfahrung verlagerte sich der Schwerpunkt immer mehr auf agile Methoden. Dann kam ein Kunde, der wollte genau das...

Die Rolle des Projektleiters

Ich bezeichne die Rolle weiterhin ganz bewusst als „Projektleiter“. Im agilen Umfeld gibt es verschiedene Methoden. Mitunter – wie beispielsweise bei der Methode Scrum – gibt es die Rolle eines Projektleiters allerdings nicht. Aber in vielen

Unternehmen ist die Rolle etabliert und im Sprachgebrauch verankert. Der Projektleiter ist derjenige, der die erfolgreiche Abwicklung des Projektes verantwortet. Wie man nun „erfolgreich“ definieren kann, damit werden wir uns beschäftigen. Auch mit der Frage nach Kompetenzen und Verantwortlichkeiten. Gleichzeitig beobachte ich derzeit einen verstärkten Einsatz von Product Ownern, einer Rolle, die ursprünglich aus der Methode Scrum stammt. Daher werden wir auch auf diese Rolle eingehen.

Danksagungen

Jeder steht auf den Schultern seiner Vorgänger.

Ich möchte mich ganz besonders bedanken bei Stefan Höhn. Vor seinem inspirierenden Seminar fand ich den Begriff „Sprint“ einfach nur schrecklich und nach einigen „traditionellen“ Projekterlebnissen fast abstoßend. Stefan hat mir die agilen Werte eröffnet.

Paul Herwarth von Bittenfeld, Martin und Joachim Seibert: Ihr ermöglicht vielen Menschen Zugang zu agilen Gedanken und schenkt eine Plattform für Gedankenaustausch. Danke vielmals für viele kleine und große Events!

Danke an Organisatoren und Mitwirkende bei der jährlichen Tagung „Tools 4 Agile Teams“. Diese Tagung ist für mich immer wieder ein Highlight. Auch dieses Buch hat davon profitiert.

Viele Anregungen bekam ich auch von der Agile User Group Rhein Main. Bei einem Termin bei DER Touristik Online GmbH hing im Raum der „DTO-Meeting-Knigge“. Danke vielmals, dass ich ihn teilen darf. Er wird hoffentlich vielen Lesern eine Inspiration für eigene Meeting-Regeln sein.

Für viele Techniken, die ich im Buch vorstelle, kenne ich leider die ursprüngliche Quelle nicht. Wo immer ich sie weiß oder herausfinden konnte, habe ich sie angegeben. Danke an alle genannten und leider nicht bekannten Personen, die mit ihren Ideen zur Weiterentwicklung des Projektmanagements und der agilen Methoden beigetragen haben.

Danke an die früheren Kollegen der damaligen CSC Deutschland Akademie für die Zusammenarbeit und den Gedankenaustausch. Jörg Martin, eine Zeichnung geht auf eine Idee von dir zurück. Udo Höllebrand, du erkennst vielleicht ein Beispiel wieder. Ich danke euch sehr für viele Jahre der Zusammenarbeit und des Austauschs.

Danke Norbert Dähne für das erste Querlesen des Planungsteils und dein Feedback.

Danke Petra Nitschke für deine Seminare und dein Buch „Bildsprache“. Was es bei mir ausgelöst hat, können die Leser in meinen Grafiken sehen. Ich hoffe, sie werden ihnen Lust auf „Bildsprache“ machen.

Ein spezieller Dank geht an meinen lieben Mann, der mich ganz vielfältig unterstützt und so das Buch ermöglicht hat: Die Idee ist auf einem gemeinsamen Spaziergang entstanden. Er hat über fast neun Monate hinweg meine „geistigen Abwesenheiten“ geduldig und verständnisvoll ertragen. Er hat mir immer wieder den Rücken gestärkt und ihn mir freigehalten. Er hat mein Skript in verschiedenen Stadien gelesen und mir Feedback gegeben. Tausend Dank!

Ursula Kusay-Merkle

Inhaltsverzeichnis

Teil IV Die Gestaltung von Meetings und Workshops

Einführung 1

Übersicht

Es gibt viel Projektmanagementliteratur und vieles zu agilen Methoden. Aber die meisten Projekte sind kleinere Projekte, die von „nebenberuflichen" Projektleitern geführt werden. Trotz der vielen vorhandenen Literatur fehlt Fortbildungsliteratur für diese Zielgruppe.

Dieses Buch will praktische Hinweise zur Planung und Durchführung von kleineren Projekten geben – Projekten, die vom Projektleiter selbst oder mit einem kleinen Team umgesetzt werden.

In diesem Kapitel erhalten Sie einen Überblick über Inhalte und Aufbau des Buches. Insbesondere schlägt es „Reiserouten" für ein selektives Lesen vor.

Die Landkarte zum Buch

Jetzt will ich Sie einladen, mit mir auf die Reise durch die agile Welt zu gehen. Ich wünsche Ihnen viele „Reiseandenken", die Sie erfolgreich im Alltag nutzen können!

Machen Sie es wie ich als Freizeitmaler: Nehmen Sie einen Skizzenblock zur Hand und halten Sie direkt Ihre Ideen fest. Ich wünsche mir, dass bei Ihnen im Kopf Bilder entstehen, wie Sie die einzelnen Tools in Ihren Projekten oder Initiativen einsetzen. Machen Sie es! Halten Sie diese Bilder als Skizzen fest. Skizzen erheben noch nicht den Anspruch vollständige und ausgearbeitete Bilder zu sein. Das entlastet ungemein. Denken Sie agil: Sie machen Experimente. Aus den Erfahrungen können Sie lernen. Das sind keine Fehler, sondern ein Teil des Weges.

Welche Reiseroute schlägt nun das Buch vor?

U. Kusay-Merkle, *Agiles Projektmanagement im Berufsalltag*,
https://doi.org/10.1007/978-3-662-56800-2_1

Teil I: Projektmanagement
Der erste Teil zum Projektmanagement ist dreigeteilt.

Am Anfang stehen Begriffe: Projekt, Projektmanagement, usw.

Anschließend folgen die verschiedenen Ansätze mit den unterschiedlichen Phasenmodellen (Lebenszyklen).

Aus der klassischen Projektplanung wird kurz der Ablauf vorgestellt. Dadurch wird klar, dass das klassische Vorgehen „plangetrieben" ist.

Im Anschluss werden erste Unterschiede bei der agilen Vorgehensweise herausgearbeitet, denn diese stellt den Wert, der erzeugt wird, in den Vordergrund und ist „change-getrieben", berücksichtigt also die Notwendigkeit der laufenden Anpassung an neue Gegebenheiten oder Erkenntnisse.

Sie werden auch sehen, dass zwei wichtige agile Methoden kurz vorgestellt werden: Scrum und Kanban. Zum einen ist Scrum der am meisten genutzte Ansatz. Gleichzeitig favorisiere ich aber Kanban für meine Projekte und werde es auch für die Steuerung Ihrer Projekte vorschlagen. Das bedarf natürlich einer Erklärung.

Agile Vorgehensweise lebt aber nicht nur von den Methoden und Tools, sondern diese werden in Verbindung mit einem Wertekanon angewandt und nicht nur rein schematisch. Bevor wir uns also der agilen Planung und Durchführung von Projekten zuwenden, wird es noch um diese agilen Werte gehen.

Teil II: Projektplanung
Im zweiten Teil wird die Planung durchlaufen. Sie können direkt parallel an Ihrer eigenen Initiative oder Ihrem Projekt arbeiten. Aber auch hier weisen manche Kapitel mehr Zusatzinformationen auf. Nutzen Sie daher die Markierungen der „Sehenswürdigkeiten" oder die Vorschläge zu Reiserouten weiter unten.

Das Kapitel „Der rote Faden" gibt einen ersten Überblick über die nachfolgenden Planungskapitel.

Das sind die wesentlichen Schritte:

- Vision
- Project Charter für die Genehmigung des Projektes
- Stakeholder
- Initiales Sammeln der To-dos fürs Product Backlog
- Roadmap – Zuordnung der To-dos zu „Häppchen"
- Schätzen und Meilensteinplanung

Weitere Kapitel bieten Zusatzinformationen für das tiefere Verständnis der agilen Vorgehensweise:

- Einführung in das Product Backlog – ein Ort für alle Arbeit
- Priorisieren – Was ist wie wichtig?
- Themes, Epics, Features, User Stories, Tasks – To-dos in unterschiedlicher Granularität
- Risiken und Nebenwirkungen
- Minimum Viable Product

Teil III: Projektdurchführung und Steuerung
Der dritte Teil zeigt, wie Sie in der Durchführung den Überblick mithilfe von Kanban behalten.

Das Kapitel „Der rote Faden" gibt wieder einen Überblick.

Nach einer Einführung in Kanban werden die Praktiken detailliert beschrieben. Ein Schwerpunkt liegt dabei auf der Visualisierung der Arbeit, sodass Sie Anregungen für die Gestaltung Ihres Kanban-Boards erhalten.

Teil IV: Meetings und Workshops
Agile Methoden legen sehr viel Wert auf gemeinsame Diskussionen und das gemeinsame Arbeiten. Dies war die Motivation für den vierten Teil und soll zu Meetings und Workshops anregen. Er gibt eine kleine Übersicht zur Moderationstechnik und praktische Tipps für die Durchführung, Vorbereitung und Nachbereitung von Meetings.

Wie können Sie also mit beschränktem Zeitbudget vorgehen?
Sie werden in jedem Teil zu Beginn eine Übersicht finden. So wie auf einer Landkarte die Sehenswürdigkeiten mit Sternen oder anderen Symbolen markiert sind, so finden Sie teilweise auch in diesem Buch Markierungen an Inhalten. Das ist meine subjektive Sicht auf die agile Landkarte im Hinblick auf meine primäre Zielgruppe: Projektleiter, die neben ihren „normalen" Aufgaben ein Projekt leiten oder „machen sollen". Für diese Leser ist die Markierung gedacht, um entsprechend Schwerpunkte finden zu können.

Zusätzlich gibt es für die Projektplanung und Projektdurchführung ein Kapitel „Der rote Faden", in dem die angesprochenen Themen kurz eingeführt werden. Dieses dient zum einen dem Überblick, hilft aber auch gleichzeitig, bereits einige Fachtermini im Kontext kennenzulernen. Ich empfehle Ihnen daher in jedem Fall jeweils dieses erste Übersichtkapitel zu lesen!

Nun ist natürlich der Leser, der ein Buch sorgfältig von vorne bis hinten liest, der Traum eines jeden Autors. Aber ich gestehe, ich neige bei Fachbüchern zum „Rosinenpicken". Das Durchlesen ist die Ausnahme und der „Ritterschlag" für ein Buch.

Geht es Ihnen ähnlich? Wo könnten die Rosinen dann für Sie sein?

Ich versuche Ihnen entsprechende Reiserouten vorzuschlagen:

Sie suchen einen ersten Überblick über agile Vorgehensweisen?
Lesen Sie bitte:

- Abschn. 3.3 und 3.4 zum agilen Projektmanagement
- Kap. 5 als Übersicht über die Projektplanung
- Kap. 17 als Übersicht über die Projektdurchführung.

Sie arbeiten linear, klassisch und dies passt zu Ihren Projekten? Was könnte das Buch Ihnen überhaupt bringen?

Hier finden Sie Ideen zur Gestaltung von Workshops und Meetings:

- Erste Hinweise zu Workshops Abschn. 19.5 und 19.6
- Weitere Informationen Kap. 20.

Auch einige der beschriebenen Formate könnten für Sie interessant sein, wie die Elevator Pitch oder einzelne Collaboration Games. Diese finden Sie hauptsächlich in der Projektplanung von Kap. 6 bis 13.

Lesen Sie bitte aber auch den „Roten Faden“ in Kap. 17 zur Projektdurchführung und Steuerung mit Kanban.

Sie stehen dem „agilen Hype“ skeptisch gegenüber?
Starten Sie mit dem dritten Teil zur Projektdurchführung. Für deren Steuerung wird Kanban empfohlen und erklärt. Sie können dies jederzeit auch als Personal Kanban für Ihr persönliches Aufgabenmanagement einsetzen. So habe ich selbst angefangen – und das Buch „Personal Kanban“ erst später entdeckt: Ab Kap. 17.

Was mir persönlich noch am Herzen liegt
Auch wenn ich versucht habe, Ihnen einzelne Rosinen anzubieten, ignorieren Sie bitte keinesfalls das agile Mindset und die agilen Werte im ersten Teil!

Zum agilen Projektmanagement gehören zwei Dinge:

- Die Vorgehensweise und die Werkzeuge
- Das Gedankengut und die Haltung dahinter.

Bitte sehen Sie Agilität nicht nur mechanistisch! Menschen und ihre Zusammenarbeit stehen an erster Stelle **vor** den Prozessen.

Lassen Sie uns jetzt starten!

Teil I
Projektmanagement

Reisevorbereitungen

Das Buch ist eine Reise durch die Welt des agilen Projektmanagements.

Der erste Teil „Projektmanagement“ ist wie die Reisevorbereitungen: Notwendig und geprägt von Vorfreude. Manche Menschen lesen gerne bereits vorab über Ihr Reiseziel und notieren erste Sehenswürdigkeiten. Andere sind spontaner und planen erst vor Ort.

Abb. 1 gibt einen Überblick über die nachfolgenden Themen. Dabei sind wie im Reiseführer die wichtigsten Stationen mit Sternchen markiert – je mehr Sternchen, desto wichtiger.

Wenn Sie zu den systematischen „Vorbereitern“ gehören, dann werden Sie auch mit Kap. 1 und 2 Grundlagen legen wollen.

Wenn Sie aus Zeit- oder anderen Gründen die Reisevorbereitungen kurzhalten wollen, können Sie sich an der Bewertung orientieren: Je mehr Sternchen, desto wichtiger.

Inhalte dieses Teils

Definition und Einführung von grundlegenden Begriffen:

Was ist ein Projekt?

Was beinhaltet die Rolle des Projektleiters?

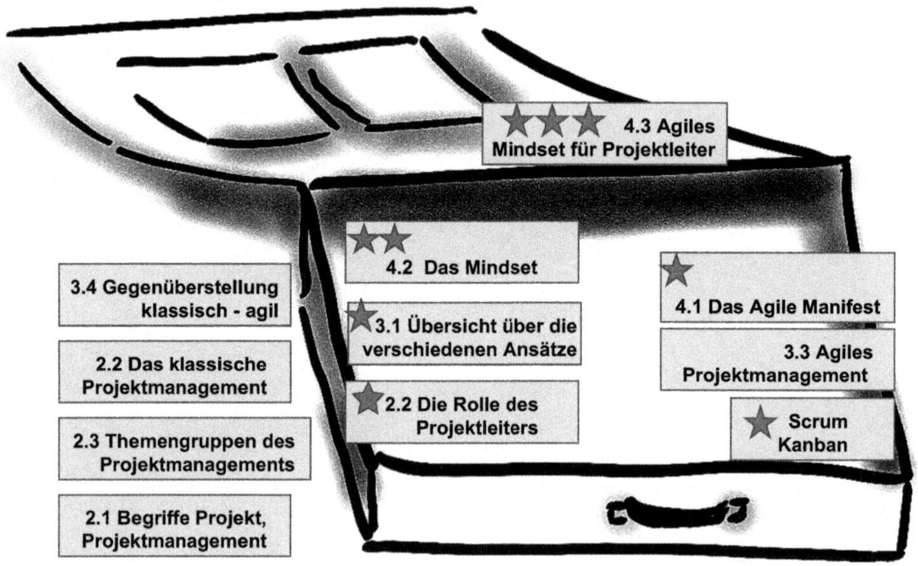

Abb. 1 Reisevorbereitungen

Was ist Projektmanagement und welche Wissensgebiete oder Themengruppen gehören dazu?

Welche Ansätze gibt es im Projektmanagement?
Bevor die weiteren Teile des Buches den Schwerpunkt auf das agile Vorgehen legen werden, sollen hier die verschiedenen Ansätze thematisiert und gegenübergestellt werden.

Wie geht das „klassische" Projektmanagement vor?
Die klassische Vorgehensweise ist plangetrieben; alle Überlegungen und Planungen werden in Projektplan und Projektmanagementplan schriftlich festgehalten.

Ein Projekt wird dann als erfolgreich angesehen, wenn es mit dem richtigen Inhalt und Umfang des Projektes (dem sogenannten Scope), der entsprechenden Qualität, in der vereinbarten Zeit und zu den genehmigten Kosten abgewickelt wird.

Dabei ist die Dimension des Scope führend: Inhalt und Umfang des Projektes werden zuerst definiert und dann die benötigte Zeit und der Finanzbedarf ermittelt. In Schleifen (iterativ) werden in der Planung gegebenenfalls Scope, Zeit und Kosten ausbalanciert.

Wie sieht im Vergleich dazu die agile Vorgehensweise aus?
Die agile Vorgehensweise stellt den „value", also den Wert, in den Vordergrund. Dieser bestimmt letztlich den Inhalt und Umfang des Projektes. Aber hier werden zuerst Zeit und Budget festgelegt, die für das Projekt (im ersten Schritt) zur Verfügung stehen. Unter dieser Rahmenbedingung wird dann jedoch immer wieder neu priorisiert, und zuerst das gemacht, was den meisten Nutzen bringt.

Das agile Wertesystem und Mindset
Im Buch wird häufig der Begriff „agile Methoden" benutzt.

Der Begriff „Methode" umfasst zwei Aspekte:

- Die Beschreibung eines planmäßigen Vorgehens um Ziele zu erreichen und
- eine Art des Handelns.

Leider wird unter einer Methode oft nur der erste Teil verstanden, so auch oftmals bei Scrum, Kanban oder anderen agilen Methoden.

Dabei berufen sich alle auf das Agile Manifest von 2001. Darin wird die Art des Handelns beschrieben, es werden letztlich Prioritäten in der Arbeit und Zusammenarbeit im Team oder mit Kunden und Lieferanten betont.

Ohne das entsprechende Wertesystem und Mindset wären alle agilen Methoden rein mechanistisch angewandt. Und umgekehrt: Mit dem richtigen Mindset und Wertesystem ist auch traditionelles, plangetriebenes Vorgehen möglich.

Aus diesem Grund ist dieses dritte Kapitel wichtig.

2 Projektmanagement – Was versteht man darunter?

Zusammenfassung

Dieses Kapitel definiert zunächst einige grundlegende Begriffe.

Was ist ein Projekt, was ist Projektmanagement, was ist die Rolle des Projektleiters?
Es ist zunächst wesentlich zu definieren, was überhaupt als Projekt angesehen werden kann.

Dieses erste Kapitel klärt den Begriff des Projektmanagements. Gleichzeitig betrachtet es dabei auch die Rolle des Projektleiters.

Gerade im agilen Projektmanagement ist die Rolle des Projektleiters unterschiedlich. Einige Methoden wie Scrum kennen die Rolle so gar nicht. Insofern wird hier erst einmal die Rolle „traditionell", aber nicht abschließend, betrachtet. Die Diskussion wird später wieder aufgegriffen.

Was sind die Wissensgebiete oder Themengruppen des Projektmanagements?
Dabei handelt es sich um Themenbereiche des Projektmanagements, die ein spezifisches Wissen erfordern und durch Prozesse mit ihren Voraussetzungen und Ergebnissen sowie den dabei verwendeten Werkzeugen charakterisiert sind.

Diese Wissensgebiete (PMI) oder Themengruppen (ISO 21500) werden zuerst ganz neutral als Themen betrachtet, die im Kontext des Projektmanagements auftauchen. Es gibt sie immer, nur werden sie unterschiedlich ausgeprägt.

Im dritten Kapitel werden dann stärker die Unterschiede herausgearbeitet, je nachdem, ob eher „klassisch plangetrieben" oder „agil value-getrieben" vorgegangen wird.

U. Kusay-Merkle, *Agiles Projektmanagement im Berufsalltag*,
https://doi.org/10.1007/978-3-662-56800-2_2

Lassen Sie uns aber hier erst einmal die Basis legen.

Darstellung:
Die Darstellung orientiert sich dabei vor allem an ISO 21500.

2.1 Projekt und Projektmanagement

Lassen Sie uns kurz die Definitionen betrachten: Was ist eigentlich ein Projekt und was versteht man unter Projektmanagement?

▶ **Projekt** Ein Projekt ist ein zeitlich begrenztes Vorhaben, um ein weitgehend einmaliges Produkt, eine Dienstleistung oder ein Ergebnis zu erstellen.

Was kennzeichnet demnach Projekte?
Sie sind zeitlich begrenzte Unterfangen.
Sie haben ein Anfang und ein Ende. Alles, was zeitlich nicht begrenzt ist, ist demnach kein Projekt.

Als ich in einem Großprojekt mitarbeitete, hing eines Tages in der Küche ein Zettel am Schrank: „Projekt saubere Küche: Jeder räumt sein Geschirr in die Spülmaschine". Es dauerte keinen Tag, da stand eine handschriftliche Notiz darunter (Abb. 2.1).

„Das ist kein Projekt!". Richtig: Das ist ein Prozess mit einem definierten Auslöser und einem definierten (in diesem Fall wünschenswerten) Ergebnis.

Sie erzeugen ein einmaliges Ergebnis.
Hier beginnen mitunter die Diskussionen. Wie einmalig muss es denn sein? Wenn beispielsweise alle Jahre bei einer Versicherung Tarifanpassungen stattfinden und dafür Arbeiten in der Fachabteilung und in der IT notwendig sind – ist dies noch ein Projekt?

Oder ein Ausbildungslehrgang mit Azubis oder Trainees? Je einmaliger die Leistung, desto eher liegt ein Projekt vor. Wenn sich also die Zusammensetzung der Themen usw. von Lehrgang zu Lehrgang ändert, dann ja.

Abb. 2.1 Aushang in Projektküche

Je mehr Unterschiede es zwischen den verschiedenen Projekten gibt – von den Inhalten, den Beteiligten und Betroffenen, den Unwägbarkeiten her – desto stärker ausgeprägt ist der Projektcharakter.

Projektmanagement
Im Titel des Buches steht noch der Begriff des Projektmanagements, sodass auch hier eine Begriffsklärung nicht fehlen darf.

▶ „Projektmanagement umfasst die Führungsaufgaben, -organisation, -techniken und -mittel zur erfolgreichen Abwicklung eines Projekts. Die DIN 69901 definiert Projektmanagement als Gesamtheit von Führungsaufgaben, -organisation, -techniken und -mittel für die Abwicklung eines Projekts“ [3].

Warum sollte man sich überhaupt mit diesen Definitionen beschäftigen?
Je vorhersagbarer und sich wiederholender die Arbeit ist, die Sie vor sich haben, desto weniger werden Sie von einer agilen Projektplanung profitieren können.

Damit wäre Teil II für Sie nicht so interessant, wie für Leser, die mehr oder minder Neuland betreten: Sei es für sich selbst oder auch für das Unternehmen. Aber trotzdem: Sie finden in Teil II einige Workshopformate, die in jedem Fall interessant sein könnten.

Aber es gibt noch Teil III, der sich mit der Steuerung der Durchführung befasst. Hier werden Sie auch dann viele Anregungen erhalten, wenn Ihr Arbeitsauftrag nicht eindeutig der Definition eines Projektes entspricht (ab Kap. 17).

Teil IV mit dem Themenschwerpunkt „moderierte Meetings und Workshops“ kann für die Prozessarbeit genauso interessant sein wie für die Projektarbeit.

2.2 Die Rolle des Projektleiters

▶ **Projektmanager, Projektleiter** Dies ist die mit der Führung des Teams betraute Person, die für die Erreichung der Ziele des Projektes verantwortlich ist.

In agilen Methoden wie Scrum gibt es die Rolle des Projektleiters nicht. Kanban dagegen als ein anderes agiles Vorgehen respektiert (initial) bestehende Rollen.

Lassen Sie sich daher bitte von dieser Rollendiskussion nicht beeinflussen. Sie haben vermutlich zu diesem Buch gegriffen, weil Ihnen die Verantwortung für den Erfolg eines Projekts als zeitlich begrenztes Vorhaben übertragen wurde und Sie ein einmaliges Produkt oder Ergebnis mit Ihrem Projekt erzeugen sollen. Egal, wie am Ende die Rolle heißen wird, Sie werden viele für Sie interessante Werkzeuge und Denkanstöße finden!

Was sind nun Aufgaben des Projektleiters?
Im PMBOK® Guide [2, S. 51] wird die Rolle des Projektleiters sehr anschaulich mit der eines Dirigenten verglichen:

- **Mitgliedschaft und Rollen unter Führung des Projektleiters oder Dirigenten**
  Ein großes Projekt hat ebenso wie ein Orchester viele Mitglieder. Sie arbeiten im Rahmen einer spezifischen Organisation zusammen. Beim Orchester sind dies beispielsweise die verschiedenen Instrumentengruppen. Sie arbeiten im Team zusammen, das vom Dirigenten geführt wird.
  Analog ist dies bei Projekten der Fall. Die Teammitglieder übernehmen bestimmte Rollen und damit verbundene Aufgaben. Sie bilden das Team, das der Projektleiter fachlich führt, aber im Regelfall nicht disziplinarisch.
- **Verantwortung für das Team und das Ergebnis**
  Der Dirigent hat die Verantwortung für die Arbeit des Orchesters, das Zusammenspiel und das Ergebnis. Sein Projektziel kann eine erfolgreiche Konzertaufführung oder eine Tournee sein.
  Für den Projektleiter sind es das erfolgreiche Projekt und das Erreichen der für das Projekt definierten Ziele.
- **Wissen und Fähigkeiten**
  Ein Dirigent muss nicht alle Instrumente des Orchesters selbst spielen können. Er dirigiert aber das Zusammenspiel aller Musiker seines Orchesters. Dafür benötigt er Wissen, Erfahrung, Verständnis und vor allem die Fähigkeit, das Zusammenspiel seiner Musiker möglichst optimal zu gestalten.
  Genauso wenig muss ein Projektleiter alle Arbeiten im Projekt selbst erledigen können, aber er muss die Zusammenarbeit im Team steuern.
  Welches technische Wissen er im Projektmanagement benötigt, beschreiben die Wissensgebiete des PMBOK© Guide [2] oder die Themengruppen von ISO 21500 [1].

2.3 Die Themengruppen des Projektmanagements

▶ **Was bringt Ihnen die Beschäftigung mit den Themengruppen?** Betrachten Sie die Themengruppen zuerst einfach als eine Art Checkliste: Sie decken Teilaspekte aus den Projekten ab. Wie wichtig diese im Einzelnen sind, hängt vom jeweiligen Projekt ab. Damit werden Sie unterschiedlich viel Arbeit und Zeit in die verschiedenen Themengruppen stecken. Aber gehen Sie immer alle durch – sie helfen Ihnen, möglichst nichts zu vergessen.

Sie werden in diesem Abschnitt eine Tabelle finden, die alle Themengruppen kurz darstellt (Tab. 2.1).

Im Abschnitt über das agile Projektmanagement Abschn. 3.3.1 wird diese Tabelle um die Besonderheiten bei agilen Projekten ergänzt werden. Tab. 3.1

Tab. 2.1 Die Themengruppen des Projektmanagements nach ISO 21500

Themengruppe	Inhalt
Integration	Wie passen alle weiteren Themengruppen zusammen? Wie sieht die Vorgehensweise im Projekt aus, die alle Aspekte integriert? Mehr dazu später.
Stakeholder	Wer sind die Betroffenen und Beteiligten am Projekt? Wer hat ein Interesse am Projekt und/oder den Projektergebnissen? Diese Personen werden als Stakeholder bezeichnet. Wie wollen Sie diese einbinden und mit ihnen kommunizieren?
Scope	Scope = Inhalt und Umfang des Projektes: Was ist alles zu tun – inhaltlich für das Ergebnis und für das Projektmanagement und um diese Arbeit zu organisieren?
Resource	Wer sind potenzielle Teammitglieder? Wo kommen diese her? Welches Know-how benötigen diese? Wie werden Sie mit dem Team zusammenarbeiten? Welche weiteren Ressourcen werden benötigt: Maschinen, Tools, Arbeitsplätze, Kanban-Boards, Büromaterial?
Time	Zeitlicher Rahmen: Wie lange wird es dauern, den Scope (Inhalt und Umfang) abzudecken?
Cost	Der Finanzbedarf: Was wird es kosten, den Scope abzudecken?
Risk	Welche Risiken (Chancen und Bedrohungen) gibt es? Was könnte also den Projekterfolg erleichtern oder befördern und was könnte ihn erschweren oder gar verhindern? Welche Maßnahmen können Sie treffen und einplanen, um Chancen nutzen zu können und Bedrohungen (das, was man meist unter Risiken versteht) abzuschwächen oder gar zu umgehen? Was planen Sie konkret für den Fall, dass ein identifiziertes Risiko eintritt?
Quality	Welche Qualitätsstandards sind zu beachten? Wie soll die Qualität im Projekt und des Ergebnisses sichergestellt werden? Wie wird die Qualität geprüft?
Procurement	Beschaffungen: Müssen Sie für Ihr Projekt Dinge oder Leistungen zukaufen? Welche Regeln gibt es dafür im Unternehmen? Welche Verträge müssen geschlossen werden und die Zusammenarbeit anschließend gesteuert, Leistungen kontrolliert und abgenommen werden?
Communication	Wie werden Sie kommunizieren: mit dem Auftraggeber, anderen Projektleitern, den Teammitgliedern, eventuell dem Betriebsrat, weiteren Gremien – schriftlich, in Meetings, in Webkonferenzen, per Telefon? In welchem Rhythmus? Was sind mögliche Anlässe und Inhalte?

Was sind Themengruppen?

Das amerikanische Projektmanagement Institute (PMI©) definiert in seinem Standard, dem PMBOK® Guide [2], die sogenannten Wissensgebiete (Knowledge Areas), der ISO Standard 21500 nennt sie „Subject Groups" oder auf Deutsch „Themengruppen" [1]. Gemeint ist letztlich das gleiche:

▶ **Themengruppen** Dabei handelt es sich um Themenbereiche im Projektmanagement, die ein spezifisches Wissen erfordern und durch Prozesse mit ihren Voraussetzungen und Ergebnissen sowie den dafür verwendeten Werkzeugen und Methoden charakterisiert sind.

In einem ersten Schritt wollen wir uns im Überblick diese Themengruppen näher ansehen und folgen dabei ISO 21500 [1].

Stellen Sie sich vor, dass Sie gerade dabei sind, Ihr Projekt zu planen. Sie können nun systematisch diese Themengruppen durchgehen, um möglichst alle Aspekte Ihres Projektes zu erfassen.

Tab. 2.1 gibt einen Überblick über die Themengruppen.

In den Themengruppen verbirgt sich noch mehr als nur eine Checkliste.

Innerhalb der Themengruppen definiert ISO 21500 einzelne Prozesse und beschreibt sie jeweils näher:

- Welche Voraussetzungen gegeben sein müssen, damit ein Prozess sinnvoll durchlaufen werden kann.
- Welche Methoden und Tools in einem Prozess angewandt werden können.
- Was das Ergebnis des jeweiligen Prozesses ist.

Auf die Prozesse wird hier nicht vertieft eingegangen. Sie werden nur teilweise durchlaufen, wenn nachfolgend die „klassische" Planung eines Projektes in Kurzform dargestellt wird. Dabei kommt es dann nicht auf Details an, sondern eher auf das Herausarbeiten der Unterschiede bei verschiedenen methodischen Ansätzen.

In der Praxis werden in der Projektplanung die Themengruppen und deren Prozesse mehrfach durchgegangen, bis alle Teilaspekte zusammenpassen.

Ein Beispiel dafür: Inhalt und Umfang des Projektes (der Scope) sind nun klar, aber passen die dafür geschätzte Zeit und die geschätzten Kosten in einen eventuell vorgegebenen Rahmen oder müssen Inhalte angepasst werden, um den Rahmen nicht zu sprengen?

Die erste Themengruppe, die Integration, ist vorher in der Erklärung etwas kurz gekommen. Hier soll nun etwas dazu ergänzt werden.

Die Integration
Jede Themengruppe hat ihren eigenen Fokus: den Scope, also Inhalt und Umfang des Projektes, die Zeitdimension, die Kostendimension, das Risikomanagement usw.

Es reicht aber nicht, die Themengruppen isoliert zu betrachten. Jede Änderung beim Scope kann neue Risiken mit sich bringen, kostet Zeit und Geld, Zwischenergebnisse müssen überprüft/getestet und vielleicht abgenommen (im Sinne von genehmigt) werden usw.

Dafür ist die Integration da. In ihr wird das Projekt in der Gesamtschau betrachtet.

- Hier wird das Projekt gestartet und seine Genehmigung herbeigeführt.
- In der Planung werden alle Überlegungen zu den einzelnen Dimensionen klassisch in einem schriftlichen Projektplan und einem Projektmanagementplan zusammengeführt. Dies ist ein Kennzeichen des plangetriebenen Lebenszyklus, der in Abschn. 3.2 noch näher vorgestellt wird.
- Während der Durchführung werden alle Arbeiten im Projekt gesteuert und überwacht.
- Alle Änderungswünsche an der ursprünglichen Planung werden hier ganzheitlich über alle Themengruppen hinweg bewertet.
- Der Fortschritt wird mit der ursprünglichen Planung verglichen und eventuelle Abweichungen werden analysiert.
- Zu guter Letzt gehört zu dieser Themengruppe auch der Prozess, mit dem Projekte oder Projektphasen abgeschlossen werden – mit Lessons Learned und Abschlussbericht.

Die Integration bildet damit die Klammer um das Projekt – von der Projektgenehmigung bis zum Endes des Projektes. Verantwortlich dafür ist der Projektleiter.

Nach diesem ersten Überblick über die Begriffe und Themengruppen des Projektmanagements werden wir uns verschiedenen Ansätzen zuwenden.

Literatur

1. ISO 21500:2012 International Standard (2012) Guidance on project management
2. Project Management Institute (2017) A guide to the project management body of knowledge PMBOK® guide, 6. Aufl. Project Management Institute Inc., Newtown Square
3. Springer Gabler Verlag (Hrsg) Gabler Wirtschaftslexikon, Stichwort: Projektmanagement (PM). http://wirtschaftslexikon.gabler.de/Archiv/54978/projektmanagement-pm-v6.html. Zugegriffen: 4. Febr. 2018

Welche Ansätze gibt es? 3

Zusammenfassung
Ein neues Projekt steht an.

Nun stellt sich u. a. die Frage wie neuartig das Ergebnis des Projektes sein wird. Handelt es sich um etwas Neues, Komplexes oder etwas, zu dem es noch wenig Erfahrungswerte gibt? Oder wurden bereits ähnliche Projekte gemacht und der Weg zum Ergebnis ist ziemlich klar?

Diese Fragestellung ist wichtig für die Wahl des Ansatzes bei der Planung des Projektes. Grob gesagt: Für eher bekanntes Terrain eignet sich gut das „klassische" Projektmanagement, für innovative Themen und unbekannteres Terrain, wenn Feedback und kleinere Lieferungen zwischendurch gefragt sind, eher die agile Vorgehensweise.

Wie geht das „klassische" Projektmanagement vor?
Die klassische Vorgehensweise ist plangetrieben; Alle Überlegungen und Planungen werden im Projektplan schriftlich festgehalten. Im PMBOK® Guide (Project Management Institute, A Guide to the Project Management Body of Knowledge PMBOK® Guide Sixth Edition. Project Management Institute Inc., Newtown Square, 2017 [7]) wird sie wegen der detaillierten Planung und der damit getroffenen Prognosen als prognostizierter Ansatz bezeichnet. Aufgrund der umfangreichen Planungsüberlegungen wird er hier in der Folge als plangetriebener Ansatz bezeichnet.

Für die Bewertung des Abwicklungserfolges eines Projektes wird das „magische Dreieck" des Projektmanagements aus Inhalt und Umfang des Projektes, Zeit und Kosten genutzt. Ein Projekt wird dann als erfolgreich angesehen, wenn es mit dem richtigen Scope (Inhalt und Umfang des Projektes), der entsprechenden Qualität, in der vereinbarten Zeit und zu den genehmigten Kosten abgewickelt wird. Dabei ist die

U. Kusay-Merkle, *Agiles Projektmanagement im Berufsalltag*,
https://doi.org/10.1007/978-3-662-56800-2_3

Dimension des Scope führend. Er wird zuerst definiert, dann werden die benötigte Zeit und der Finanzbedarf ermittelt. Iterativ, in Schleifen vorgehend, werden gegebenenfalls Scope, Zeit und Kosten ausbalanciert.

Wie sieht im Vergleich dazu die agile Vorgehensweise aus?
Die agile Vorgehensweise stellt den „value", also den Wert, in den Vordergrund. Dies ist gleich zweifach der Fall:

Der Wert bestimmt letztlich den Inhalt und Umfang des Projektes. In der Regel werden Budget und Zeit festgelegt, die für das Projekt zur Verfügung stehen. Unter dieser Rahmenbedingung soll dann inhaltlich das gemacht werden, was den meisten Nutzen erzeugt. Der Wert („value") wird innerhalb des Geld- und der Zeitbudgets möglichst maximiert.

Die zweite Bedeutung von „value" liegt in den agilen Werten. Diesen wird ein eigenes Kapitel gewidmet.

Scrum und Kanban
Von den vielfältigen agilen Methoden, die es gibt, sind Scrum und Kanban wichtige Vertreter und am weitesten verbreitet. Beide begrenzen die Menge der Arbeit im System, aber auf unterschiedliche Weise. Durch die Beschreibung der beiden Methoden wird die agile Vorgehensweise noch deutlicher herausgearbeitet.

3.1 Übersicht über die verschiedenen Ansätze

Um die Unterschiede in den Vorgehensweisen herausarbeiten zu können, beschäftigen wir uns zunächst mit dem sogenannten Projektlebenszyklus [4].

▶ **Projektlebenszyklus** Der Projektlebenszyklus ist die Abfolge der Phasen, die ein Projekt vom Aufsetzen (Initiieren) bis zum Abschluss durchläuft.

Was hat es mit den Phasen im Projektlebenszyklus auf sich?
Das Erarbeiten des Projektergebnisses läuft vielfach in Phasen ab, die je nach Branche oder Umfeld unterschiedlich benannt werden können.

Lassen Sie uns einfach ganz allgemeine Ausdrücke für diese Phasen wählen:

- Analyse
- Design
- Herstellung/Umsetzung
- Test
- Lieferung

Vielleicht gibt es in Ihrer Branche mehr oder weniger unterschiedliche Phasen.

Die Frage ist nun, ob diese Phasen nur einmal linear hintereinander durchlaufen werden oder mehrfach und ob dabei „Rückkopplungsmöglichkeiten“ eingeplant sind, um aus Feedback lernen und den weiteren Verlauf anpassen zu können. Die verschiedenen Ansätze unterscheiden sich genau darin.

Vor der Betrachtung der Phasenmodelle sollen gleich noch zwei Begriffe eingeführt und erklärt werden, die Sie in diesem Buch immer wieder lesen werden.

Iteration und Inkrement

Iteration Wortbedeutung: Wiederholung von Sätzen etc.
Hier wird darunter die in „Schleifen“ erfolgende Ausarbeitung eines Ergebnisses verstanden.

Inkrement Wortbedeutung: Betrag, um den eine Größe zunimmt.
In agilen Methoden wird darunter ein Ergebnis verstanden, das immer weiter ergänzt wird. Laut Scrum-Glossar [11] ein Stück Software, das zu vorher hergestellten Inkrementen hinzukommt und mit ihnen gemeinsam ein Produkt formt.

Jeff Patton hat dazu eine bekannte Analogie veröffentlicht: Er erklärt die Begriffe anhand der Mona Lisa [6]:

- Inkrementell malen hieße: Zuerst den Kopf, dann den Oberkörper, dann den Rest.
- Iterativ vorzugehen hieße, nach einer groben Vorzeichnung die erste sog. Anlage zu malen (den ersten Farbauftrag), dann weitere Details herauszuarbeiten etc.

Kennen Sie die berühmten Pastellbilder von Degas, insbesondere von Balletttänzerinnen?

Ich vermute mal, dass Degas inkrementell und iterativ gearbeitet hat. Normalerweise wird iterativ (in Schleifen) das Bild mehr und mehr ausgearbeitet: Von der Vorzeichnung über die sogenannte erste Anlage bis hin zu letzten Feinheiten. Von Degas ist bekannt, dass er bei einzelnen Bildern Papierstücke an den ursprünglichen Papierbogen angesetzt hat. Er hat vielleicht nachträglich den Orchestergraben angedeutet oder den Vorhang auf einer Seite ergänzt, sprich ein weiteres Inkrement dazu gemalt. Damit erhielt das jeweilige Bild ein neues Format und eine andere Größe.

Ihnen werden die Begriffe Iteration und Inkrement als Adjektive in den nachfolgenden Phasenmodellen gleich wieder begegnen.

Die Phasenmodelle

Das Project Management Institute (PMI®) beschreibt im „Agile Practice Guide“ [8, S. 17] vier verschiedene Phasenmodelle:

- Predictive life cycle = prognostizierter Lebenszyklus; hier meist einfach „klassischer" oder plangetriebener Ansatz genannt
- Iterativer Lebenszyklus
- Inkrementeller Lebenszyklus
- Agiler Lebenszyklus, der sowohl inkrementell als auch iterativ ist

In der Folge beschränkt sich das Buch auf den prognostizierten, plangetriebenen Lebenszyklus und den agilen Lebenszyklus.

Abb. 3.1 stellt die beiden wichtigsten Lebenszyklen gegenüber.

Wir kommen nun nochmals zurück zum Anfang des Kapitels.

In einem Lebenszyklus können die verschiedenen Phasen dargestellt werden, die in einem Projekt durchlaufen werden. Dabei können die Phasen je nach Branche oder eingesetzter Methode etwas abweichend von den Bezeichnungen hier benannt werden.

Diese Phasen werden beim prognostizierten Lebenszyklus genau einmal durchlaufen. Dieser Verlauf wird von Anfang an möglichst durchgeplant, daher auch die Benennung als „plangetrieben".

Beim agilen Lebenszyklus werden diese Phasen n-mal durchlaufen, bis entschieden wird, dass das (End-)Ergebnis erreicht ist.

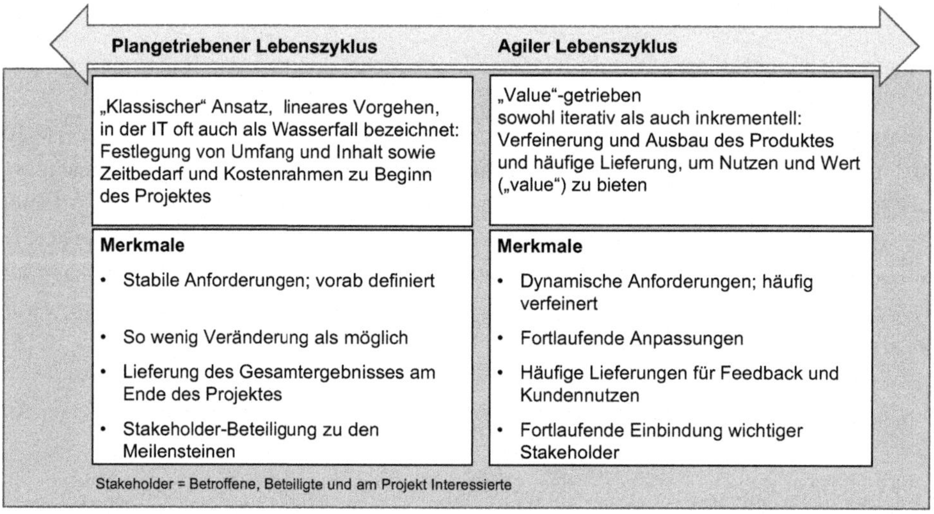

Abb. 3.1 Gegenüberstellung plangetriebener und agiler Lebenszyklus

Abb. 3.2 stellt das Durchlaufen der Phasen grafisch dar.

Die Arbeiten in den verschiedenen Phasen sind mit unterschiedlich getönten kleinen Ovalen dargestellt, das Ergebnis jeweils als Quader. Sie sehen in Abb. 3.2 im oberen Bereich den plangetriebenen Ansatz mit einer Lieferung ganz am Ende. Im unteren Bereich sehen Sie die agile Vorgehensweise mit kleineren Iterationen, die jeweils auch ein Ergebnis liefern, wenn auch ein kleineres.

Das Endergebnis einer Iteration muss nicht ausgeliefert werden. Ein Grund kann beispielsweise sein, dass Kunden mehrere Neuerungen beispielsweise quartalsweise lieber sind als häufigere Änderungen und Ergänzungen. Aber das Ergebnis soll trotzdem qualitativ so ausgearbeitet sein, dass es ausgeliefert werden könnte.

Die Frage ist nun, ob beim agilen Lebenszyklus am Ende das gleiche Liefererergebnis herauskäme wie bei einem plangetriebenen Ansatz?

Es kann durchaus abweichen. Jede Auslieferung ist eine Chance, dazuzulernen und Feedback zu erhalten. Somit können sich in der Folge auch das Bild vom Endergebnis und den Anforderungen ändern.

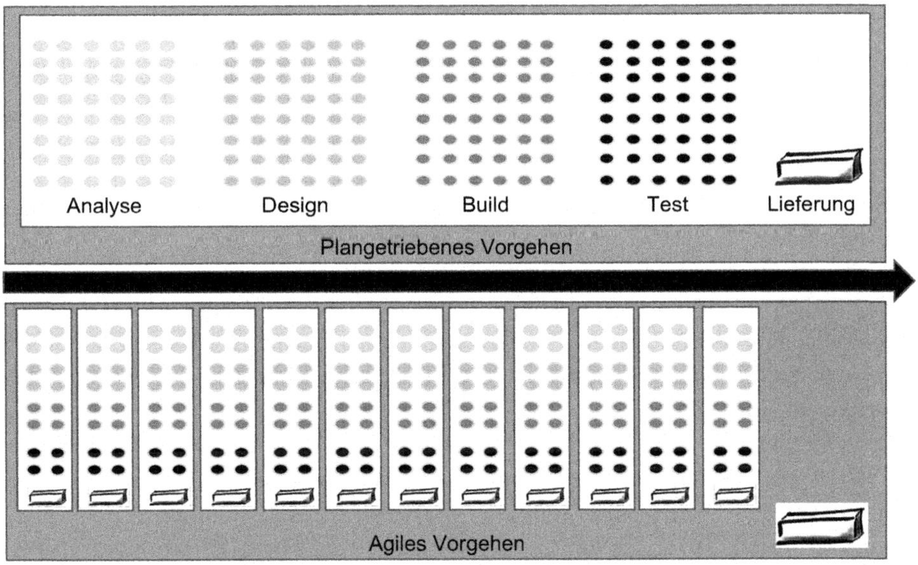

Abb. 3.2 Darstellung der Phasen bei plangetriebenem und agilem Vorgehen nach einer Idee von Griffiths Mike „PMI-ACP Exam Prep Course“ (Minnetonka 2015 [2], RMC Learning Solutions, www.rmcls.com, mit freundlicher Genehmigung des Verlags)

Alle Iterationen sind in Abb. 3.2 gleich lang dargestellt. Dies muss nicht so sein; Dies ist vielmehr abhängig von der gewählten agilen Vorgehensweise. Mehr dazu aber später in Abschn. 3.3.2.

Verschiedene Lebenszyklen oder wer die Wahl hat, hat die Qual?
Nun haben wir verschiedene Lebenszyklen betrachtet, aber wann welchen nehmen? Lassen Sie uns ein wenig vorgreifen und wichtige Anhaltspunkte jetzt schon mal zusammenfassen:

Das „klassische" Projektmanagement ist **plangetrieben:**

Inhalt und Umfang des Projektes werden zu Beginn definiert und entsprechend Zeit und Kosten geschätzt.

Bildlich gesprochen: Der Weg und das Ziel sind im Prinzip klar.

Damit eignet sich dieser Ansatz immer dann, wenn:

- das Ergebnis genau spezifiziert ist,
- man vorzugsweise schon ähnliche Projekte hatte,
- mit wenigen Änderungen im Projektverlauf zu rechnen ist,
- Feedback im Laufe des Projektes keine große Bedeutung zukommt
- es sich nicht um komplexe Sachverhalte handelt,
- keine Zwischenlieferungen möglich sind oder keinen besonderen Nutzen spenden.

Der agile Lebenszyklus dagegen eignet sich immer dann, wenn:

- das Ergebnis und die Anforderungen noch nicht ganz klar sind,
- inhaltlich oder technisch Neuland betreten wird,
- es sich um komplexe Sachverhalte handelt. Komplex bedeutet, dass der Zusammenhang zwischen Ursache und Wirkung erst im Nachhinein erkennbar ist. Dafür werden emergente Praktiken benötigt. (Wenn Sie die Unterscheidung zwischen kompliziert und komplex interessiert, finden Sie dazu Erläuterung unter dem Stichwort „Cynefin Framework" im Internet),
- Feedback und dem damit möglichen Lernen eine zentrale Bedeutung zukommt,
- auf Basis des Feedbacks Änderungen und Anpassungen gewollt sind und berücksichtigt werden,
- Lieferungen zwischendurch gewünscht sind und bereits Nutzen bieten (wirtschaftlich oder in Form des Lernens).

Bildlich gesprochen: Der Weg oder das Ziel selbst sind noch nicht ganz klar erkennbar. Wir rechnen mit „Nebelbänken".

Diese Bilder stellt Abb. 3.3 gegenüber.

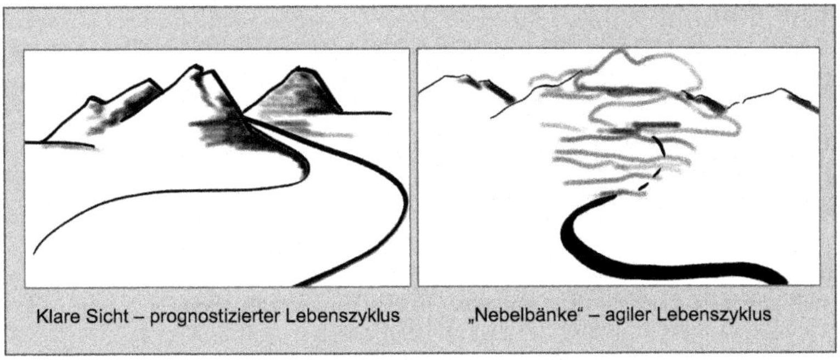

Abb. 3.3 Die Projektlebenszyklen bildlich dargestellt

▶ **Was ist „besser" – agiler oder plangetriebener Lebenszyklus?** Beide Lebenszyklen, der plangetriebene und der agile, haben ihre Daseinsberechtigung.

Agil ist nicht immer besser, nur weil es „moderner" ist.

Lassen Sie uns aber nun tiefer in diese beiden Gegenpole eintauchen.

3.2 Das „klassische" Projektmanagement

Nachfolgend werden grundlegende Schritte der klassischen Planung eines Projektes kurz dargestellt.

Dafür gibt es zwei Beweggründe:

- Die Darstellung der klassischen Vorgehensweise im Vergleich zur agilen soll im nachfolgenden Kapitel zur agilen Planung helfen.
- Die klassische Vorgehensweise wird auch „plangetrieben" genannt. Nach der Darstellung der Planung wird dies verständlich sein und der Unterschied zur agilen Vorgehensweise deutlich werden.

Ungeduldige Geister finden eine Zusammenfassung am Ende der Darstellung. Für alle anderen folgt nun eine kleine Besichtigungstour durch die klassische Planung:

Die „klassische" Planung

Wir gehen davon aus, dass das Projekt bereits genehmigt ist und damit die Planung beginnen kann. Die Darstellung folgt weitgehend ISO 21500 [4].

Der Projektleiter ist dafür verantwortlich, dass das Projekt gut und gründlich geplant wird. Er muss natürlich aber nicht alles inhaltlich selbst können. Das bedeutet, dass die Planung bevorzugt im Team abläuft.

Zusammenstellen des Projektteams:
Sie fragen sich nun, wer das Team zusammenstellt? Es könnte sein, dass

- die Zusammensetzung durch Absprachen im Vorfeld bereits bei Beginn des Projektes zumindest teilweise feststeht,
- der Projektleiter selbst auf Kollegen zugehen kann, die sich dann die Mitarbeit genehmigen lassen oder
- Abteilungs- oder Gruppenleiter Mitarbeiter in die Projekte abstellen.

Das kann in verschiedenen Unternehmen unterschiedlich gehandhabt werden.

Somit steht am Anfang immer die Überlegung, wie überhaupt geplant werden soll und wer unterstützen kann.

Wenn dies erfolgt ist, können wir mit der Planung der Dimensionen Scope-Ressourcen-Time-Cost beginnen.

Der Scope
Hier stehen zuerst der Inhalt und Umfang des Projektes im Vordergrund:

- **Den Leistungsumfang definieren:**
  Was ist das Ergebnis des Projektes? Ist es ein Produkt, eine Dienstleistung etc.? Wie lässt sich dieses beschreiben? Welches sind die Akzeptanzkriterien für dieses Ergebnis, d. h. wie kann festgestellt werden, ob das Ergebnis „fertig" ist? Was gehört alles zum Projekt und wo sind dessen Grenzen?
- **Projektstrukturplan erstellen:**
  Die gesamte notwendige Arbeit wird zusammengestellt und in einem Projektstrukturplan (Work Breakdown Structure, WBS) hierarchisch dargestellt: Er gleicht einer umgekehrten Baumstruktur, bei der oben der Projektgegenstand steht und dann in den einzelnen Ästen die anstehende Arbeit immer feiner heruntergebrochen wird. Auf der untersten Ebene stehen die Arbeitspakete mit ihren Liefergegenständen, die die Basis für die weitere Planung bilden.
- **Vorgänge festlegen:**
  Die einzelnen Arbeitspakete werden quasi geöffnet und die notwendigen Aktivitäten gesammelt.

Der erste Schritt ist damit getan, Inhalt und Umfang des Projektes sind transparent dargestellt.

Klar ist damit aber auch, dass der Scope im Regelfall die führende Dimension ist. Nach ihm richten sich Zeit und Kosten. Es ist wichtig, dies hier nochmals festzuhalten, denn im agilen Projektmanagement wird sich das ändern.

Ressourcen
Nun werden die benötigten Ressourcen geschätzt und die Projektorganisation festgelegt.

Time

- **Abfolge der Vorgänge festlegen:**
- Die Abhängigkeiten der Aktivitäten werden analysiert und die Reihenfolge der Arbeiten festgelegt.
- **Dauer der Vorgänge schätzen:**
- Den Zeitbedarf schätzen.
- **Terminplan erstellen:**
- Mit diesem Wissen einen ersten Entwurf des Zeitplans anfertigen.

Cost
Alle Arbeitspakete und Aktivitäten sind nun bekannt. Jetzt werden die Kosten dafür initial geschätzt und das Budget als erster Entwurf festgelegt:

- **Kosten schätzen**
- **Projektbudget erstellen.**

Die nächsten Planungsschritte
Die Themengruppen Scope, Ressourcen, Time und Cost sind nun erstmalig für die Planung durchdacht.

Jetzt wird in den weiteren Themengruppen geplant.
Dies kann zu Änderungen oder Ergänzungen der bisherigen Planung führen.

Einige Beispiele dafür:

- Sind Tests oder Abnahmen für Zwischen- und Endergebnis eingeplant?
- Sind die Stakeholder mit ihren Bedürfnissen und Anforderungen bekannt und so weit wie möglich berücksichtigt? Stakeholder sind alle, die sich von einer Entscheidung, einer Aktivität oder einem Projektergebnis betroffen fühlen oder wirklich betroffen sind. Oder die einen Einfluss auf Entscheidungen, Aktivitäten oder das Projektergebnis haben [7].
- Sind notwendige Meetings und Abstimmungsrunden eingeplant und „eingepreist"?
- Werden Leistungen oder Produkte zugekauft? Sind die dafür notwendigen Aktivitäten, Abstimmungen und Genehmigungen bereits eingeplant?
- Welche Risiken sind vorhanden, also Chancen und Bedrohungen für das Projektergebnis oder den Projektverlauf?
- Was könnte Chancen befördern? Was müsste getan werden, um sie wirklich nutzen zu können, wenn sie kommen sollten?
- Welche negativen Risiken könnten vielleicht ganz vermieden werden? Oder wie könnten sie abgemildert werden? Was tun, wenn sie trotzdem eintreten?

Es entsteht eine Sammlung von Arbeitspaketen mit Aktivitäten, die den Scope beeinflussen und in der Folge auch die Zeitplanung und die Kosten.

Somit kann nun der erste Entwurf verbessert werden.

Projektplan und Projektmanagementplan
Alle Überlegungen und Planungsarbeiten münden in schriftliche Pläne:

Der Projektmanagementplan:
Er beantwortet die Frage: Wie will der Projektleiter das Projekt planen, durchführen, steuern und überwachen und letztlich abschließen? Also das gesammelte „Kopfkino" mit allen Überlegungen des Projektleiters zum Projekt.

Der Projektplan:
Die einzelnen Planungsergebnisse zu Scope, Time, Cost werden durch die Genehmigung durch den Sponsor (Auftraggeber) zu Baselines, an denen der weitere Verlauf gemessen werden kann. Sie dienen damit als Referenzbasis.

Spätere Änderungen der Planung
Sie können in der Folge durch Change Requests geändert werden. Change Requests sind Änderungswünsche, die zuerst analysiert werden. Dabei handelt es sich sehr häufig um weitere Anforderungen von Stakeholdern. Alle Change Requests müssen analysiert, bewertet und vor der Umsetzung genehmigt werden.

Beim Klassiker unter den Change Requests, einer neuen zusätzlichen Anforderung, bedeutet dies die folgenden Überlegungen:

- Was für eine Anforderung ist das?
- Tut sie dem Projekt gut?
- Wie würde sich dies in den anderen Themengruppen auswirken: auf die Zeitplanung, die Kosten, gibt es dadurch neue Risiken, etc.?

Der Projektleiter überlegt sich, welche Herangehensweise er für diesen Change Request empfehlen würde und welche Alternativen er gegebenenfalls sieht. Dann wird nach Genehmigung des Change Requests die Planung entsprechend angepasst.

Das heißt, dass nicht nur die Planungsergebnisse formal schriftlich festgehalten werden, sondern auch spätere Änderungswünsche dokumentiert, in ihrer Auswirkung analysiert und einer formalen Genehmigung unterworfen werden.

Kommen im Nachgang immer weitere Anforderungen und Wünsche von Stakeholdern hinzu, kann es zum sog. Scope Creep kommen. Der Umfang des Projektes nimmt immer mehr zu, Zeitbedarf und Kosten steigen. Es fällt tendenziell schwer, bei neuen Anforderungen bisher bereits eingeplante Anforderungen gegebenenfalls neu zu priorisieren und weniger wichtige Dinge zu streichen.

Vielleicht assoziieren Sie gerade das eine oder andere Projekt damit…

Zusammenfassung zum klassischen Projektmanagement

Das klassische Projektmanagement betont die Vorabplanung. Es wird daher auch als „plangetrieben" bezeichnet.

Alle Überlegungen und Planungsergebnisse werden in Projektmanagementplan und Projektplan schriftlich festgehalten.

Die führende Dimension ist in der Planung der Scope. Zuerst wird dieser geplant, Zeit und Kosten werden abgeleitet.

Die Planung von Scope, Zeit und Kosten wird vom Sponsor genehmigt und dadurch zur sog. Baseline, an der der Fortschritt des Projektes in der Durchführung gemessen wird.

Alle Änderungen an der ursprünglichen Planung unterliegen einem Change-Request-Verfahren. Dabei werden die Change Requests (Änderungswünsche) analysiert, bewertet und nach deren Genehmigung in die Planung eingearbeitet.

3.3 Agiles Projektmanagement

Haben Sie sich beim „klassischen" Vorgehen gefragt: Woher weiß ich alles zu Beginn so genau, dass ich es so planen kann? Ist das nicht aufwendig? Wie aufwendig sind dann erst die laufenden Änderungen und Aktualisierungen?

Geht das nicht vielleicht anders?

Je innovativer die Projekte sind, je wichtiger das Feedback zwischendurch für das weitere Vorgehen ist, desto geeigneter sind diese Projekte für eine agile Vorgehensweise.

Die Wortbedeutung von „agil" ist „flink", „flexibel".

▶ **Was bedeutet „Agilität"?** Agilität ist eine Art zu denken und zu arbeiten:
- Menschen werden an die erste Stelle gesetzt.
- Es wird versucht, Wert oder Nutzen frühzeitig und oft zu schaffen.
- Es wird nicht auf den großen Wurf gewartet.
- Validated Learning: Lernen anhand der Reaktion des Kunden ist sehr wichtig.
- Weniger Dokumentation, mehr Diskussion.
- Gemeinsam Wissen aufzubauen wird stärker betont.
- Die Menge der begonnenen Arbeit wird begrenzt, um möglichst schnell jeweils Feedback für die fertiggestellten Arbeiten einholen zu können.

- Diese Begrenzung erfolgt je nach gewählter agiler Methode unterschiedlich: Durch die Begrenzung der Zeitdauer von Iterationen, Abschn. 3.3.2.1, oder durch die Limitierung der parallelen Arbeiten (Abschn. 3.3.2.2).

Bei der Betrachtung agiler Ansätze sind letztlich zwei Komponenten entscheidend:

- Die Vorgehensweise als solche, die wir bereits kurz angesprochen hatten (Abschn. 3.1).
- Das Mindset, die Denkart und Haltung, die hinter dieser Vorgehensweise steht.

Damit darf man agiles Vorgehen nicht nur mechanistisch sehen. Vielmehr wird es getragen und in seiner Wirkung verstärkt von den agilen Werten und Prinzipien. Bitte denken Sie immer daran, auch wenn wir uns mit diesen Werten erst nachfolgend näher beschäftigen werden. Die agilen Werte sind das Fundament, auf dem die Methoden aufbauen (Kap. 4).

▶ **Wichtig** Agile Methoden sind letztlich keine Projektmanagementmethoden [5].

Bei vielen agilen Methoden wird nicht die einmalige Lieferung eines Projektergebnisses betont, sondern der kontinuierliche Fluss. Sie stellen mehr das Produkt in den Vordergrund und dessen kontinuierliche Erweiterung und Verbesserung.

Daher ist auch der Begriff „agiles Projektmanagement" nicht ganz korrekt. Sie finden ihn aber auch in der Literatur.

Die nachfolgende Definition stammt aus dem Glossar des ProjektMagazins, einem Portal für Projektmanagement.

▶ **Agiles Projektmanagement** Agiles Projektmanagement bezeichnet Vorgehensweisen, bei denen das Projektteam über hohe Toleranzen bezüglich Qualität, Umfang, Zeit und Kosten verfügt und eine sehr hohe Mitwirkung des Auftraggebers bei der Erstellung des Werks erforderlich ist. Charakteristisch für agiles Projektmanagement ist die Fokussierung auf das zu liefernde Werk und die Akzeptanz durch die Anwender. Hingegen werden geschäftliche Anforderungen, wie z. B. die Termintreue, Kostentreue oder Erfüllung eines spezifizierten Leistungsumfangs weniger oder nicht berücksichtigt [9].

Die Toleranzen in der Definition erfordern eine kleine Ergänzung, wenn es um das Thema Qualität geht. Ein agiles Schlagwort heißt: „Never compromise quality". Was gilt nun – Toleranz oder nicht?

Beides: Es kommt nur auf den Kontext an. Geht es um das Produkt oder das Endergebnis, gibt es keinerlei Kompromisse. Es geht um die Erfüllung der Anforderungen und der

Gebrauchstüchtigkeit. Wenn mangelnde Qualität in den entstehenden Ergebnissen die künftige Arbeit daran verlangsamen oder behindern würde, gibt es wieder keine Kompromisse. Wenn es aber um reine Arbeitsergebnisse geht, gilt „just enough“. Wenn also die Ergebnisse eines Meetings festgehalten werden sollen, dann bietet das Übertragen in eine „Hochglanzpräsentation“ keinen Mehrwert – ein Fotoprotokoll wird meist auch ausreichen.

3.3.1 Agiles Projektmanagement und die Themengruppen

Sie kennen bereits die Aufstellung der Themengruppen von ISO 21500 [4]. Sie wird nun ergänzt um die Besonderheiten des agilen Vorgehens. Sie werden dabei bereits erste Verweise auf zwei wichtige agile Methoden sehen: Scrum und Kanban. Lassen Sie sich bitte davon nicht irritieren. Beide Methoden werden im Anschluss näher erklärt.

Vorab aber noch einige Begriffsklärungen, die Ihnen das Lesen der Tabelle erleichtern werden:

Begriffe zur Tabelle über die Themengruppen

Inkrement In agilen Methoden wird darunter ein Ergebnis verstanden, das immer weiter ergänzt wird.

Product Backlog Es wird auch als „Inventory of things to be done“ bezeichnet, also die Liste der anstehenden Arbeiten.

Review Wortbedeutung: Kritische Besprechung.
In Scrum findet das Sprint Review am Ende des Sprints statt. Teilnehmer sind das ganze Team und weitere Stakeholder. Teammitglieder führen das Inkrement vor, das Ergebnis des Sprints wird besprochen, und dann wird diskutiert, was als Nächstes zu tun ist.

Retrospektive Dies ist ein wichtiges Meeting, bei dem die Zusammenarbeit im Team, seine Prozesse usw. diskutiert werden, um gemeinschaftlich Verbesserungen herbeizuführen. Populär wurde der Begriff durch die Methode Scrum, bei der die Retrospektive eines der wesentlichen Events zur Überprüfung und Anpassung der Vorgehensweise ist.

Stakeholder Diese Personen sind tatsächlich Betroffene von oder Beteiligte an Projekten oder solche, die ein berechtigtes Interesse am Projekt oder seinem Ergebnis haben, seien es Einzelpersonen, Gruppen oder Organisationen.

Task Board/Kanban Board Dies ist ein Whiteboard oder eine Pinnwand mit vertikalen Spalten, auf der die Arbeit und deren Fortschritt dargestellt wird. Die Arbeit wird durch Tickets (z. B. Haftnotizen) repräsentiert, die Spalten von bspw. „Als Nächstes“ bis zur Spalte „Fertig“ durchwandern. Beim Task Board sind es meist wenige Spalten, beim Kanban Board werden ganze Prozesse in ihren Schritten abgebildet.

Tab. 3.1 ergänzt die bereits aus Abschn. 2.3 bekannte Übersicht über die Themengruppen und erläutert für jede Gruppe die Anwendung in agilen Projekten

(Die Darstellung der Agilen Anwendung folgt in Teilen dem „Agile Practice Guide“ von PMI [8].)

Lassen Sie uns nun der praktischen Ausgestaltung agilen Vorgehens zuwenden.

3.3.2 Zwei wichtige agile Vertreter

Wenn Sie sich an die dargestellten Lebenszyklen (Abschn. 3.1) zurückerinnern, dann war Kennzeichen der agilen Vorgehensweise, dass die Phasen oder Schritte „Analyse“, „Design“ etc. nicht nur einmal, sondern immer wieder zyklisch durchlaufen werden. Damit entsteht auch immer wieder am Ende eines Zyklus eine mögliche Lieferung des Ergebnisses (Abb. 3.2).

Aber wie läuft dies ab? Lassen Sie uns dafür zwei agile Ansätze näher ansehen. Ziel dabei ist es, ein gedankliches Bild zu erzeugen, wie agil vorgegangen werden kann.

Wenn wir die beiden wichtigsten Vertreter agiler Vorgehensweise näher kennengelernt haben, werden wir nochmals auf grundlegende Gemeinsamkeiten zurückkommen. Ich hoffe, dass diese für Sie dann durch die Erklärung der praktischen Umsetzungen greifbarer und verständlicher sein werden.

Vielleicht haben Sie auch schon von Scrum oder von Kanban gehört. Dies sind die beiden Vertreter, mit denen wir uns beschäftigen werden. Grund ist die Bedeutung dieser beiden Ansätze.

In Deutschland führt die Hochschule Koblenz seit einigen Jahren jährlich eine Umfrage zu Erfolg und Anwendungsformen agiler Methoden durch. Im „Abschlussbericht: Status Quo Agile 2016/2017“ [5, S. 49] heißt es:

Tab. 3.1 Die Themengruppen und ihre Anwendung bei agilen Ansätzen

Themengruppe	Inhalt	Anwendung im agilen Projekt
Integration	Wie passen alle weiteren Themengruppen zusammen? Wie sieht die Vorgehensweise im Projekt aus, die alle diese Aspekte integriert? Alle Überlegungen werden im Projektmanagementplan dokumentiert	Die Verantwortung wird stärker auf die Teammitglieder verlagert. Diese entscheiden, wie Pläne und Komponenten zusammenwirken. Hier wird der kollaborative Ansatz im Projekt besonders sichtbar. Der Projektleiter hat die Aufgabe, für ein entsprechendes Umfeld zu sorgen. [8]
Stakeholder	Wer sind die Betroffenen und Beteiligten am Projekt? Wer hat ein Interesse am Projekt und/oder den Projektergebnissen? Diese Personen werden als Stakeholder bezeichnet. Wie wollen Sie diese ins Projekt einbinden?	Die aktive Beteiligung von Stakeholdern ist für eine agile Vorgehensweise unabdingbar. Dabei wird die direkte Interaktion bevorzugt. Dies betrifft insbesondere auch die Zusammenarbeit mit Kunden und Anwendern. Dabei wird Verständnis erzeugt, Vertrauen aufgebaut und zeitnahe Anpassungen an veränderte Anforderungen ermöglicht.
Scope	Scope = Inhalt und Umfang des Projektes: Was ist alles zu tun - inhaltlich für das Ergebnis und für das Projektmanagement bzw. um diese Arbeit zu organisieren?	In innovativen Projekten ist der Scope i. d. R. zu Beginn nicht umfänglich bekannt und/oder entwickelt sich im Laufe des Projektes: Die „echten" Anforderungen treten oft erst zutage, wenn durch Prototypen oder Lieferungen qualifizierteres Feedback möglich ist. Im Ergebnis wird bei agilen Ansätzen der Scope fortlaufend während des Projektes definiert und neu justiert. Er wird im sog. Product Backlog abgebildet, wobei die darin enthaltenen Dinge notiert, aber noch nicht zugesagt sind. Siehe vor allem Kap. 9, Einführung in das Product Backlog.
Resource	Wer sind potenzielle Teammitglieder? Wo kommen diese her? Welches Know-how benötigen sie? Wie werden sie mit dem Team zusammenarbeiten? Welche weiteren Ressourcen werden benötigt: Maschinen, Tools, Arbeitsplätze, Kanban Boards, Büromaterial?	Projekte mit hoher Variabilität und hohem Innovationscharakter profitieren besonders von Teams, die funktionsübergreifend und selbstorganisiert arbeiten. Auf die Zusammenarbeit im Team wird besonderer Wert gelegt. Dies umfasst das Teilen von Wissen und eine flexible Arbeitsverteilung im Team, aber auch die gemeinschaftliche Reflexion der eigenen Arbeitsweise. Zum agilen Wertesystem und Mindset siehe Kap. 4

(Fortsetzung)

Tab. 3.1 (Fortsetzung)

Themengruppe	Inhalt	Anwendung im agilen Projekt
Time	Zeitlicher Rahmen: Wie lange wird es dauern, den Scope (Inhalt und Umfang) abzudecken?	Ziel agiler Vorgehensweise ist schnell Feedback zu erhalten und Anpassungen vornehmen zu können. Je weiter in die Zukunft geblickt wird, desto gröber ist auch die zeitliche Planung.
Cost	Der Finanzbedarf: Was wird es kosten, den Scope abzudecken?	Aufgrund des innovativen Charakters kann eine detaillierte Kostenplanung nicht sinnvoll oder möglich sein. Es werden vielfach einfache Schätzmethoden eingesetzt, um insbesondere den Arbeitsaufwand/die Komplexität der Umsetzung abschätzen zu können. Mitunter wird dem Projekt ein bestimmter Budget- und Zeitrahmen vorgegeben, in dem dann der Nutzen maximiert werden soll. Mehr zum Schätzen und Priorisieren erfahren Sie in Kap. 11
Risk	Welche Risiken (Chancen und Bedrohungen) gibt es? Was könnte also den Projekterfolg erleichtern oder befördern und was könnte ihn erschweren oder gar verhindern? Welche Maßnahmen können Sie treffen und einplanen, um Chancen nutzen zu können und Bedrohungen (das, was man meist unter Risiko versteht) abzuschwächen oder gar zu umgehen?	Im agilen Umfeld werden Risiken auf vielfältige Art adressiert: durch häufige Reviews, durch Priorisieren im Product Backlog, durch kurze Iterationen, durch häufige Integration von Arbeitsergebnissen, durch die funktionsübergreifende Zusammensetzung des Teams, durch die möglichst tägliche Zusammenarbeit von beispielsweise IT und Business-Seite, usw. Siehe Kap. 13

(Fortsetzung)

Tab. 3.1 (Fortsetzung)

Themengruppe	Inhalt	Anwendung im agilen Projekt
Quality	Welche Qualitätsstandards sind zu beachten? Wie soll die Qualität im Projekt und des Ergebnisses sichergestellt werden? Wie wird die Qualität geprüft?	Die häufigen Feedback-Möglichkeiten ermöglichen natürlich auch das Überprüfen der Qualität. Die sogenannte Definition-of-Done (Abschn. 19.4) ist die Vereinbarung über alle Arbeiten, die notwendig sind damit etwas als „fertig" betrachtet werden kann. In Retrospektiven (Abschn. 19.6) werden die Vorgehensweise oder die Zusammenarbeit reflektiert und Maßnahmen zur Verbesserung abgeleitet. Bedingt durch häufige Lieferungen werden oft kleinere Einheiten hergestellt und ausgeliefert. Beim Zuschnitt der Einheiten wird darauf geachtet, dass mit ihnen Inkonsistenzen, Risiken wie Qualitätsprobleme, aber auch Missverständnisse möglichst schnell zutage treten.
Procurement	Beschaffungen: Müssen Sie für Ihr Projekt Dinge oder Leistungen zukaufen? Welche Regeln gibt es dafür im Unternehmen? Welche Verträge müssen geschlossen werden und die Zusammenarbeit anschließend gesteuert, Leistungen kontrolliert und abgenommen werden?	Die Zusammenarbeit zwischen Anbieter und Käufer wird als erfolgskritisch betont. Dabei können Vertragsmodelle eingesetzt werden, die auch eine Risikoteilung beinhalten (im Sinne von Teilen von Bedrohungen aber auch Chancen). Auch die agile Anpassung des Scope muss entsprechend berücksichtigt sein.

(Fortsetzung)

Tab. 3.1 (Fortsetzung)

Themengruppe	Inhalt	Anwendung im agilen Projekt
Communication	Wie werden Sie kommunizieren: mit dem Auftraggeber, anderen Projektleitern, den Teammitgliedern, eventuell dem Betriebsrat, weiteren Gremien – schriftlich, in Meetings, in Webkonferenzen, per Telefon? In welchem Rhythmus? Was sind mögliche Anlässe und Inhalte?	Informationen werden möglichst zeitnah und komprimiert dargestellt (z. B. Visualisierung der Arbeit auf einem Task/Kanban Board). Sie stehen allen Teammitgliedern zur Verfügung, um gemeinsame Entscheidungen und Anpassungen zu erleichtern. Regelmäßige Review-Meetings von Inkrementen und damit konkreten, nutzbaren Ergebnissen erhöhen die Transparenz auch für weitere Stakeholder. Abschn. 19.5. Retrospektiven dienen der gemeinschaftlichen Reflexion im Team. Es findet eine Verschiebung des Schwerpunkts von Dokumentation zu gemeinsamer Diskussion statt. Natürlich werden auch Diskussionsergebnisse festgehalten, aber vielleicht einfach als Fotoprotokoll oder durch einen Eintrag in einem Tool wie z. B. einem Wiki

> Scrum weist die größte allgemeine Bedeutung aller Methoden auf. Mehr als 50 % der Teilnehmer bewerten es als sehr wichtig für ihren Bereich, nur ungefähr 5 % hingegen als unwichtig.

> Kanban ist die zweithöchst bewertete Methode mit knapp 60 % der Teilnehmer, die Kanban zumindest etwas Bedeutung beimessen (mehr als 20 % bewerten es als sehr wichtig).

Beide Methoden gehen empirisch vor.

> Das empirische Vorgehen zielt primär auf die punktuelle Beseitigung von Schwachstellen des Ist-Zustandes und erfordert eine detaillierte Erhebung und Analyse sowie eine fundierte Würdigung („Politik der kleinen Schritte", ähnlich dem japanischen Kaizen) [3].

Das bedeutet, die Ist-Situation wird möglichst transparent gemacht, analysiert und daraus Verbesserungen abgeleitet.

Scrum und Kanban setzen dies aber ganz unterschiedlich um.

3.3.2.1 Scrum

Scrum ist ein Framework, ein Vorgehensmodell, basierend auf einem Wertekanon (wie alle agilen Methoden), auf Prinzipien und Praktiken. Es ist gedacht für die Entwicklung komplexer Produkte in einem komplexen Umfeld, wo „Inspect and Adapt“ (Überprüfen und Anpassen), also häufiges Feedback und daraus Lernen besonders wichtig ist.

Formuliert wurde es von Jeff Sutherland und Ken Schwaber [10], die auch im Scrum Guide als Leitfaden die Spielregeln beschreiben und immer weiter verbessern.

Es ist ein empirisches Vorgehen mit

- 3 Prinzipien der empirischen Prozesskontrolle.
- 3 Rollen, 3 Artefakten (Ergebnisse) und 5 Events (Ereignisse, Meetings).

Abb. 3.4 zeigt dies im Überblick.

Woher kommt eigentlich die Bezeichnung „Scrum“?

Die Begriffe „Scrum“ und „Sprint“ stammen aus einem Artikel, in dem eine Analogie zum Rugby gezogen wurde [12]. Im Rugby ist Scrum eine Formation, in der sich das Team aneinanderklammert, um sich gemeinsam in der Formation einen Abschnitt lang bewegen zu können.

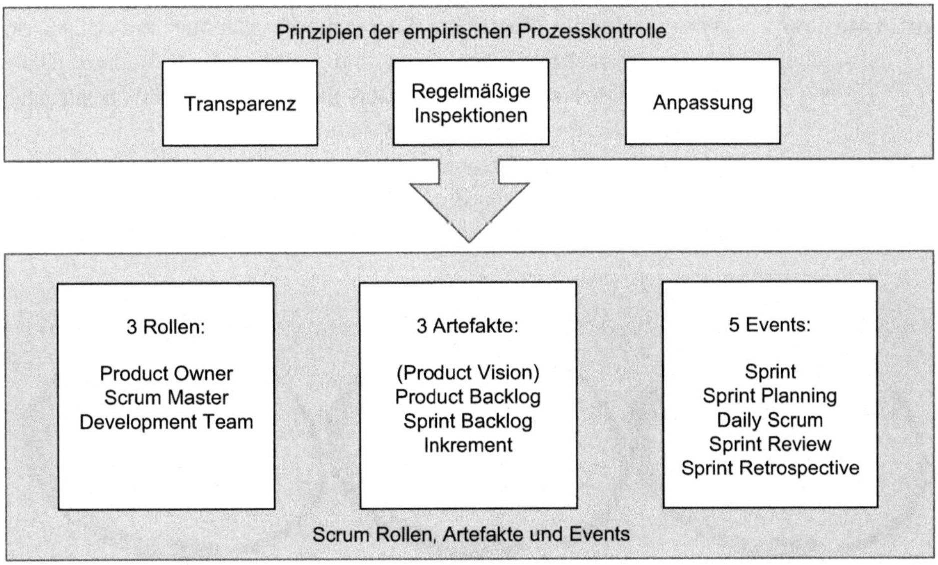

Abb. 3.4 Scrum-Prinzipien, Rollen, Artefakte und Events

Sprint „Sprint“ bezeichnet ein zeitlich begrenztes Event von maximal vier Wochen Dauer in der agilen Methode Scrum, in der ein Inkrement erarbeitet wird.

Gleichzeitig bildet der Sprint den Container, in dem die anderen Events stattfinden und die Artefakte erzeugt werden.

Die Länge des Sprints bestimmt damit den Rhythmus im Projekt. Ein Sprint folgt direkt auf den vorhergehenden, wie dies Abb. 3.5 zeigt. Weitere Informationen zu Sprints folgen unter dem Punkt „Events“.

Scrum-Artefakte und Events

Sprint Backlog	Die Product Backlog Items, die im Sprint Planning für den Sprint ausgewählt wurden sowie der Umsetzungsplan des Development Teams
Product Backlog	Die sortierte Liste der anstehenden Arbeiten
Inkrement	Das Ergebnis eines Sprints, das mit allen Inkrementen der Sprints davor zu einem gemeinsamen Ergebnis integriert ist
Sprint Planning	Das erste Meeting (Event) eines Sprints, bei dem der Inhalt des Sprints geplant wird
Daily Scrum	Tägliches Synchronisations-Meeting des Umsetzungsteams (Development Team) von maximal 15 min. Dauer
Sprint Review	Wortbedeutung: Kritische Besprechung Meeting am Ende des Sprints zwischen Scrum Team und weiteren Stakeholdern; Dabei wird das Inkrement vorgeführt, das Ergebnis des Sprints besprochen und diskutiert, was als Nächstes zu tun ist.
Retrospektive	Meeting zum Abschluss des Sprints, bei dem die Zusammenarbeit im Team, seine Prozesse usw. diskutiert werden, um gemeinschaftlich Verbesserungen herbeizuführen

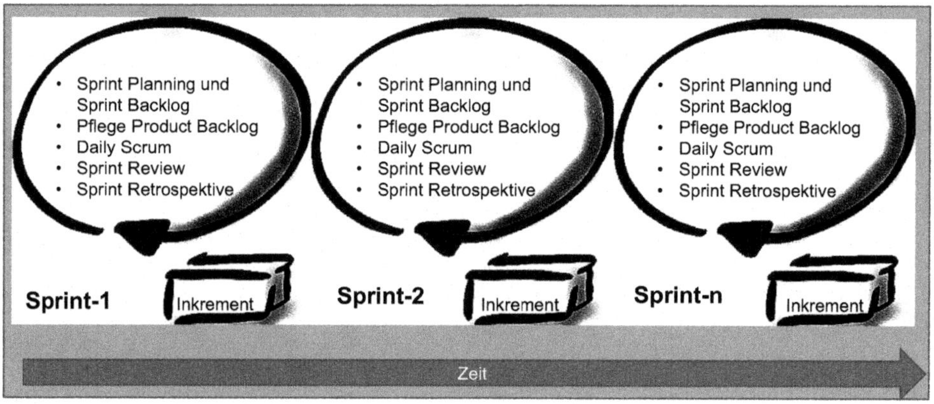

Abb. 3.5 Der Sprint als Container für weitere Events

Nachfolgend werden Rollen, Artefakte und Events ganz kurz dargestellt. Ziel ist dabei, bei Ihnen ein erstes Bild von Scrum zu erzeugen.

Scrum-Rollen
Das Scrum-Team umfasst die folgenden Rollen:

Product Owner:
Er hat die zentrale Verantwortung für das Produkt, für das „Was". Scrum ist in der Software-Entwicklung entstanden. Dabei kommt der Product Owner typischerweise aus dem Business und benötigt ein tiefes Branchenwissen. Er hat auch die Verantwortung für den Erfolg und die Profitabilität des Produktes – nicht „nur" des Projektes.

Scrum Master:
Er hilft beim „Wie", kümmert sich um Hindernisse und Probleme. Er ist verantwortlich für die Umsetzung der Scrum-Werte und Methoden. Er ermöglicht und unterstützt die Zusammenarbeit zwischen allen Rollen und Funktionen. Er managt den Prozess, aber nicht das Team!

Development Team:
Lassen Sie uns das Entwicklungsteam IT-neutral einfach als Umsetzungsteam bezeichnen. Es organisiert sich in seiner Arbeit selbst und erstellt die Produktinkremente (das Ergebnis, das mit jeder Iteration erweitert wird). Es muss dafür funktionsübergreifend und gegebenenfalls interdisziplinär zusammengesetzt sein. Die Mitglieder des Entwicklungsteams sollen sich ausschließlich einem Projekt widmen können, um voll in der Taktung mitarbeiten zu können (siehe die spätere Darstellung der „Sprints").

Das Scrum Team:
Es besteht aus Product Owner, Scrum Master und Development Team.

Vermissen Sie den Projektleiter als Rolle?
Sie ist in Scrum nicht vorgesehen. Seine Verantwortung und Kompetenzen sind auf die anderen Rollen und die Zusammenarbeit zwischen den Rollen verteilt.

Nach den Rollen werden nun die Scrum-Artefakte (Arbeitsergebnisse) und die Events (meist Meetings) erklärt. Abb. 3.6 zeigt sie vorab im Kontext.

Die Scrum-Artefakte
Artefakte sind im Wortsinn „Durch von Menschenhand Geschaffenes".

In Scrum versteht man unter Artefakten spezifische Arbeitsergebnisse:

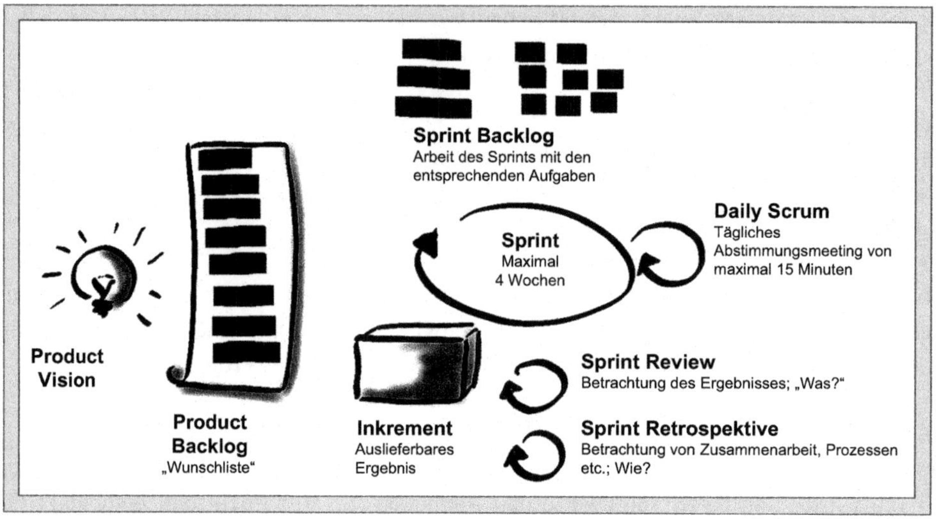

Abb. 3.6 Scrum-Überblick

Product Vision:
Dieses Artefakt steht in Abb. 3.4 in Klammern, denn es zählt nicht offiziell zu den Scrum-Artefakten. Gleichwohl ist es sehr wichtig, denn es gibt dem Projekt seine Richtung.

Das gilt letztlich nicht nur für Scrum. Wir werden im Teil Projektplanung in Kap. 6 darauf zurückkommen.

In Abb. 3.6 ist die Product Vision als Glühbirne dargestellt.

Das Product Backlog:
Es ist die Liste der gewünschten Arbeiten. Es wird daher oft auch als „Inventory of things to be done" bezeichnet: Alle To-dos an einem Ort gesammelt und idealerweise so formuliert, dass jeder Eintrag einen Wert für Nutzer oder Kunden widerspiegelt. Das Product Backlog gehört dem Product Owner und wird von ihm gesteuert. Die wichtigsten anstehenden Arbeiten stehen dabei jeweils oben im Product Backlog. Es ist nach Priorität der Arbeiten sortiert.

Dieses Konzept ist so erfolgreich, dass es auch in anderen agilen Ansätzen zu finden ist. Mehr zum Product Backlog erfahren Sie daher auch in Teil II „Projektplanung" in Kap. 9.

In Abb. 3.6 sehen Sie das Product Backlog als Liste dargestellt.

Das Sprint Backlog:
Das gesamte Scrum Team, also Product Owner, Scrum Master und Entwicklungsteam, planen die Arbeit des beginnenden Sprints im sog. Sprint Planning. Dabei werden die anstehenden To-dos gemeinsam diskutiert und in das Sprint Backlog gestellt. Im Anschluss zerteilt das Entwicklungsteam die gröberen To-dos in einzelne Tasks = Aufgaben. Die Tasks sind dabei so klein, dass sie möglichst in vier bis acht Stunden erledigt sind. Somit kann der Fortschritt bei der Umsetzung gut mitverfolgt werden. Gleichzeitig zeigen die Tasks auch, wie das Team die To-dos angehen möchte. Damit spiegelt das Sprint Backlog die gesamte Arbeit wider, die sich das Entwicklungsteam für den laufenden Sprint vornimmt und wie sie es angehen wollen.

In Abb. 3.6 sehen Sie drei größere To-dos, die aus dem Product Backlog stammen und jetzt im Sprint Backlog jeweils in kleinere Aufgaben heruntergebrochen wurden.

Inkrement:
Das Inkrement ist das Ergebnis des Sprints. Es ist zusammengefügt und integriert mit allen Inkrementen der Sprints davor. Damit erzeugt jede Iteration eine Erweiterung des bereits Erzielten. Gleichzeitig soll das Inkrement eine so hohe Qualität aufweisen, dass es nutzbar und einsetzbar ist. Ob es tatsächlich an Nutzer ausgeliefert wird, entscheidet der Product Owner.

Denken Sie beispielsweise an Apps auf Smartphone oder Tablet. Dort erhalten Sie immer wieder Aktualisierungen. Manchmal wurde an der „inneren Schönheit" gearbeitet, oft sind es aber auch neue Funktionen, die bereitgestellt werden. Sie haben ein Inkrement erhalten. Vermutlich besteht es aus den Inkrementen mehrerer Sprints, sonst bekämen Sie alle zwei bis drei Wochen ein Update.

In Abb. 3.6 sehen Sie das Inkrement als Quader dargestellt.

Die Scrum-Events:
Früher hatten sie die Bezeichnung „Zeremonien", was deren Bedeutung, aber auch das „Anderssein" von Scrum stärker hervorhebt.

Bei den meisten Events handelt es sich um spezielle Meetings.

Wenn Sie durch die einzelnen Events gehen, halten Sie sich bitte die Scrum-Prinzipien vor Augen:

- Transparenz
- Regelmäßige Überprüfungen
- Anpassungen

Sie werden sehen, wie intensiv sich diese Prinzipien in den Events widerspiegeln.

Gleichzeitig sind alle Events in der Dauer begrenzt, also timeboxed.

Sprint:
Der Begriff Sprint könnte leicht irreführend sein, denn er hat hier nichts mit dem Spurt im Laufen zu tun.

Sprint ist die Bezeichnung einer Iteration (im Sinn von Wiederholung, Schleife). Jeder Sprint hat immer die gleiche, feste Länge. Dies sind meist zwei oder drei Wochen, maximal aber vier Wochen. Die Sprints folgen direkt aufeinander ohne Pause dazwischen, wie Abb. 3.5 bereits gezeigt hat.

Im Rahmen des Sprints wird der Sprint selbst geplant, das Development Team erarbeitet das sog. Inkrement und der Sprint wird abgeschlossen mit zwei speziellen Meetings, dem Sprint Review und der Sprint-Retrospektive (Details folgen). Der Sprint ist damit wie ein Container für alle Arbeiten, die stattfinden und gibt gleichzeitig eine Art Rhythmus vor.

Jeder Sprint erzeugt ein „usable increment", also ein potenziell nutzbares und auslieferfähiges Ergebnis. Ob ausgeliefert wird, entscheidet der Product Owner.

Durch die Sprints wird eine künstliche Begrenzung eingeführt, mit dem Ziel, die dafür geplanten Arbeiten jeweils innerhalb dieser Timebox auch fertigzustellen. Die in Arbeit befindlichen To-dos werden damit begrenzt.

In Abb. 3.6 ist der Sprint in der Bildmitte als große Schleife dargestellt. Die kleineren Schleifen sind weitere Events, die wir gleich noch kennenlernen werden.

Sprint Planning:
Da bei diesem Event das Sprint Backlog entsteht, haben wir indirekt über das Sprint Planning bereits gesprochen.

Im Sprint Planning entscheidet das gesamte Scrum-Team über die Arbeit des Sprints. Dazu wird zuerst ein übergeordnetes Ziel für den Sprint, also beispielsweise für die kommenden drei Wochen festgelegt. Der Product Owner erklärt, welche Arbeiten er aus dem Product Backlog gerne umgesetzt sehen würde. Das Entwicklungsteam stellt dazu Fragen und hat eventuell auch eigene Vorschläge dazu, sodass ein gemeinsames Verständnis über die anstehende Arbeit und deren Machbarkeit im Sprint entsteht. Anschließend bricht das Entwicklungsteam für sich die anstehende Arbeit in kleinere Aufgaben (Tasks) herunter und schätzt, ob es diese im Sprint wirklich umsetzen kann.

Daily Scrum:
In einem täglichen Meeting von maximal 15 min, immer zur gleichen Zeit am gleichen Ort, synchronisiert sich das Development Team. Dabei beantwortet jedes Mitglied traditionell drei Fragen[1]:

- Was habe ich gestern gemacht?
- Was mache ich heute?
- Gibt es Hindernisse? – Immer bezogen auf das Ziel des Sprints.

Somit wissen alle Teammitglieder, wer woran arbeitet.

Das „Daily" selbst ist immer kurz und knackig ohne Diskussion. Die weitere Bearbeitung von entstandenen Themen und Problemen ist ausgelagert und erfolgt nur mit den Teammitgliedern, die es betrifft.

Dieses Konzept ist so erfolgreich, dass es heute auch oft im klassischen Projektumfeld eingesetzt wird.

Da das Entwicklungsteam beim „Daily" steht (vielleicht damit sich keiner nebenher in seinen Rechner vertieft?), wird es oft auch als Standup-Meeting bezeichnet.

Sprint Review:
Am Ende des Sprints ist dies das erste Event, direkt gefolgt von der Retrospektive.

Der Sprint Review schaut auf das Ergebnis des Sprints. Teilnehmer sind das gesamte Scrum-Team, aber auch wichtige weitere Stakeholder, die insbesondere fachliches Feedback geben können. Das Produktinkrement wird präsentiert. Der Product Owner stellt dar, welche Product Backlog Items (Arbeiten) abgenommen werden können und damit erledigt sind. Nicht abgenommene Arbeit geht zurück ins Product Backlog.

Ziel des Reviews ist dabei kein Formalismus, sondern die gemeinsame Diskussion der geleisteten und der noch anstehenden Arbeit. Es folgt also auch der Blick auf das Product Backlog mit den weiteren Arbeiten und deren Priorisierung. Damit wird das Product Backlog verfeinert und aktualisiert anhand der neuen Informationen aus dem Sprint Review.

Sprint Retrospektive:
Die Retrospektive ist ein gemeinsames Meeting des gesamten Scrum-Teams und zielt auf eine kontinuierliche Verbesserung ab:

---

[1]Der Scrum-Guide von November 2017 stellt nun dem Development Team die Form frei, solange das Ziel eines täglichen „Inspect and Adapt" (Überprüfen und Anpassen) erreicht wird.

- Wie arbeitet das Team zusammen?
- Wie können die Prozesse verbessert werden?
- Welche Hindernisse gibt es und wie können sie beseitigt werden?
- Usw.

3.3.2.2 Kanban

Scrum, wie Sie gesehen haben, ist disruptiv (gänzlich anders). Es verlangt eine andere Arbeitsweise, neue Rollen usw.

Kanban ist evolutionär. Mitunter wird diskutiert, ob man es überhaupt zu den agilen Methoden zählen kann.

Im Japanischen steht „Kanban" für „Signalkarte", die ursprünglich zur Steuerung des Materialflusses in der Produktion verwendet wurde. Es hat seinen Ursprung in Lean Manufacturing (Toyota Produktionssystem), der Engpasstheorie von Eliyahu M. Goldratt und den Arbeiten von Don Reinertsen. Formuliert wurde es von David J. Anderson. Die Antwort, ob Kanban eine Methode ist oder nicht, beantwortet mittlerweile David J. Anderson selbst mit „ja" [1].

Grundlegende Begriffe zu Kanban

Kanban	Im Produktionssystem ist damit eine Signalkarte gemeint, die den Materialfluss steuert. Dies wird nun auf die Steuerung des Arbeitsflusses übertragen.
Kanban Board	Visuelle Organisation von Karten (Kanban) in einem Kanban-System. Dabei weisen die Kanban-Boards im Regelfall vertikale Spalten auf, die eine Abfolge von Arbeitsschritten (meist von links nach rechts) abbilden.
Kanban System	Es ist dadurch gekennzeichnet, dass es die Menge der Arbeit begrenzt, die sich im System und damit auch auf dem Kanban-Board befindet.
Tickets	Dies sind Haftzettel oder Karten auf dem Kanban-Board und repräsentieren die Arbeitseinheiten

In der englischsprachigen Literatur wird dann noch durch die Groß- oder Kleinschreibung des Begriffes Kanban differenziert. Kanban als Methode wird großgeschrieben, als Signalkarte, Board und System kleingeschrieben. Hier macht es uns die deutsche Sprache leichter. Vereinfachend wird meist einfach von „Kanban" gesprochen. Sie werden dies auch in diesem Buch so erleben.

Vorteile von Kanban

Ein Kanban-System hat einige Vorteile:

- Es ist nicht so disruptiv wie Scrum, sondern evolutionär und mit relativ wenig Aufwand zu implementieren.
- Es folgt einfachen Regeln und stützt sich auf leicht verständliche Mechanismen.
- Es kann in kurzer Zeit zu deutlichen Verbesserungen im Arbeitsfluss und der Fertigstellung von Arbeiten führen.

Kanban beruht auf sechs Praktiken:

- Mach Arbeit sichtbar.
- Limitiere den Work in Progress, also die Menge an begonnener Arbeit.
- Manage Flow.
- Mach Prozessregeln explizit deutlich.
- Implementiere (häufige) Feedbackmechanismen.
- Führe gemeinschaftlich Verbesserungen durch.

Auf diese Praktiken wird bei der Projektdurchführung (ab Kap. 19) näher eingegangen. Sie werden die Leitgedanken bilden, wenn wir uns das Kanban-System näher ansehen.

Das Kanban-Board

Am bekanntesten ist von Kanban der erste Punkt: Die Visualisierung des Arbeitsflusses. Dies geschieht an einem Kanban-Board.

Abb. 3.7 zeigt ein einfaches Kanban-Board.

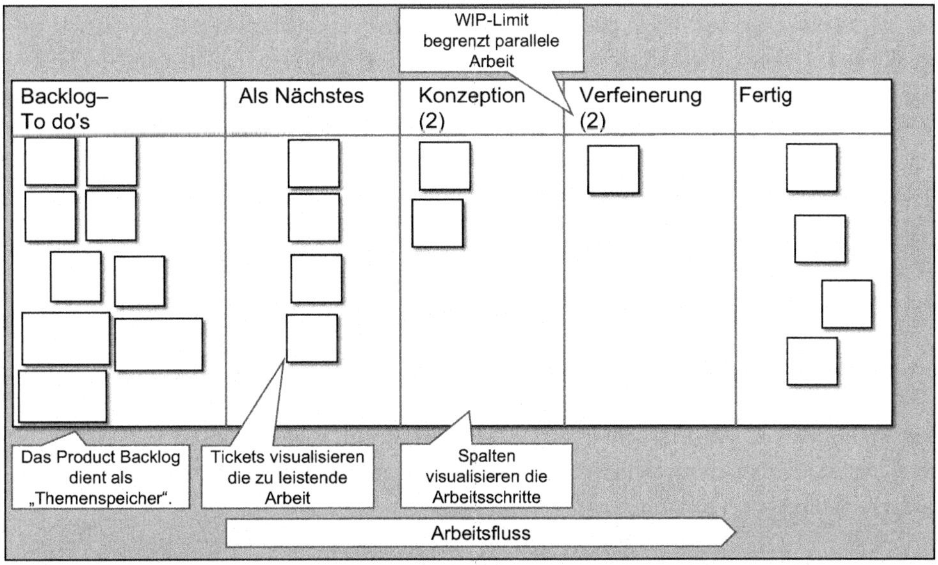

Abb. 3.7 Kanban-Board

In diesem Beispiel sind nur wenige Spalten enthalten:

- Eine für das Product Backlog als Liste der gewünschten Arbeiten
- Die Spalte „Als Nächstes" für die Arbeit, die für die unmittelbar bevorstehende Umsetzung ausgewählt wurde
- Die Spalten „Konzeption" und „Verfeinerung"
- Die Spalte „Fertig".

Dies soll nur einfaches Beispiel für ein Board sein. Es können auch deutlich mehr Spalten werden, wenn die einzelnen Arbeitsschritte abgebildet werden.

Die Arbeit wird auf dem Board durch Tickets repräsentiert. Auf ihnen steht üblicherweise, worum es geht und wer daran arbeitet.

Ein Kanban-Board erzeugt damit sehr viel Transparenz über die im System befindliche Arbeit und deren Fortschritt. Dabei wird besonders Wert auf den Fluss der Arbeit gelegt. Gemeint ist damit, dass die Arbeit möglichst gut von „als Nächstes" hin zu „fertig" fließt. Gleichzeitig soll sich möglichst wenig Angefangenes im System befinden. Je weniger angefangene Arbeit parallel vorhanden ist, desto schneller kann diese fertig gestellt werden.

Ein Kanban-Motto lautet: **„Stop starting, start finishing".** Also aufhören, Dinge anzufangen und anfangen, sie fertigzustellen.

Ein Mittel dazu ist die Begrenzung der Menge an begonnener Arbeit. Dazu wird die Anzahl der Tickets, die sich in einer Spalte befinden dürfen, oben in den Spaltenkopf geschrieben. Man bezeichnet dies als WIP-Limit (Work-in-Progress-Limit). Sie sehen es in Abb. 3.7 in der Spalte „Konzeption". Dort ist als WIP-Limit „2" angegeben. Dies bedeutet, dass hier kein Platz mehr für ein weiteres Ticket ist, da dort bereits zwei Tickets bearbeitet werden. Zuerst müsste eine der beiden begonnenen Konzeptarbeiten fertiggestellt werden.

Mehr dazu erfahren Sie im Teil III Projektdurchführung und Steuerung.

3.3.2.3 Scrum und/oder Kanban?

Was macht den Kernunterschied zwischen Scrum und Kanban aus?
Beide Ansätze arbeiten mit künstlichen Begrenzungen, aber unterscheiden sich darin, wo die Begrenzung gesetzt wird:

- Scrum führt eine Limitierung der Zeit ein, in der die Arbeit geleistet werden soll. Dazu nutzt es die Sprints, die eine feste zeitliche Dauer haben. Ein Zeitraum von maximal vier Wochen ist gut überschaubar. Die anstehende Arbeit wird jeweils für diese Zeit geplant. Ziel ist dann, dass das Team diese Arbeit in der versprochenen Qualität auch fertigstellt.

- Kanban dagegen kennt keine festen Sprints oder Iterationen. Es begrenzt dafür die Menge an Arbeit, die sich im System befinden darf, über das WIP-Limit.

Lassen Sie uns dies visuell darstellen und dabei auf Abb. 3.2 zurückgreifen. Hier wurden die Unterschiede zwischen dem plangetriebenen und dem agilen Lebenszyklus dargestellt. Dabei wurde, wie Sie nun erkennen werden, letztlich die Scrum-Methode dargestellt.

Wir arbeiten dies nun noch etwas deutlicher heraus und stellen es Kanban gegenüber (Abb. 3.8).

Tab. 3.2 zeigt eine kurze Auflistung der wesentlichen Unterschiede zwischen Kanban und Scrum.

Die beiden agilen Methoden werden in dieser Aufstellung als Gegenpole erscheinen. In Wirklichkeit können sie auch gemischt werden. Stellen Sie sich die beiden Methoden als reine Farben vor. Sie können sie miteinander mischen, mal mehr von der einen, mal mehr von der anderen Farbe dosieren.

Hatten Sie sich vielleicht gefragt, wie Scrum in Ihrem Umfeld funktionieren soll? Eine feste Taktung der Arbeit, ein dediziertes Team, das ausschließlich in diesem Projekt arbeitet? Neue Rollen?

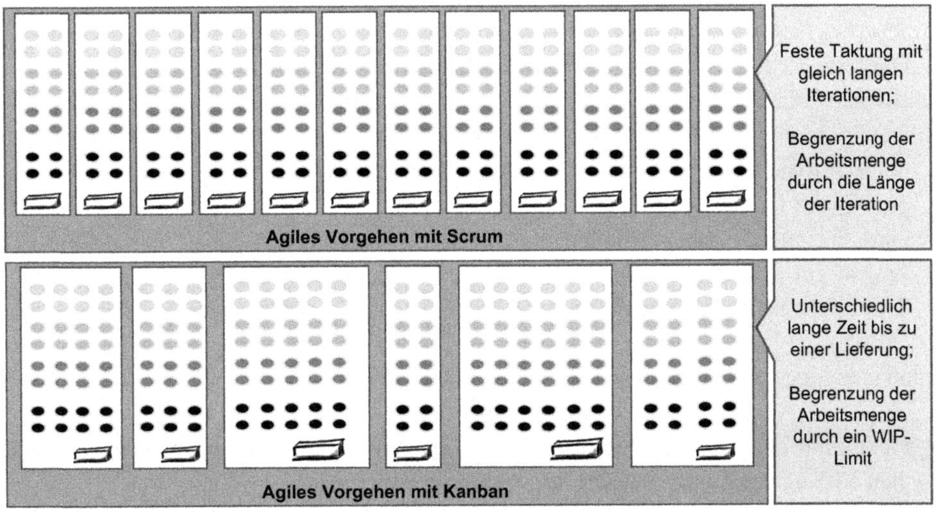

Abb. 3.8 Agiler Lebenszyklus bei Scrum und Kanban

Tab. 3.2 Wesentliche Unterschiede zwischen Scrum und Kanban

Scrum	Kanban
Iterationen (Sprints) in fest definierten und geplanten Zeitrahmen	Iterationen sind optional
Begrenzung der Arbeitsmenge durch den Sprintplan (Ergebnis aus dem Sprint Planning) und die Sprintlänge	Begrenzung der Arbeit durch ein WIP-Limit (WIP = Work in Progress)
Arbeit muss so heruntergebrochen werden, dass sie in einem Sprint fertiggestellt werden kann	Keine Größe der „Arbeitshappen" vorgegeben
Schätzen ist vorgeschrieben	Schätzen ist optional
Das Sprint Backlog gehört einem spezifischen Team	Ein Kanban-Board kann von mehreren Teams oder individuellen Mitarbeitern geteilt werden
Scrum schreibt drei Rollen vor: Product Owner, Scrum Master, Development Team	Kanban schreibt keine Rollen vor
Ein Scrum-Board oder Task-Board (auf dem die Aufgaben in einem Sprint mitverfolgt werden) wird zwischen jedem Sprint zurückgesetzt. Es bildet nur den jeweiligen Sprint ab	Ein Kanban-Board ist persistent; der Inhalt bleibt erhalten (Es sei denn, er wird bewusst archiviert oder entfernt)
Scrum schreibt ein priorisiertes Product Backlog vor	Bei Kanban ist es optional

Dann könnte für Ihr Projekt und in Ihrem Umfeld Kanban die Lösung sein.

Da sich dieses Buch an Projektleiter kleinerer Projekte und Initiativen richtet, die vielfach diese Projekte neben den Linienaufgaben „stemmen", gibt es bei Scrum oft zwei grundlegende Problematiken:

- Die feste Taktung mit Sprints, die weniger Flexibilität für Schwankungen in der Linienarbeit zulässt
- Die Forderung, dass Mitarbeiter zu hundert Prozent in dem Projekt mitarbeiten sollen, um sich fokussieren zu können. Bei einem Kunden war der Ausweg, einen festen Tag pro Woche für die Arbeit im Sprint zu reservieren; Der Sprint selbst umfasste dann vier „Sprinttage". Die restlichen Tage waren für Linienarbeit übrig. Es hat für dieses Projekt gut funktioniert. Aber zumindest Puristen würden hinterfragen: Ist dies noch Scrum oder schon nicht mehr?

Kanban hingegen eignet sich u. a. dann besonders, wenn:

- Flexibilität in Bezug auf Arbeitsvolumen und dessen Schwankungen, mehreren Themen oder unterschiedlichen Dringlichkeiten gefordert ist,
- Der Fokus eher auf einem konstanten Fluss der Arbeit liegt,

- Die Produktivität und Qualität durch die Begrenzung mithilfe eines WIP-Limits gesteigert werden kann oder soll,
- Die Effizienz gesteigert werden kann oder soll durch die fortlaufende Überprüfung, ob das Richtige getan wird,
- Verschwendung reduziert werden kann. Sie entsteht durch vermeidbare (Doppel-) Arbeiten, unnötige Meetings, unnötige Übergaben usw.,
- Vor allem aber ist Kanban evolutionär und geht von der momentanen Ist-Situation aus.

Welcher Ansatz wird nun im Buch weiterverfolgt – Scrum oder Kanban?
Bei der agilen Planung spielt die Frage keine Rolle, ob Sie am Ende mit Scrum oder Kanban umsetzen.

Bei der Projektdurchführung macht es dann einen Unterschied:

Für die leichtere Vereinbarkeit von Linien- und Projektarbeit wird hier im Rahmen der Projektdurchführung ab Kap. 17 Kanban näher behandelt und nicht Scrum.

Sie neigen zu Scrum?

In Scrum werden auch Boards genutzt, um die Arbeit im Sprint zu visualisieren und zu verfolgen. Für die Gestaltung dieser Boards und der Tickets darauf können Sie die Inhalte nutzen, die zum Prinzip „Mach Arbeit sichtbar" in Abschn. 19.1 gesagt werden.

3.4 Gegenüberstellung „klassische" und agile Vorgehensweise

Im Ablauf dieses Kapitels haben wir zuerst den plangetriebenen Lebenszyklus mit der „klassischen" Planung besprochen. Es folgte dann eine Einführung in agile Methoden und die Vorstellung zweier wichtiger Vertreter mit Scrum und Kanban. Ziel war, Ihnen anhand der beiden wichtigsten Vertreter agiler Vorgehensweisen eine bessere Vorstellung zu geben, wie agile Methoden funktionieren. Wenn nachfolgend von agiler Vorgehensweise geschrieben wird, dann gilt dies im Prinzip für Scrum und Kanban gleichermaßen. An der einen oder anderen Stelle werde ich Sie nochmals auf Unterschiede aufmerksam machen.

Nun wollen wir nochmals das Wesentliche der Vorgehensweisen herausarbeiten und gegenüberstellen.

3.4.1 Kernelemente des klassischen, plangetriebenen Ansatzes

Die Festlegung auf Inhalt und Umfang (Scope), Zeitbedarf und Kostenrahmen erfolgt frühzeitig:
Am Ende der Planung ist der Projektmanagementplan erstellt. In ihm ist die Zusage enthalten, ein bestimmtes Projektergebnis, im Bezug auf Umfang und Inhalt, zu einem bestimmten Zeitpunkt, zu den vereinbarten Kosten und in der entsprechenden Qualität abzuliefern.

Die Arbeit kann beim ersten Mal bereits „richtig" gemacht werden:
Beide – Auftraggeber und Ausführende – haben ein gutes und gemeinsames Verständnis vom angestrebten und erwarteten Ergebnis. Die Arbeit ist damit gut planbar, Änderungen und Anpassungen sollten eher klein sein. Ein Herantasten an die richtige Lösung ist nicht notwendig.

(Denken Sie an Abb. 3.3 mit der klaren Sicht auf den Weg und das Ziel).

Projekterfolg definiert sich weitgehend als Abwicklungserfolg:
Das Ergebnis wird im verabredeten Umfang, der verabredeten Qualität, zur vereinbarten Zeit und zu den vereinbarten Kosten abgeliefert.

Daran werden im Regelfall auch die Projektleiter „gemessen".

Allerdings kennt auch das plangetriebene Vorgehen den Anwendungserfolg, nämlich die Überlegung, ob das Projektergebnis in der Praxis erfolgreich angewendet wird und den geplanten ökonomischen Nutzen bringt.

Die Arbeit wird den Mitarbeitern zugewiesen:
Der Projektleiter erstellt die Planung und teilt aufgrund dieser die Arbeit zu: das sog. Push-Prinzip.

Die Mitarbeiter werden als „Ressourcen" betrachtet und bezeichnet:
Der aktuelle PMBOK® Guide [7] hat gerade das Wissensgebiet „Human Resources Management" in „Resource Management" umbenannt, denn es gibt im Projekt ja nicht nur menschliche Ressourcen, sondern auch andere wie Material, Räume etc. Natürlich sind die Mitarbeiter immer noch ganz spezielle Ressourcen. Gute Projektleiter werden sie auch immer so behandeln.

3.4.2 Kernelemente des agilen, value-getriebenen Ansatzes

Inhalt und Umfang (Scope) sind emergent:
Gerade bei innovativen, neuen Themen ist das genaue Endergebnis oder der Weg dahin noch nicht in aller Klarheit sichtbar. Damit kann auch der Scope nicht definitiv festgelegt werden. Jede Vorstellung von Ergebnissen und das Feedback darauf birgt die Chance, Anforderungen detaillierter kennenzulernen und das Bild vom Ergebnis nachschärfen zu können. Change/Veränderung ist damit inhärenter Teil des Ansatzes.

Aus diesem Grund wird das agile Vorgehen auch als change-getrieben bezeichnet.

Was „richtig" ist, wird entdeckt:
Es gibt Experimente, aus deren Ergebnissen gelernt werden kann. Der Weg und vielleicht auch das Endergebnis werden nicht immer in aller Klarheit sichtbar sein, sondern nach und nach „entdeckt" und klarer. Dazu dient das fortlaufende „Inspect and Adapt" (Überprüfen und Anpassen).

(Denken Sie an Abb. 3.3 mit der Nebelbank).

Projekterfolg definiert sich als Anwendungserfolg:
Das Stiften von Nutzen für Kunden und Unternehmen gleichermaßen steht im Vordergrund. Das ganze Vorgehen ist darauf ausgerichtet. Nutzen soll vor allem auch nicht nur am Ende gestiftet werden, sondern bereits durch Lieferungen zwischendurch. Gleichzeitig dient das Feedback auf diese Lieferungen immer wieder dem Nachjustieren und Optimieren des Anwendungserfolges.

Mitarbeiter „ziehen" die Arbeit und verantworten das Ergebnis als Team:
Mitarbeiter wählen die Arbeit. Sie ziehen sich ein entsprechendes Ticket: das Pull-Prinzip. Dabei ist das Team in seiner Gesamtheit für die Arbeitsweise, die Zusammenarbeit und das Ergebnis verantwortlich.

Menschen stehen im Zentrum:
Die Mitarbeiter sind nicht nur Ressourcen und Stakeholder werden nicht nur eingebunden. Sie sind nicht nur betroffen, sondern beteiligt und gestalten. Viele der agilen Prinzipien und Werte gehen auf diesen grundlegenden Punkt zurück und führen ihn weiter aus: Respekt, Offenheit, Mut…, Kap. 4.

3.4.3 Weiß, Schwarz und das Grau dazwischen

Traditionelles und agiles Vorgehen werden hier als zwei Gegenpole dargestellt: in Schwarz und Weiß. Es lassen sich aber durchaus einzelne Aspekte mischen und kombinieren.

Hybrid Basierend auf einer Mischung bzw. Kreuzung von mindestens zwei Basiselementen.
Wortbedeutung: Lateinisch *hybridia:* Mischling

Hybrides Projektmanagement Aufnahme von agilen Elementen (z. B. aus Scrum und/oder Kanban) in klassischen Ansätzen und umgekehrt Anreicherung des klassischen Vorgehens durch agile Elemente

Im hybriden Projektmanagement wird demnach „gemischt“:

Klassisches, plangetriebenes Vorgehen angereichert mit agilen Tools:
Besonders beliebt ist hierbei das tägliche Standup Meeting analog zum Daily Scrum, Abschn. 3.3.2.1, oder Retrospektiven, Abschn. 19.6.

Agile Methoden ergänzt um gezielt eingesetzte herkömmliche Elemente:
z. B. aus dem Risikomanagement oder dem Stakeholder-Management.

Ein größeres Projekt, in dem in verschiedenen Teilprojekten unterschiedliche Lebenszyklen und Tools zum Einsatz kommen:
Ein sehr gut planbares Teilprojekt oder eines mit sehr vielen Schnittstellen zu anderen IT-Systemen geht eher plangetrieben vor.

Ein weiteres Teilprojekt, das vielleicht insbesondere die Schnittstelle zum Endanwender gestaltet, geht schwerpunktmäßig agil vor.

Literatur

1. Anderson DJ, Carmichael A (2016) Essential kanban condensed. Lean Kanban University Press. http://leankanban.com/guide/Download. Zugegriffen: 24. Febr. 2017
2. Griffiths M (2015) PMI-ACP Exam Prep, 2. Aufl. RMC Publications, Minnetonka
3. Ibo Beratung und Training GmbH (2017) https://www.ibo.de/glossar/definition/Empirisches_Vorgehen.html. Zugegriffen: 16. Dez. 2017
4. ISO 21500:2012 International Standard (2012) Guidance on project management
5. Komus A et al (2017) Studie Status Quo Agile 2016/2017. http://www.status-quo-agile.de/. Zugegriffen: 6. Dez. 2017
6. Patton J (2008) Don't know what i want, but i know how to get it. http://jpattonassociates.com/dont_know_what_i_want/. Zugegriffen: 8. Dez. 2017
7. Project Management Institute (2017) A guide to the project management body of knowledge PMBOK® guide, 6. Aufl. Project Management Institute Inc., Newtown Square, S 51–52
8. Project Management Institute (2017) Agile practice guide. Project Management Institute Inc., Newtown Square
9. ProjektMagazin Glossar (2018) https://www.projektmagazin.de/glossarterm/agiles-projektmanagement. Zugegriffen: 4. Febr. 2018

10. Schwaber K, Sutherland J (2016) Scrum.Org und Scrum Inc. Der Scrum Guide, Der gültige Leitfaden für Scrum: Die Spielregeln. http://www.scrumguides.org/download.html. Zugegriffen: 12. Sept. 2017
11. Scrum.org: Scrum glossary, Glossary of scrum terms (2017) https://www.scrum.org/resources/scrum-glossary. Zugegriffen: 12. Dez. 2017
12. Takeuchi H, Nonaka I (1986) New new product development game. https://hbr.org/product/new-new-product-development-game/an/86116-PDF-ENG. Zugegriffen: 12. Jan. 2018

Weiterführende Literatur

Cockburn A (2017) http://alistair.cockburn.us/Incremental+means+adding%2c+iterative+means+reworking. Zugegriffen: 8. Dez. 2017

Sliger M, Broderick S (2008) The software project manager's bridge to agility. Pearson Education Inc., Boston

Das agile Wertesystem und Mindset

4

Zusammenfassung

Im vorhergehenden Kapitel wurden mit Scrum und Kanban zwei gängige agile Methoden kurz vorgestellt. Der Begriff „Methode“ umfasst aber zwei Aspekte:

- die Beschreibung eines planmäßigen Vorgehens um Ziele zu erreichen und
- eine Art des Handelns.

Bisher ging es primär um das planmäßige Vorgehen, um die Regeln und Prinzipien der Methoden.

Nun wird es um die Denkart, um das Mindset gehen, das hinter der Art zu Handeln steht.

Bekannt ist vielfach das „Manifest für Agile Softwareentwicklung“. Es betont Individuen und Interaktionen, Zusammenarbeit mit Kunden sowie das Reagieren auf und das Anstoßen von Veränderungen. Heute sind die agilen Methoden aber nicht mehr nur in der Softwareentwicklung zu Hause, sondern werden in allen Bereichen angewandt.

Egal ob ein Projekt mit der Methode Scrum oder Kanban arbeitet, entscheidend ist die Denkart. Allen agilen Ansätzen sind Grundüberlegungen gemein, auch wenn einzelne Werte unterschiedlich betont werden.

Die Werte und Prinzipien werden in diesem Kapitel kurz vorgestellt.

U. Kusay-Merkle, *Agiles Projektmanagement im Berufsalltag*,
https://doi.org/10.1007/978-3-662-56800-2_4

Eine wichtige Aufgabe des Projektleiters ist es, für ein entsprechendes Umfeld zu sorgen. Daher sind gerade auch für Projektleiter diese Werte wichtig. Die Ausprägung der Werte kann auf einem Radardiagramm dargestellt werden. Die eigene Ausprägung kann darauf eingeschätzt und später erneut bestimmt werden. Zwischen den beiden Einschätzungen liegt die persönliche Veränderungsarbeit an einer oder mehreren ausgewählten Dimensionen des Radardiagramms.

Alles begann 2001 beim Skifahren in Utah. Siebzehn IT-Spezialisten aus dem Bereich der agilen Methoden trafen sich, um gemeinsam ihre Freizeit zu gestalten, aber auch um zu diskutieren und die Gemeinsamkeiten hinter ihren unterschiedlichen Ansätzen herauszukristallisieren. Dabei entstand, was als das „Agile Manifest" berühmt wurde.

4.1 Das Agile Manifest von 2001

Manifest für Agile Softwareentwicklung
Wir erschließen bessere Wege, Software zu entwickeln, indem wir es selbst tun und anderen dabei helfen. Durch diese Tätigkeit haben wir diese Werte zu schätzen gelernt:
Individuen und Interaktionen mehr als Prozesse und Werkzeuge
Funktionierende Software mehr als umfassende Dokumentation
Zusammenarbeit mit dem Kunden mehr als Vertragsverhandlung
Reagieren auf Veränderung mehr als das Befolgen eines Plans.
Das heißt, obwohl wir die Werte auf der rechten Seite wichtig finden, schätzen wir die Werte auf der linken Seite höher ein [4].

Sie sind nicht in IT-Projekten tätig?

Agile Methoden sind inzwischen weit verbreitet, auch außerhalb der Informationstechnologie. Daher werden im Internet neue Versionen des Agilen Manifests diskutiert, die sich nicht mehr nur auf Software beziehen.

4.2 Das Mindset mit Werten, Glaubenssätzen und Prinzipien

Was ist nun ein Mindset?
Mindset heißt auf Deutsch Denkart. Ein Mindset beeinflusst bewusst oder unbewusst die Gestaltung von Prozessen, die Entscheidungsfindung und unsere Handlungen.

In Summe gehören nach Gil Broza [1] drei Elemente zum Mindset:

- Die Werte – was man in einer gegebenen Situation für am wichtigsten hält,
- Unsere Glaubenssätze – was wir für richtig („wahr") halten,
- Die Prinzipien, die als Leitlinien unsere Arbeit und Entscheidungen steuern.

Meist wird allgemein einfach von den agilen Werten gesprochen.

Warum beschäftigt sich das Buch mit diesem Mindset?
Das Mindset ist Fundament und Mauerwerk und nicht nur „Tapete“ oder schmückendes Beiwerk.

Auf Tagungen und Treffen wird immer wieder thematisiert, dass ein Stück des „Spirits“ verloren zu gehen droht. Man spricht von „agilen Methoden“ und eigentlich müsste es eine neue Wortschöpfung geben, die gleichzeitig das Mindset stärker in die Bezeichnung mit hineinbringt.

Lassen Sie uns dafür eine Metapher nutzen:

Entscheidend ist nicht die Mechanik, das sture Anwenden von Regeln. Betrachten Sie diese als Zwischenwände eines Hauses. Nicht tragende Wände können jederzeit verrückt werden. So mag es auch eines Tages Weiterentwicklungen der Methoden geben.

Das agile Mindset bildet dagegen Fundament und tragende Wände. Diese bleiben bestehen.

Vielleicht hatten Sie irgendwann schon einmal das Glück, in einem Unternehmen zu arbeiten, welches das Mindset lebt.

Dies war bei mir bereits Ende der 1980er-Jahre der Fall. Falls Sie sich gerade wundern: Ja, es stimmt: Das war vor dem Agilen Manifest. Mir wurde dies erst bewusst, als ich mich damit näher beschäftigte. Das Leben der Werte ist auch nicht abhängig von den Methoden als solchen.

Die übergeordneten agilen Werte
Sie beruhen auf dem im Agilen Manifest Gesagten:

Menschen an erster Stelle, vor Produkt und vor Prozess.

Dabei geht es nicht nur um das Team, sondern um alle Stakeholder inklusive Kunden und Anwender.

Überprüfung und Anpassung (Inspect and Adapt):
Veränderungen sind oft notwendig und können positiv sein. Lernen und Weiterentwickeln auf der Basis von Feedback.

Frühe und häufige Lieferung von Nutzen:
Die Arbeit soll möglichst immer so geplant und gestaltet werden, dass durch Lieferungen ein Nutzen für den Kunden und gleichzeitig für das Unternehmen möglich ist.

Glaubenssätze
Gemeint ist damit etwas. wovon Sie überzeugt sind, auch wenn es sich nicht wirklich beweisen lässt. Damit sind auch Glaubenssätze schwerer zu beeinflussen als bloße Annahmen.

Für agile Vorgehensweisen gilt:

Fokus auf Menschen:
Sie glauben daran, dass Menschen reüssieren werden, die kompetent und motiviert sind, denen vertraut wird und die unterstützt werden (Theorie Y von Douglas McGregor).

Nobody's perfect, aber durch die enge Zusammenarbeit erzielt das Team mehr als es den einzelnen Mitgliedern möglich wäre.

Der Kunde ist sehr, sehr wichtig:
Der Kunde ist derjenige, der das Ergebnis der Arbeit erhält. Dabei gibt es ein Problem mit den Anforderungen an das Produkt: Gerade bei innovativen Produkten weiß der Kunde oft gar nicht, was er im Detail benötigt. Ein Beispiel: Hätten Sie vor gut zehn Jahren vorgeben können, dass Sie ein Smartphone benötigen und was es leisten soll?[1]

Vielmehr werden die eigentlichen Anforderungen zutage treten durch die häufigen Lieferungen und das Feedback.

Somit ist es wichtig, sich intensiv auf die Bedürfnisse des Kunden zu konzentrieren und keine Zusagen zu weit in die Zukunft gerichtet zu machen.

Die Arbeit als solche:
Das agile Mindset bezieht sich vor allem auf komplexe Arbeit. Dabei ist die Beziehung zwischen Ursache und Wirkung oft nicht im Vorfeld abschätzbar, sondern erst im Nachgang erkennbar. Daher legt das Agile Mindset den Schwerpunkt mehr auf Evolution und das Herausarbeiten neuer Faktoren als auf das Vorabplanen. Was ist die beste Unterstützung dafür? Die Antwort: Kurze Feedback-Schleifen.

Damit wird auch implizit von geringen Kosten der Anpassung ausgegangen. Wenn dies nicht der Fall wäre, könnte eine agile Vorgehensweise nicht geeignet sein.

Die agilen Prinzipien
Es gibt einige grundlegende Prinzipien, auf die Sie immer wieder stoßen werden und die Abb. 4.1 zusammenfasst:

[1]Das erste iPhone wurde im Januar 2007 vorgestellt.

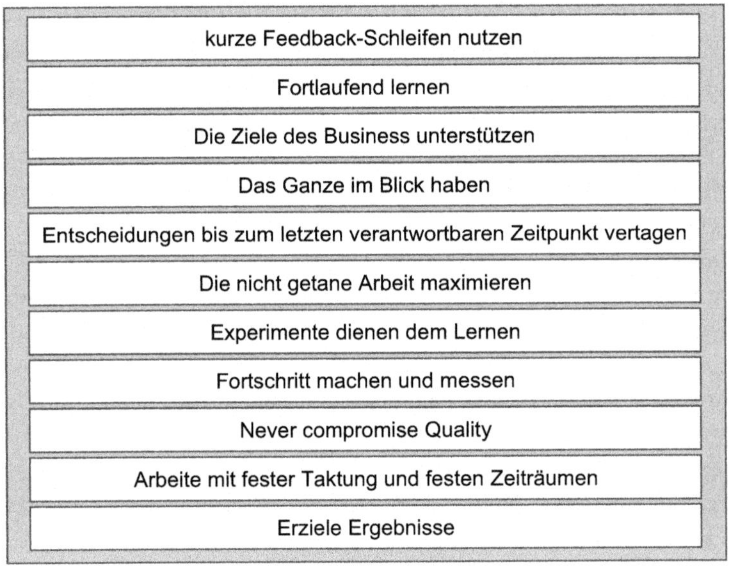

Abb. 4.1 Agile Prinzipien

Wo immer möglich werden kurze Feedback-Schleifen genutzt.

Das fortlaufende Lernen wird betont:
Lernen über den Kunden und seine Bedürfnisse, das Business, das Team und die anstehende Arbeit.

Prozesse und Teamarbeit werden immer wieder reflektiert und verbessert.

Wir unterstützen die Ziele des Business:

- durch häufige Lieferungen,
- durch Verlässlichkeit,
- durch niedrige Kosten bei Anpassungen.

Wir denken nicht nur an den nächsten Schritt, sondern haben das Ganze im Blick.

Effektiv sein und damit „das Richtige" tun, steht an erster Stelle. Erst dann kommt die Effizienz.

Entscheidungen werden bis zum letzten verantwortbaren Zeitpunkt vertagt.
Dies hat nichts mit „Aufschieberitis" zu tun, sondern mit der Suche nach der dann besten Lösung.

Ein einfaches Beispiel: Sie müssen zu einem Meeting fahren und haben zwei Verkehrsmittel zur Auswahl: Mit der S-Bahn recht zuverlässig, aber länger dauernd; Mit dem Auto normalerweise recht schnell, aber eben vom Verkehrsfluss abhängig. Sie vertagen die Entscheidung bis kurz vor den Zeitpunkt, zu dem Sie an den Bahnhof fahren müssten. Sie lesen die (positiven) Verkehrsnachrichten und entscheiden sich dann, mit dem Auto zu fahren.

Wir maximieren die nicht getane Arbeit.
Auch ein Prinzip, das sich nicht sofort erschließt. Denken Sie an die Softwareentwicklung: Alle Funktionalitäten müssen erst entwickelt, später dann gewartet werden. Es mag nicht so extrem sein, wie eine häufig zitierte Untersuchung anführt [2]: Danach würden 64 % der Funktionalität bei den vier untersuchten und intern genutzten EDV-Systemen nie oder fast nie genutzt. Aber auch wenn es weniger wären: Es wurden Anforderungen gestellt, umgesetzt und über Jahre hinweg gewartet, denen wenig Nutzung gegenübersteht. (Wobei natürlich auch Nutzung und Nutzen nicht unbedingt identisch sind. Sie machen die Einkommenssteuererklärung auch nur einmal jährlich, Ihr vielleicht nicht zu verachtender Nutzen ist aber eine Rückerstattung.)

Also gilt: Immer überlegen, was der Nutzen einer Anforderung ist. Und erst wenn dies klar ist, sie auch umsetzen. Vielleicht kann durch Hinterfragen und besseres Verständnis gemeinsam auch eine bessere Lösung als die ursprünglich angeforderte gefunden werden.

Experimente dienen dem Lernen:
Fail fast and cheap – so heißt es oft.

Beispiel: Bei einem Kunden wurde immer wieder über ein sehr umfangreiches Projekt gesprochen. Plötzlich war davon nichts mehr zu hören. Es hieß dann, der neue, inzwischen dritte oder vierte, Projektleiter habe für die Einstellung des Projektes plädiert. Es würde nie den Nutzen bringen, für den es begonnen wurde. Dazwischen lagen aber mehrere Millionen Kosten!

Vermutlich gibt es in vielen Unternehmen solche Geschichten.

Niemand scheitert gern, aber so ist das nicht gemeint.

Eher so: Wenn etwas nicht funktioniert, dann sollte man dies möglichst schnell herausfinden, bevor viel Arbeit und Geld investiert wurde.

Es gibt noch einen zweiten Aspekt, der hier wichtig ist: Agiles Vorgehen legt sehr viel Wert auf kontinuierliche Verbesserung.

Aber woher wissen Sie im Vorfeld, ob eine Maßnahme die gewünschte Wirkung zeigen wird? Bezeichnen Sie diese als Experiment und lernen Sie im Anschluss aus dem Ergebnis! Alles gut: Dann ist das Experiment geglückt. Noch nicht so gut: Dann diente das Experiment dem Lernen, Sie wissen mehr und können nachsteuern.

Agiles Vorgehen ist immer auch empirisch.

Fortschritt machen und messen:
Am Ende einer Iteration steht ein fertiges, nutzbares Produkt zur Verfügung.

„Never compromise quality" – Setze nie die Qualität aufs Spiel!
Es wird immer eine angemessen hohe Qualität angestrebt. „Angemessen" deswegen, weil das Niveau zum Produkt passen muss.

Begrenze die Menge paralleler Arbeit und arbeite mit fester Taktung.
Nach Gil Broza [1] müsste es heißen: Arbeite mit fester Taktung und festen Zeiträumen.

Dies trifft ganz sicher bei Scrum zu. Bei Kanban nur teilweise. Dort wird die Menge der parallelen Arbeit nicht über die Sprints begrenzt, sondern über ein anderes Limit. Aber auch Kanban kennt eine feste Taktung bei Meetings.

Ein stabiler Rhythmus erleichtert die Zusammenarbeit und reduziert Komplexität.

Erziele Ergebnisse:
Die Lieferung von echtem Nutzen durch das Team ist wichtiger als die Auslastung von Ressourcen. „Watch the baton, not the runner!"- Im Staffellauf kommt es auch nicht darauf an, dass alle non-stop laufen, sondern dass die Läufer sich vorbereiten, die Übergabe des Stabes gut läuft und jeder Läufer sein Bestes gibt, wenn er dran ist [3].

Ganz besonders wichtig sind aber nun die Prinzipien, die sich aus dem bewusst im Agilen Manifest an erste Stelle gesetzten Postulat ableiten:

„Individuen und Interaktionen mehr als Prozesse und Werkzeuge":

- **Kommunikation und Transparenz,** Austausch auf Augenhöhe, offener Austausch von Informationen, Teammitglieder auf „dem Laufenden" halten,
- **Feedback** geben und nehmen, zeitnah und wertschätzend auf Veränderungen reagieren,
- Andere Menschen wertschätzend und mit **Respekt** behandeln,

- **Fokus** auf das Wesentliche und Wichtige, möglichst nur auf eine Sache zu einem Zeitpunkt,
- **Mut,** neue Wege zu gehen und Neues auszuprobieren,
- **Commitment** (sich bekennen und verpflichten),
- **Offenheit** für andere Ansichten, neue Wege, offen sein für Veränderung und Neues,
- **Einfachheit** mit verständlicher Sprache, sich nicht „sprachlich verstecken“ durch vage Ausdrucksweise oder Fachjargon,
- **Konsens:** Jeder, der an einer Entscheidung beteiligt war, trägt sie außerhalb des Raumes mit,
- **Vertrauen** annehmen und schenken.

Dieses sind Themen, die in einem Team immer wieder betrachtet werden können:

- Beim Erarbeiten der Team Charter (Abschn. 7.2) genauso wie
- In Retrospektiven, wo die Zusammenarbeit reflektiert und Verbesserungen gemeinsam angestrebt werden (Abschn. 19.6).

4.3 Das agile Mindset für Projektleiter

Diese Themen betreffen auch Sie selbst als Projektleiter.

Im agilen Umfeld spricht man von „Servant Leadership“, einer dienenden Führung. Es ist Ihre Aufgabe, als Projektleiter ein entsprechendes Umfeld voll Vertrauen und Unterstützung zu bieten.

Wie weit sind Sie auf diesem Weg? In einem Workshop[2] wurde ein Radardiagramm mit den agilen Werten für die Selbsteinschätzung des Projektleiters eingesetzt. Gerne wird es auch für das ganze Team im Rahmen von Retrospektiven, einem speziellen Team-Meeting, verwendet (Abschn. 19.6).

Die Arbeit mit einem Radardiagramm

In einem Radardiagramm sind Themen sternförmig angeordnet und mit einer Skala von 1 bis 10 gezeichnet. Die Idee dabei ist, die Ausprägung der Themen zu einem Zeitpunkt einzuschätzen und mit Abstand wieder zu überprüfen. Dazwischen liegt die Arbeit an einzelnen Faktoren.

Damit sind es bei der Arbeit mit einem Radardiagramm immer mehrere Schritte, wie Abb. 4.2 zeigt.

[2] Im Rahmen der Tagung „Tools4Agile Teams 2017“ in Wiesbaden: „Ab morgen mach ich alles anders“ mit Birgit Bonni und Vera Hofheinz.

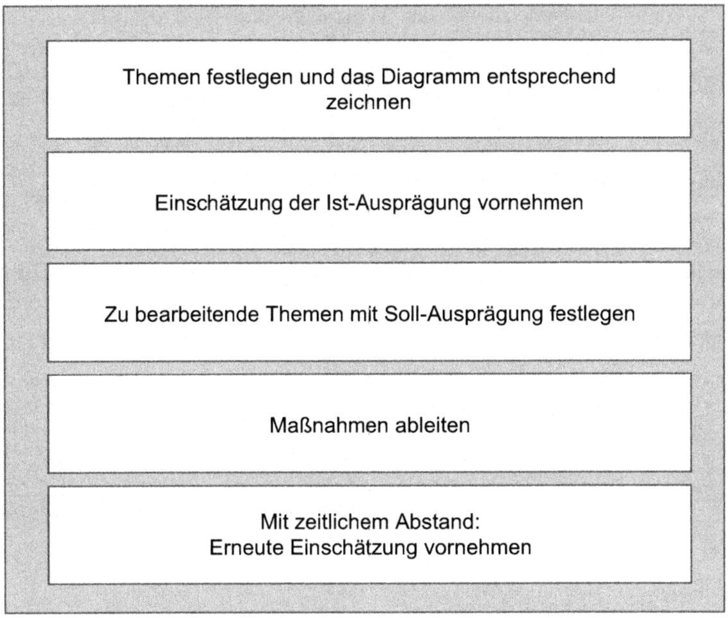

Abb. 4.2 Die Arbeit mit einem Radardiagramm

Der Werteradar für Projektleiter
So ist es auch beim Werteradar.

Er zeigt als Dimensionen wichtige agile Werte. Dabei sind die Erläuterungen in Tab. 4.1 als Anregungen gedacht.

Somit ist der erste Schritt aus Abb. 4.2 bereits erledigt.

Wie schätzen Sie sich selbst ein? Vergeben Sie jeweils einen Wert zwischen 1 und 10.

Markieren Sie bitte Ihre Einschätzung in der Grafik aus Abb. 4.3.

Dies war der zweite Schritt.

Überlegen Sie nun, welche Themen Ihnen besonders am Herzen liegen an denen Sie in der nächsten Zeit arbeiten wollen (Schritt drei).

Nun geht es um die Zukunft: Überlegen Sie, wie Sie die gewünschte Veränderung erreichen wollen. Halten Sie dies schriftlich fest (Schritt vier).

Tab. 4.1 Agile Werte – die Dimensionen des Werteradars

Wert	Erläuterung
Fokus	Wir konzentrieren uns auf wenige Dinge zu einem Zeitpunkt. Wir haben dadurch das Wesentliche und Wichtige im Blick
Mut	Wir haben den Mut, neue Wege zu gehen und neue Ideen auszuprobieren. Wir haben auch den Mut, Dinge wegzulassen oder anzupassen
Offenheit	Wir sind offen für Veränderung und Neues
Selbstverpflichtung Commitment	Wir verpflichten uns selbst, das zu tun, was wir wollen und sagen („Walk your talk")
Respekt	Wir haben Respekt vor Anderen und gehen wertschätzend mit ihnen um
Einfachheit	Wir wählen eine einfache verständliche Sprache. Wir verstecken uns nicht hinter Fachtermini und Ausdrucksweise
Transparenz	Wir tauschen offen Informationen aus. Wir fördern den Austausch auf Augenhöhe
Feedback	Wir geben zeitnah wertschätzendes Feedback. Wir reagieren wertschätzend auf Veränderungen

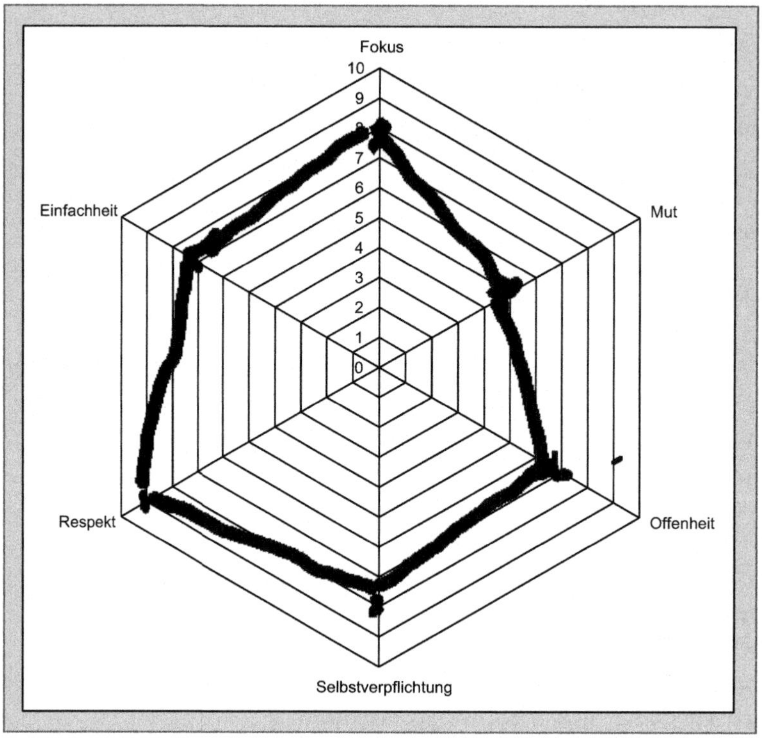

Abb. 4.3 Werteradar

Sie werden in Kap. 18 und 19 noch das Kanban-Board näher kennenlernen. Sie können es auch sehr gut für Ihr Selbstmanagement einsetzen (als Personal Kanban). Notieren Sie auf Ihrem Board auch die Maßnahmen:

- Konkrete To-dos als Tickets
- Fortlaufende Erinnerungen neben dem Board.

Legen Sie fest, wann Sie eine erneute Einschätzung vornehmen möchten.

Nehmen Sie das Mindset und die Werte mit, wenn wir uns in der Folge mit Projektplanung und Projektsteuerung beschäftigen werden.

Zusammenfassung Teil I Projektmanagement

Dieses Buch will Sie auf Ihrer Reise in das agile Projektmanagement begleiten.

Wir haben uns in diesem Teil mit Reisevorbereitungen beschäftigt.

Nach grundlegenden Begrifflichkeiten haben wir uns den verschiedenen Lebenszyklen zugewandt.

Wir haben festgestellt, dass der traditionelle Ansatz eher plangetrieben ist und damit auch von einer genauen Planbarkeit des Projektes ausgeht. Der agile Ansatz ist eher change-getrieben. Er rechnet mit Nebelbänken, die für schlechte Sicht sorgen. Mitunter ist der Weg nicht klar sichtbar, manchmal ist auch das Ziel selbst noch ein wenig verhüllt. Somit gehen wir in kleineren Schritten voran und holen uns immer wieder Feedback ein. Alles nach dem Motto „Inspect and Adapt".

Als konkrete Ausprägungen agiler Methoden haben wir kurz Scrum und Kanban kennengelernt.

Auf die weitere Reise durch das agile Projektmanagement nehmen wir das agile Mindset und agile Werte mit. Im nachfolgenden Teil werden sie immer wieder kurz in Erinnerung gerufen.

Literatur

1. Broza G (2015) The agile mind-set. 3P Vantage Media, Toronto
2. Cohn M (2015) Are 64 % of features really rarely or never used? https://www.mountaingoatsoftware.com/blog/are-64-of-features-really-rarely-or-never-used. Zugegriffen: 4. Dez. 2017
3. Hefley C (2015) Business flow: watch the baton, not the runner. https://leankit.com/blog/2015/05/business-flow-watch-baton-not-runner/. Zugegriffen: 6. Dez. 2017
4. http://agilemanifesto.org/iso/de/manifesto.html. Zugegriffen: 1. Dez. 2017

Weiterführende Literatur

Project Management Institute (2017) A guide to the project management body of knowledge PMBOK® guide, 6. Aufl. Project Management Institute Inc., Newtown Square

Project Management Institute (2017) Agile practice guide. Project Management Institute Inc., Newtown Square

Schwaber K, Sutherland J (2016) Scrum.Org und Scrum Inc. Der Scrum Guide, Der gültige Leitfaden für Scrum: Die Spielregeln. http://www.scrumguides.org/download.html. Zugegriffen: 12. Sept. 2017

Sliger M, Broderick S (2008) The software project manager's bridge to agility. Pearson Education Inc., Boston

Wildt A (erstellt 2009, letzte Änderung 2017) Das Erstellen von Netzdiagrammen. https://www.controllingportal.de/Fachinfo/Excel-Tipps/Das-Erstellen-von-Netzdiagrammen.html. Zugegriffen: 16. Dez. 2017

Teil II
Projektplanung

Dieser Teil führt von der Projektvision bis zur Erstellung der Roadmap und damit durch die gesamte agile Planung des Projektes.

Leitgedanken der Planung
Zuerst aber sei nochmals an das agile Mindset erinnert. Wir haben die agilen Werte und Prinzipien bereits kennengelernt, Abschn. 3.4 und Kap. 4.

Ein ganz wichtiges Prinzip war „Inspect and adapt".

Für das Planen leiten sich daraus zwei Leitgedanken ab, die Sie sich immer wieder vor Augen halten sollten:

- **Machen Sie nie etwas zu lange, ohne für Ihre Arbeit Feedback zu bekommen.**
  Ziel ist es vor allem effektiv zu sein und dann effizient. Die Betonung liegt also darauf, das Richtige zu tun und nicht zu riskieren, zu lange in eine falsche Richtung zu arbeiten.
- **Versuchen Sie immer das Feedback auf etwas „Fertiges" oder Einsetzbares zu bekommen,** nicht nur zu Ideen oder Konzepten.
  Feedback zu Dingen, die Menschen anfassen, ausprobieren oder anderweitig einsetzen können, ist qualitativ besser als eine Rückmeldung zu einem abstrakten Konzept.

An diesen beiden Leitgedanken richtet sich die Planung aus.

Die agile Vorgehensweise lohnt sich gerade für komplexe Vorhaben, für neue Wege, für neue Produkte, bei denen noch nicht ganz klar ist, wie das Ergebnis im Detail aussehen wird oder wie man dorthin gelangen wird. Gerade dann ist es wichtig, immer wieder durch Feedback nachzujustieren oder auch mal rechtzeitig die Reißleine ziehen zu können.

Damit müssen Sie sich bei der Planung nicht nur Gedanken machen zur Frage, wie Ihr Projektergebnis aussehen und was es umfassen soll. Sie müssen auch überlegen, in welchen „Häppchen" Sie vorgehen wollen, um diese Feedbackchancen in die Planung „einzubauen".

Inhalte dieses Teils
Dieser Teil bietet Ihnen zuerst eine Übersicht über die Planung eines Projektes, bevor im Anschluss die einzelnen Schritte näher erläutert werden.

Dabei geht es schrittweise von der Vision und dem Projektauftrag über die erste Sammlung von Ideen und To-dos bis hin zur Roadmap, die im Überblick auch die besagten „Häppchen" zeigt.

„Rechts und links" des Weges finden Sie Ergänzungen und Erklärungen zu gängigen agilen Begriffen und Ansätzen.

Als praktische Beispiele dienen ein Buchprojekt sowie ein Seminarprojekt. Ganz bewusst handelt es sich dabei um Nicht-IT-Beispiele.

5 Der rote Faden: Von der Projektvision zu Roadmap und Meilensteinen

Zusammenfassung

Sie bekommen als Projektleiter den Auftrag, eine Veränderung oder Verbesserung mittels eines Projektes herbeizuführen, einen neuen Prozess zu gestalten oder ein Produkt zu entwickeln.

Wie können Sie Ihr Projekt planen?

Lassen Sie uns zuerst im Überblick die einzelnen Schritte durchgehen: Ausgangspunkt ist die Grundidee, die Vision. Nach weiteren Stationen wie der Projektgenehmigung können die Anforderungen im sogenannten Produkt Backlog gesammelt werden. Anschließend wird festgelegt, in welchen „Wellen" die Anforderungen umgesetzt und die Lösung eingesetzt werden kann.

Zusätzlich erhalten Sie einige erste Hinweise für Workshops. Agile Methoden legen sehr viel Wert auf die Interaktion und das gemeinsame Arbeiten. Sie werden daher gerade hier in der Planung einige Tools kennenlernen, bei denen Ergebnisse gemeinsam in Workshops erarbeitet werden.

5.1 Übersicht über die Projektplanung

Betrachten wir das Projekt als Reise und starten mit einem ersten Blick auf die Landkarte in Abb. 5.1.

Lassen Sie uns nun gemeinsam die einzelnen Stationen der Landkarte durchgehen und dabei näher ansehen.

U. Kusay-Merkle, *Agiles Projektmanagement im Berufsalltag*,
https://doi.org/10.1007/978-3-662-56800-2_5

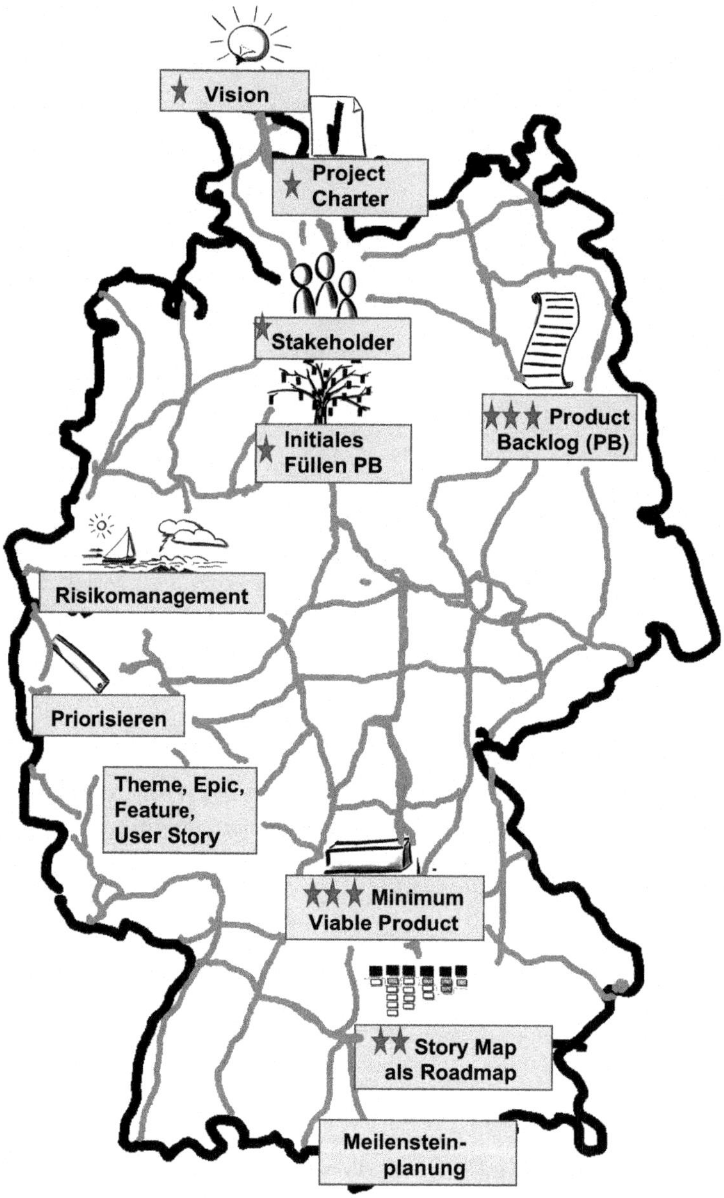

Abb. 5.1 Die agile Planung im Überblick

Die Vision

Um was genau soll es gehen? Was ist das Zielbild? Was soll erreicht werden?

Diese Frage beantwortet die Vision. Sie bildet das Fundament für die Kommunikation mit allen Betroffenen und Beteiligten, da sie das gemeinsame Grundverständnis bildet.

Auf den T-Shirts eines Unternehmens war eine Gruppe Ruderer in einem Boot abgebildet und mit dem Aufdruck versehen: „All we need is one direction“ Abb. 5.2. Genauso ist es! Die Vision gibt die Zielrichtung vor.

Ihre Bedeutung besteht darin, zur Genehmigung des Projektes sicherzustellen, dass Projektleiter und Sponsor/Auftraggeber das gleiche Verständnis vom Projekt haben. Daher ist es ungemein wichtig, die Vision abzustimmen, bevor weitere Arbeit in das künftige Projekt gesteckt wird.

Project Charter = Projektauftrag

In manchen Unternehmen gibt es darüber hinaus Regeln für Projektgenehmigungen, eventuell auch Templates oder Rahmen dafür. Auch wenn es diese nicht gibt oder sie für kleine Projekte nicht gelten: Eine kleine Zusammenstellung mit den wichtigsten Rahmendaten des Projektes ist ganz, ganz wichtig. Diese Zusammenstellung heißt unabhängig von ihrem Umfang Project Charter (nach PMI und ISO 21500). Der Projektleiter erstellt sie und der Sponsor genehmigt sie. Der Auftraggeber delegiert damit die Planung und Durchführung des Projektes an Sie, den Projektleiter.

Meist gibt die Project Charter die Antwort auf die klassischen W-Fragen:

- Warum wird das Projekt gemacht?
- Was sind die messbaren Projektziele?
- Was sind Inhalt und Umfang?
- Wer ist beteiligt und betroffen (Stakeholder)?
- Wo und mit welchen Ressourcen wird das Projekt durchgeführt?
- Wann und in welchem Zeitrahmen soll das Projekt stattfinden?
- Wie soll das Projekt umgesetzt werden?

Abb. 5.2 All we need is one direction

Erstellen Sie diese Zusammenstellung in jedem Fall schriftlich – und wenn es nur eine Seite ist! Wenn es unterschiedliche Meinungen zu Umfang oder Ansatz gibt, dann ist es besser, Sie finden es gleich heraus und können nachjustieren.

Auch im weiteren Verlauf bildet die Project Charter einen Rahmen um das Projekt, der allen Beteiligten zur Verfügung stehen sollte und Klarheit zu den wichtigsten Rahmendaten schafft.

In dieser Zusammenstellung werden meist bereits bekannte, wichtige Stakeholder mit aufgenommen.

Stakeholder
Wer ist alles betroffen vom oder beteiligt am Projekt?

Stakeholder sind beispielsweise:

- Der Sponsor,
- der Projektleiter selbst,
- Teammitglieder,
- unternehmensinterne oder externe Kunden,
- Betriebsrat sofern Personalveränderungen mit dem Projekt verbunden sind, sich für die Mitarbeiter Arbeitsumfänge ändern oder eine Leistungserfassung möglich wäre, usw.

Sie alle haben Erwartungen an das Projekt, Wünsche oder Anforderungen, unterschiedliche Einflussmöglichkeiten oder Kommunikationswünsche.

Abb. 5.3 gibt einen Überblick über Stakeholder-Gruppen eines Projektes.

Als Projektleiter benötigen Sie Stakeholder und die Kenntnis über deren Bedürfnisse und Anforderungen. So können Sie beispielsweise mit wichtigen Vertretern gemeinsam das Product Backlog initial befüllen.

Das Product Backlog
In agilen Projekten ist das Product Backlog eine Aufstellung, die die zentrale Stelle für alle Arbeit darstellt, die in einem Projekt zu leisten ist. In ihr stehen die bekannten Anforderungen, weitere Arbeiten wie z. B. für notwendigen Know-how-Transfer, notwendige Dokumentationsarbeiten usw. Da unterschiedliche Arten von To-dos in dieser Liste gesammelt sein können, bezeichnet man diese Einträge auch ganz neutral als Product Backlog Items. Oftmals wird verkürzt einfach von Items gesprochen.

Diese Liste hat insbesondere drei Eigenschaften:

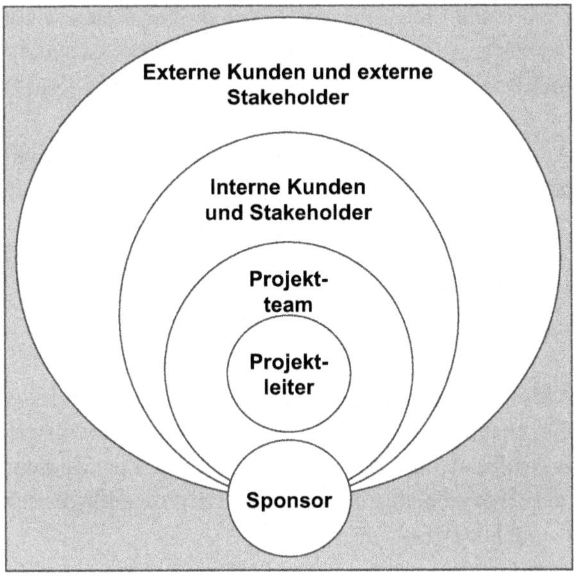

Abb. 5.3 Stakeholder-Gruppen eines Projektes

- Sie ist stets so priorisiert, dass die wichtigsten Dinge oben stehen. Dies sind auch diejenigen Product Backlog Items, die als erste angegangen werden.
- Die Product Backlog Items sind unterschiedlich granular. Gemeint mit dieser „Granularität“ ist die Frage, wie detailliert und fein die Product Backlog Items sind. Items, die ganz oben stehen und deswegen bald an der Reihe sind, sind feiner, detailreicher ausgearbeitet und „vorgedacht“ als Dinge, die weiter in der Zukunft liegen. Für diese sind anfangs vielleicht nur Stichworte vermerkt.
- Das Product Backlog lebt, d. h. es kann neu priorisiert werden, Items können hinzukommen oder andere entfallen.

Warum hat das Product Backlog diese Eigenschaften?

Die wichtige Arbeit steht oben und wird auch zuerst erledigt. Dafür müssen meist mehr Details bekannt sein. Vielleicht reichen irgendwann Zeit oder Geld nicht mehr, um alle Items umzusetzen, sodass „unten“ im Product Backlog niedrig priorisierte Items übrig bleiben. Oder man entscheidet sich auch einfach dafür, diese Dinge nicht mehr anzugehen. Das ist dann nicht weiter schlimm, denn in diese Dinge wurde noch nicht weiter investiert: sie wurden nur notiert.

Das Product Backlog ist so wichtig in agilen Projekten, dass es hier in mehreren Teilschritten näher besprochen wird. Hier gleich ein erster Überblick:

Das initiale Befüllen des Product Backlogs

Im Rahmen von einem oder mehreren Workshops oder auf der Basis von Gesprächen wird diese Liste initial befüllt.

Damit sind die zu diesem Zeitpunkt bekannten wichtigsten Anforderungen der Stakeholder aufgenommen. Aber auch später können jederzeit neue Anforderungen hinzukommen oder sich Product Backlog Items noch ändern.

Agiles Projektmanagement ist change-getrieben und dies macht es unter anderem auch attraktiv für Unternehmen und Projektleiter.

Auf dieses initiale Sammeln der Anforderungen könnte direkt das Erstellen der Story Map erfolgen. Der allererste Teil darin, mit dem Feedback eingeholt werden kann, ist das sog. Minimum Viable Product, Kap. 14.

Auf der Landkarte der agilen Planung erscheint dies auch als der direkte Weg, während die weiteren Kapitel etwas abseits des schnellsten Weges liegen. Sie beinhalten aber Begriffe, auf die Sie immer wieder stoßen werden. Sollte also der „Rote Faden" hier nicht ausreichend sein oder die Themen einfach zu interessant: Lesen Sie bitte auch die Kapitel dazwischen!

Priorisieren der Product Backlog Items

Nun muss die Liste der anstehenden Arbeiten priorisiert werden. Dabei werden die wichtigen Dinge immer oben im Product Backlog platziert, weniger wichtige weiter unten.

Dieses Priorisieren wird auch immer wieder neu stattfinden, auf der Basis von neuen Erkenntnissen. Diese können vorliegen, wenn erste Teilergebnisse mit Stakeholdern besprochen oder eingesetzt werden. Oder wenn sich Rahmenbedingungen oder die Marktsituation ändern.

Auch neu hinzugekommene Product Backlog Items werden nach ihrer Priorität einsortiert.

Da in der Durchführung die nächste Arbeit oben im Product Backlog entnommen wird, werden immer die zu diesem Zeitpunkt als besonders wichtig eingeschätzten Dinge zuerst getan.

Dieses Kapitel zeigt Kriterien, nach denen das Priorisieren vorgenommen werden kann. Es stellt gleichzeitig einige Tools zum Schätzen und Priorisieren vor.

Themen, Epics, Features, User Stories, Tasks – To-dos in unterschiedlichem Detaillierungsgrad

Eine wichtige Eigenschaft der Product Backlog Items ist ja wie oben beschrieben, dass sie in unterschiedlicher Detaillierung vorliegen. Damit ist gemeint, dass für sie unterschiedlich viele Informationen vorhanden oder unterschiedlich genau vorgedacht sind.

Dafür gibt es in der agilen Welt unterschiedliche Termini, die diesen unterschiedlichen Detaillierungsgrad beschreiben:

Themen (Themes) sind wie grobe Überschriften.

Epics und **Features** sind in der Regel größere Einheiten, noch relativ grob. Zerteilt man die Epics oder Features weiter, entstehen meist aus einer Epic oder einem Feature mehrere User Stories.

User Stories sind daher zumeist schon kleiner. Es ist aber gleichzeitig eine spezielle Art, Anforderungen zu formulieren.

Eine User Story besteht dann wiederum aus mehreren **Tasks,** also kleineren Arbeiten.

Lassen Sie sich davon nicht verwirren: Sie können Themen, Epics, Features, User Stories und Tasks einfach als To-dos unterschiedlicher Größe betrachten.

Abb. 5.4 zeigt die verschieden großen To-dos im Product Backlog.

Ziel dieses Abschnittes ist, Sie mit der agilen Begriffswelt weiter vertraut zu machen.

Risiken und Nebenwirkungen – Risikomanagement
Im Projektmanagement sind Risiken einfach Unwägbarkeiten, Dinge die das Erreichen unseres Projektziels fördern oder behindern können.

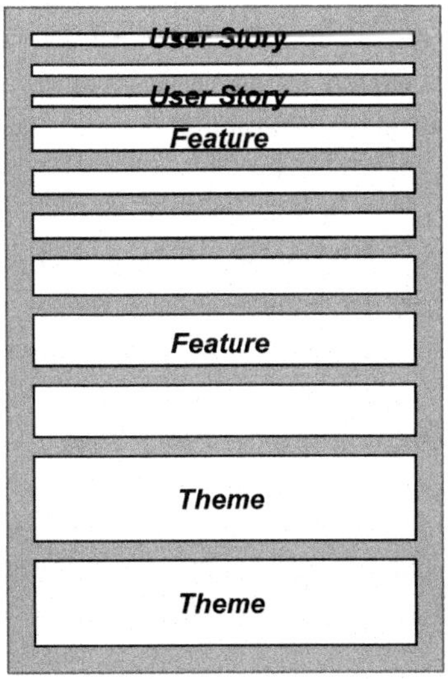

Abb. 5.4 Product Backlog

Damit gibt es positive und negative Risiken, auch wenn dies von unserem normalen Sprachgebrauch abweicht.

Es geht also darum, vorauszudenken, welche Unwägbarkeiten es gibt und wie man damit umgehen möchte.

Was könnte das Projekt positiv beeinflussen? Dies sind die Chancen. Wäre es nicht gut, darauf vorbereitet zu sein, um die Chancen wirklich beim Schopfe greifen zu können? Vielleicht bedeutet dies, manche Arbeiten höher zu priorisieren, um eine Chance nutzen zu können.

Gleichzeitig ist wichtig, auf Bedrohungen, also mögliche negative Einflüsse oder Ereignisse, vorbereitet zu sein. Lassen sie sich vielleicht vermeiden oder in der Auswirkung abschwächen? Wie kann sich das Projekt auf das mögliche Eintreten eines negativen Risikos vorbereiten?

Auch die dafür notwendigen Dinge kommen ins Product Backlog oder ergeben Änderungen im Product Backlog.

Das Minimum Viable Product
Gedanklich wird die Liste der To-dos schon immer länger.

Aber was sind die Arbeiten, die zuerst gemacht werden müssen, damit zumindest Ideen getestet und Feedback von Stakeholdern eingeholt werden kann? Dies ist das sogenannte **Minimum Viable Product (MVP).**

Mitunter hilft es gedanklich, an Apps für Smartphone oder Tablet zu denken. Vielleicht war die ursprüngliche Version relativ „schmal" und nicht besonders leistungsfähig. Dann kommen immer wieder neue Updates und Ergänzungen, weitere können mittlerweile zusätzlich käuflich erworben werden. Gleichzeitig gibt es meist die Möglichkeit, Feedback zu geben und damit auch die weitere Arbeit zu beeinflussen.

Das **Minimum Marketable Feature (MMF)** ist das Bündel an Funktionalität, das einen Teil der Kundenanforderungen erfüllt und gleichzeitig einen Nutzen bietet, wenn es als separate Einheit zur Verfügung gestellt wird.

Die Roadmap – Story Map
Auf das Projekt übertragen stellt sich daher die Frage: Was ist die „schmalste Lösung", mit der ein erster Schritt getan werden kann, mit der bereits Nutzen für das Unternehmen gestiftet und Feedback eingeholt werden kann, mit der Sie herausfinden können, ob Sie auf dem richtigen Weg sind oder nachjustieren sollten?

Was könnten dann die nächsten Auslieferungen sein und welche Teile des Product Backlog könnten sie jeweils umfassen?

Die Roadmap bietet eine Übersicht über die geplanten „Wellen", Releases oder Teillösungen, die ausgeliefert werden und/oder für die von den Stakeholdern Feedback eingeholt werden kann.

Es geht dabei also nicht nur um Meilensteine, zu denen etwas erledigt sein soll. Vielmehr soll ganz konkret eine (Teil-)Lösung erarbeitet worden sein, die eingesetzt werden kann. Diese wird mit jeder Auslieferung aufgefeilter und umfangreicher. In der Praxis spricht man in der IT häufig von Releases, anderswo von „Wellen" oder (Teil-)Lösungen. Wichtig ist dabei immer die Idee, bereits etwas auszuliefern und damit einen Wert oder Nutzen zu generieren.

Dies ist ein ganz wichtiges Prinzip: Immer in „Wellen" denken. Womit kann man bereits etwas anfangen? Vielleicht ist das nur ein „Goat Path" (Ziegenpfad), und noch nicht die geforderte umfassende Lösung. Aber es fällt den meisten Stakeholdern viel leichter, zu etwas Konkretem Rückmeldung zu geben, als zu einem bloßen abstrakten Konzept. Wie kann dann der „Ziegenpfad" verbreitert werden? Was könnte dann noch hinzukommen?

Wie und wie detailliert wird nun so eine Roadmap ausgearbeitet?

Für die praktische Arbeit wird im Buch die Story Map nach Jeff Patton vorgestellt.

Ist Ihr Projekt inhaltlich richtig neu und es gibt nur wenig Erfahrungen, auf die Sie aufbauen können, dann wird die Story Map auch relativ grob sein. Können Sie bei der Story Map schon auf Erfahrungen aufbauen, dann könnte sie bereits detaillierter ausfallen, vor allem für die erste Welle. Aber denken Sie daran: Jede „Welle" ist auch die Chance auf Feedback, das die weitere Arbeit beeinflussen kann. Denken Sie daran: nie zu lange in eine Richtung ohne Feedback zu arbeiten ist eine der Quintessenzen agilen Arbeitens.

Schätzen und Meilensteinplanung
In der Story Map wurden inhaltlich bereits die „Häppchen" definiert. Dafür wurden in die Story Map Meilensteinlinien gelegt.

Nun werden zeitliche Aspekte betrachtet und die Meilensteine gesetzt.

Wird in agilen Projekten nun geplant oder nicht?
Vielleicht haben Sie schon das Gerücht gehört, dass in agilen Projekten nicht geplant würde. Überspitzt gesagt: Man legt los und lernt einfach laufend dazu.

Was ist Ihr Eindruck nach diesem Überblick?

Wir planen sehr wohl, aber wir versuchen nicht alles zu antizipieren. Agiles Projektmanagement ist change-getrieben. Jedes Feedback ist auch die Chance, etwas zu lernen: zur Vorgehensweise, über die Lösung, das Produkt oder die Zusammenarbeit. Wir müssen also die Richtung kennen, in die wir uns vorarbeiten möchten, aber wir arbeiten nicht alle Details für die Zukunft aus. Warum ist das so? Alle Details sind volatil, die wir für die Zukunft bereits versuchen vorzudenken oder vorzuplanen. Je weiter wir in die Zukunft versuchen Details zu planen, desto mehr laufen wir Gefahr, dass diese Arbeit umsonst ist.

Agiles Projektmanagement ist value-getrieben. Die wichtigsten, nutzen- und wertstiftenden Dinge werden immer wieder hoch priorisiert und damit vor anderen To-dos umgesetzt.

„Kein Plan überlebt die erste Feindberührung." (Helmuth von Moltke) – ersetzen wir „Feind" mit „Realität". Wir planen, aber nicht nur um des Planens willen, sondern zugunsten des Überblicks, der Klarheit und der eigenen Gedankenführung. Dies gilt auch für kleine Projekte, die parallel zum Alltagsgeschäft laufen.

Überblick über die Planung

Sie haben nun einen Überblick über die Schritte der Planung.

Alle Schritte werden in den nachfolgenden Kapiteln näher ausgeführt.

Ergebnisse am Ende der Planung

Dann werden die Planungsschritte durchlaufen und am Ende der Planung mehrere Ergebnisse vorhanden sein:

- Zwischen dem Auftraggeber und dem Projektleiter besteht ein gemeinsames Verständnis darüber, was das Projekt leisten soll und was das gewünschte Ergebnis ist.
- Das Vorgehen insgesamt ist abgestimmt und das Projekt genehmigt.
- Die Stakeholder als Betroffene und Beteiligte sind klar. Insbesondere ist klar, wer die internen und/oder externen Kunden und was deren Erwartungen und Anforderungen sind.
- Im Product Backlog wurden initial alle zu diesem Zeitpunkt bekannten Arbeiten gesammelt, auch wenn es sich teilweise um kaum mehr als Stichpunkte handelt.
- Durch die Roadmap wurde eine zumindest grobe Übersicht über die Reihenfolge geschaffen, in der diese Arbeit umgesetzt werden soll und wie sie gebündelt wird, um entsprechend auch ausgeliefert werden zu können.
- Vermissen Sie die Termin- und Kostenplanung? Über diese erste Planung des Scope können nun Termine und Kosten geschätzt werden. In diesem Rahmen wird dann durch die laufende Priorisierung versucht, den maximalen Wert und Nutzen zu schaffen.

In der Folge wird der bisher nur kurz dargestellte Ablauf detaillierter ausgeführt. Sie werden sehen, wie Sie methodisch vorgehen können. Sie werden auch sehen, dass vieles in Workshops erarbeitet wird.

5.2 Shift von Dokumentation zu Diskussion

Bei der agilen Planung wird sehr viel Wert auf das gemeinsame Erarbeiten von Ergebnissen in Workshops und die Visualisierung gelegt.

Es ist ein Paradigmenwechsel: Weniger ausgefeilte und umfangreiche Dokumentation des Wissens Einzelner und dafür mehr gemeinsame Diskussion und Aufbau gemeinsamen Wissens, siehe Abb. 5.5.

Vielleicht empfinden Sie es selbst nicht so sehr als eine Veränderung. Das hängt einfach von dem Umfeld ab, in dem Sie arbeiten.

In den letzten Jahren wurden in der IT Anforderungen sehr detailliert schriftlich ausgearbeitet. Die entsprechende Rolle wird meist als Business Analyst bezeichnet. Dieser nimmt die Anforderungen der Business-Seite auf und arbeitet sie so aus, dass sie als Vorlage für die Umsetzung dienen können. Das fachliche Know-how über Geschäftsregeln, Zusammenhänge usw. ist sehr stark beim Business Analysten gebündelt, der damit eine Schlüsselrolle darstellt.

Zwischen Aufnehmen der Anforderung, deren Modellierung und schriftliche Aufbereitung und der Umsetzung kann ein deutlicher zeitlicher Versatz sein.

Daran setzen Kritikpunkte an:

- Es dauert zu lange, bis es nach der schriftlichen Aufbereitung zur Umsetzung kommt.
- Anforderungen können sich zwischenzeitlich aufgrund von Marktveränderungen etc. bereits wieder ändern.

Abb. 5.5 Weniger umfangreiche Dokumentation, mehr gemeinsame Diskussion

- Es ist aufwendig, umfangreiche schriftliche Dokumentationen aktuell und konsistent zu halten.
- Entwickler, die längere Zeit in einem bestimmten Umfeld arbeiten, werden mit ihrem Know-how oft nicht mehr eingebunden.
- Usw.

Agile Methoden legen sehr viel Wert auf Zusammenarbeit und den Aufbau gemeinsamen Wissens und Verständnisses.

Dies geschieht vielfach in Workshops und war auch die Motivation dafür, Workshops einen eigenen kurzen Abschnitt zu widmen, Kap. 21.

Die Vision

6

Zusammenfassung

„All we need is one direction". Die Vision gibt die Zielrichtung vor. Sie ist im übertragenen Sinn wie eine Fahne, die vor dem Projekt hergetragen wird.

Die Vision ist das Zielbild des Projektes oder des Produktes:

- Was macht seinen Mehrwert aus?
- Was soll mit dem Projekt/Produkt erreicht werden?
- Was ist das Endergebnis oder Endprodukt?

Bevor wir uns dem Thema zuwenden, wie praktisch eine Vision im Projekt entwickelt werden kann, folgen noch einige grundlegende Überlegungen zur Erarbeitung der Vision und zu ihrem Einsatz im Projekt.

6.1 Entwicklung und Einsatz der Vision im Projekt

Es ist viel leichter, Menschen hinter einem Zielbild wie hinter einer „Fahne" zu sammeln, wenn sie es mitentwickeln konnten. Aus diesem Grund finden Sie hier schwerpunktmäßig Ideen für Workshops zur gemeinsamen Visionsentwicklung mit wichtigen Stakeholdern.

Eine Vorgehensweise für die Erarbeitung in der Gruppe
Dabei wird zuerst die Grundidee des Projekts oder des Produktes erklärt.

U. Kusay-Merkle, *Agiles Projektmanagement im Berufsalltag*,
https://doi.org/10.1007/978-3-662-56800-2_6

Bei größeren Gruppen bilden sich im Anschluss Kleingruppen von drei bis vier Teilnehmern, die jeweils die Vision entweder als Elevator Pitch (Kurzpräsentation) oder als „Product Box“ (Produktverpackung) entwickeln. Beide Alternativen werden nachfolgend erklärt. Der Ablauf ist aber identisch:

- Jede Kleingruppe schreibt ihre Vision auf Flipchart-Papier.
- Jede Kleingruppe stellt im Anschluss kurz ihre Vision vor.
- Im Anschluss werden die besten Teile zu einer gemeinsamen Vision kombiniert. Dieses Zusammenfassen entfällt natürlich, wenn Sie nur mit einer Gruppe arbeiten.

Tipps, wie Kleingruppen gebildet werden können, finden Sie im Workshopteil in Abschn. 21.4.2.3.

Die Erarbeitung ohne Gruppe
Sollte aus irgendeinem Grund eine gemeinsame Erarbeitung nicht möglich sein, machen Sie als Projektleiter einen ersten Entwurf. Stellen Sie diesen in jedem Fall Ihrem Sponsor vor, um eventuelle unterschiedliche grundlegende Auffassungen sichtbar werden zu lassen. So bald wie möglich wird sie den Teammitgliedern zur Verfügung gestellt.

Die Erarbeitung ohne Gruppe sollte aber nur eine Notlösung sein! Die Motivation, der Schwung und die Ausrichtung auf die gemeinsame Vision würden fehlen.

Der Einsatz der Vision im Projekt
Die Vision stellt komprimiert die Quintessenz und die Motivation des Projektes dar. Sie soll für alle sichtbar und verständlich sein. Betrachten Sie diese wie eine Fahne, die dem Projekt vorangestellt ist. Sie transportiert die Botschaft immer wieder ins Team und zu anderen Stakeholdern.

Klingt übertrieben? In der Praxis ist das Ergebnis mitunter wirklich irritierend, wenn Teammitglieder kurz und prägnant Ziele und Inhalte des Projektes darstellen sollen, an dem sie mitarbeiten. Wie sollen sie ihren Beitrag zum Projekt leisten können und dies wirklich wollen, wenn sie nicht verstehen, wofür es eigentlich gut sein soll? Wie sollen sie aktiv mitarbeiten und mitdenken können?

Provokativ gefragt: Sind Sie und Ihr Team im gleichen Fahrstuhl? Erfahren Sie mehr zur „Elevator Pitch“ (Kurzpräsentation im Fahrstuhl).

6.2 Die Elevator Pitch – Erklären Sie Ihr Projekt in einer Minute

Ein Elevator Pitch oder die Elevator Speech oder Elevator Statement war ursprünglich ein kurzes Verkaufsgespräch.

Stellen Sie sich vor: Sie hätten eine richtig gute Geschäftsidee und treffen im Aufzug einen potenziellen Investor. Sie wollen ihm Ihre Geschäftsidee so schmackhaft machen, dass Sie in der Folge einen Termin für die genauere Vorstellung erhalten. Wie würden Sie Ihre Idee kurz, prägnant und motivierend zusammenfassen? Sie haben nur wenige Stockwerke lang Zeit...

Heute versteht man darunter im Allgemeinen eine Kurzpräsentation von maximal zwei Minuten.

Als Trainer haben wir immer wieder in Seminaren Teilnehmer das aktuelle Projekt nach einer Vorbereitungszeit in Form einer Elevator Speech vorstellen lassen. Sie sollten sich dabei vorstellen, auf wen Sie treffen. Dies könnte eine höhere Führungskraft oder ein anderer Projektleiter sein. Sie sollten kurz erzählen: Was macht das Projekt aus? Was sind seine Ziele?

Es fiel den Teilnehmern oft wirklich schwer, dies kurz und prägnant darzustellen. Projektleiter hatten dabei mitunter die Tendenz, die Kurzpräsentation zu überfrachten und viel zu viel hinein zu packen. Teammitgliedern fiel es oftmals schwer, Nutzen und Inhalt des Projektes, an dem sie mitwirkten, darzustellen: Ihnen fehlte dazu der notwendige Einblick.

Machen Sie diese Übung für sich selbst: Können Sie Ihre Initiative oder Ihr Projekt so darstellen, dass beim Zuhörer ein mentales Bild entsteht?

Dies sind die Punkte, die eine Elevator Speech abdecken könnte/sollte, wobei nicht immer alle notwendig sind:

- Für wen ist das Produkt/der Service?
- Was ist das Bedürfnis? Welche Chance bietet es, welches Problem adressiert es?
- Was ist das Produkt/der Service?
- Warum sollte der Gesprächspartner dieses Produkt/den Service „kaufen" oder nutzen?
- Im Gegensatz zu welchen anderen Produkten/Services steht dies?
- Was macht dieses Produkt/der Service anders?
- Haben Sie eventuell noch einen Appell an Ihren Gesprächspartner, wie die Bitte um einen ausführlicheren Gesprächstermin?

Vor kurzem hatten wir privaten Besuch und dieser fragte mich nach meinem Buch. Hätte ich nur eine Elevator Speech vorbereitet! Ich fürchte, ihm ist das Ziel des Buches und der Nutzen mit meinen Ad-Hoc-Erklärungen nicht klar geworden. Es war wie im Spruch „Schusters Kinder tragen die schlechtesten Schuhe."

Übrigens war der Besuch ein Notar. Auch wenn die Kanzlei Projekte macht, so ist doch der Ablauf jeweils genau vorgegeben. Ihm wird agiles Vorgehen vermutlich keinen wirklichen Mehrwert bieten. Anlass, auch die Bedeutung von „agil" mehr hervorzuheben.

Beispiel Elevator Speech

Das Buch „Agiles Projektmanagement im Berufsalltag" richtet sich an Projektleiter, die vielleicht zum ersten Mal ein kleines Projekt übernehmen oder agile Tools anwenden wollen. Der Buchtitel hat zwei Komponenten: Agil und Projektmanagement. Agiles Vorgehen eignet sich für innovative Projekte oder wenn der Weg zum Ziel noch nicht ganz klar ist. Agil bedeutet schnelles Reagieren auf Veränderungen, schnell Nutzen bieten. Anders als traditionelle Projektmanagement-Bücher oder Ausbildungen ist mein Buch vor allem für kleinere Projekte gedacht.

Wie hier führt das Buch mit konkreten Beispielen durch Projektplanung und Durchführung. Wenden Sie als Projektleiter die vorgestellten Tools direkt in ihrem Projekt an!

Die eigene Elevator Speech

- Stellen Sie sich unterschiedliche Stakeholder vor: Wie können Sie deren Interesse wecken und die Aufmerksamkeit fesseln?
- Laufen Sie gedanklich in den Schuhen des Kunden! Was ist für ihn an Ihrem Projekt oder Produkt wichtig?
- Was ist die Quintessenz dessen, was Sie alles über Ihr Projekt erzählen könnten? Priorisieren Sie die Inhalte, um mit der begrenzten Zeit zurecht zu kommen. Weniger ist mehr!
- Seien Sie authentisch! Häufig werden Sie dieses Format unter bekannten Kollegen nutzen. Drücken Sie sich so aus, wie Sie es üblicherweise tun würden. Lernen Sie daher keinen Text auswendig. Sie würden sich schriftlich immer anders ausdrücken als mündlich.
- Üben Sie den Text so, dass Sie ihn gut beherrschen und auch auf den jeweiligen Gesprächspartner ausrichten können.
- Vorsicht mit Fachjargon – denken Sie bei der Verwendung an Ihr Gegenüber. Kennt er den Fachjargon? Oder sollten Sie sich besser so ausdrücken, dass Sie es auch Ihrer „Großmutter" erklären könnten?
- Nehmen Sie niemals direkt im Gespräch spontane Last Minute-Änderungen vor. Dies geht erfahrungsgemäß schief (und wird meist zu lang durch immer mehr Nachschieben von Erklärungen).
- Zeigen Sie Begeisterung für Ihr Projekt! Wenn Sie nicht davon überzeugt sind, wer dann?

Tab. 6.1 Elevator Pitch-Workshop

Ziel	Erarbeiten einer Vision in Form einer Kurzpräsentation
Dauer	30 Minuten
Material	Flipchart-Papier für Stichpunkte, Stifte, eventuell auch Schere, buntes Papier
Vorbereitung	Keine spezielle

Tab. 6.1 fasst die Informationen zur Elevator Speech nochmals zusammen.

Es gibt viele Einsatzmöglichkeiten für ein Elevator Statement:

- Treffen mit Kollegen: „Was machst du so?"; „Sind Sie jetzt nicht zuständig für xy? Erzählen Sie mal!"
- Treffen mit Führungskräften: „Ich habe gehört, Sie arbeiten an der neuen Initiative. Worum geht es da eigentlich?"
- Treffen mit anderen Projektleitern: „Ich habe von dem neuen Projekt gehört. Ich frage mich, ob wir uns nicht mal kurzschließen sollten. Worum geht es dabei?"
- Netzwerktreffen
- Telefonate, wenn Sie bei Stakeholdern einen Termin vereinbaren möchten
- Usw.

6.3 Design the Product Box – Gestalten Sie die Produktverpackung

Auch dies ist eine Art, die Vision eines Projektes oder eines Produktes zu erarbeiten und darzustellen.

Stellen Sie sich vor: Sie stehen in einem Supermarkt und wollen ein Müsli kaufen. Vor Ihnen im Regal stehen jede Menge Müslischachteln. Was spricht Sie so an, dass Sie sich eine herausnehmen und die Vorderseite lesen? Was finden Sie auf der Vorderseite? Ein Logo, vielleicht ein Foto, groß den Namen des Müslis, einige Kernbotschaften. Dann drehen Sie die Schachtel herum und lesen die weiteren wichtigen Eigenschaften des Produktes.

Die Verpackung ist dazu da, Interesse zu wecken, aber auch die Botschaften zu senden und die Informationen bereit zu stellen, die uns das Produkt kaufen lassen. Auch hier können nicht alle Details abgebildet werden, sondern es geht wiederum um eine attraktive und motivierende Quintessenz.

Bei „Design the Product Box“ wird dies auf das Projekt übertragen, auch wenn sich dessen Ergebnis nicht in einer Schachtel verpacken ließe. Es geht primär um die komprimierte visuelle Darstellung wichtiger Botschaften und Informationen.

Und so könnte die Product Box des Buchprojektes aussehen (Abb. 6.1):

Und nun „verpacken“ Sie Ihr Projekt oder Produkt in so eine „Schachtel“.

Informationen zum „Design the Product Box“-Workshop fasst Tab. 6.2 zusammen.

Zeichnen Sie sich auf ein großes Blatt die Vorderseite eines Kartons und auf ein anderes Blatt die Rückseite. Wenn Sie sich zeichnerisch nicht so „fit“ fühlen, wickeln Sie ein großes Blatt um ein Buch und knicken Sie es dabei so, dass Sie im Anschluss die Markierungen für Vorder- und Rückseite haben.

Beschriften Sie nun Vorder- und Rückseite analog zum Beispiel.

- Vorderseite: Logo, Name des Projektes, Schlüsselbotschaften
- Rückseite: die wichtigsten Kerneigenschaften.

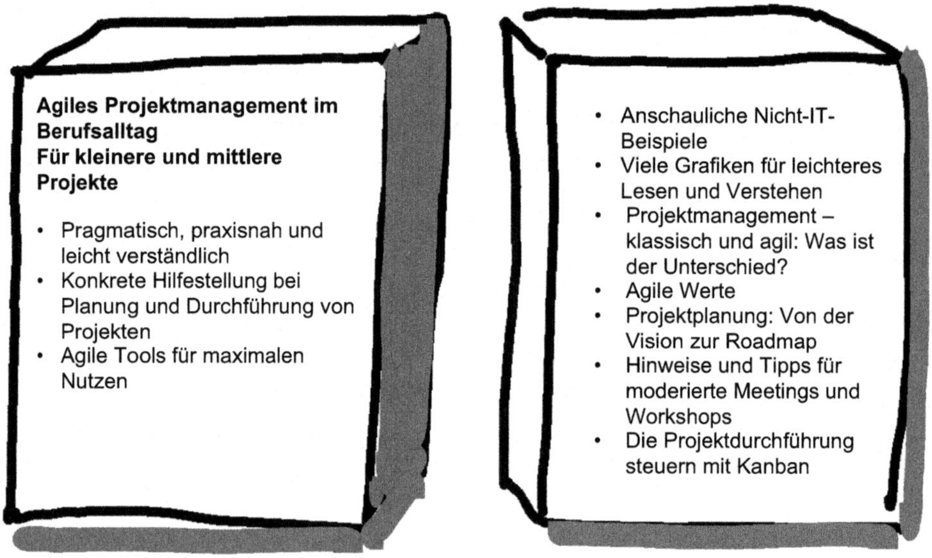

Abb. 6.1 Beispiel: Product Box Buchprojekt

Tab. 6.2 „Design the Product Box"-Workshop

Ziel	Erarbeiten der Vision mit den herausragenden Produktmerkmalen
Dauer	1 h oder mehr, je nach Anzahl der Gruppen und der Diskussion
Material	Flipchart-Papier, Stifte, eventuell Kartons zum Bekleben mit dem Flipchart-Papier
Vorbereitung	Anleitung auf Flipchart-Papier
	Gestalten von Vorder- und Rückseite: Herausarbeiten der Schlüsselbotschaften und wichtigsten Eigenschaften des Produktes/Projektergebnisses

Innovation Games®, Gamestorming und Collaboration Games

Lassen Sie sich vom Begriff „Spiel" oder „Game" nicht irritieren oder abschrecken. Sie sind jeweils Möglichkeiten, in einem Workshop gemeinsam mit Kunden oder anderen Stakeholdern sehr zielgerichtet, aber auf innovative Art und Weise, zusammen zu arbeiten. Sie stammen vielfach aus der Marktforschung und haben das Ziel, den Kunden und seine Bedürfnisse besser zu verstehen. Es geht bei diesen „Spielen" nicht um ein „Gewinnen" oder das Einhalten fester Spielregeln. Es geht um die Pflege der Beziehung zu Stakeholdern und dabei insbesondere zu Kunden. Trotzdem können natürlich auch für besonders gute Ideen „Preise" vergeben werden. Nur sollte dies das eigentliche Ziel nicht überdecken.

Einige der „Spiele" wie hier „Design the Product Box" sind in den Büchern „Innovation Games" ® [2] und teilweise auch im Buch „Gamestorming" beschrieben [1]:

„Prune the Product Tree" (Abschn. 10.2),

„Remember the Future" (Abschn. 10.3),

„Buy a Feature" (Abschn. 11.4.3).

Beide Quellen bieten auch sehr interessante Webseiten mit weiteren kreativen Ansätzen.

Die „Spiele" werden jeweils in ihrem ursprünglich gedachten Kontext vorgestellt. Das sollte Sie aber nicht hindern, diese gegebenenfalls auch kreativ anders einzusetzen. Mit „Prune the Product Tree" lässt sich ein Baum (sprich Produkt) in Form bringen und Sie erfahren dabei, welche Features dem Kunden wichtig sind. Sie könnten die Metapher aber auch für das Sammeln von Feedback (Lessons Learned) nutzen. Dann malen Sie auch einen Baum, aber an diesen Baum hängen die Teilnehmer des Workshops schöne Äpfel für das, was ihnen gefallen hat und madige, schlechte Äpfel, für das, was nicht so gut gelaufen ist.

Sie finden solche „Games" mitunter auch unter dem Begriff „Collaboration Games". Dies trifft es meiner Meinung nach besser, da sie sich vielfältig in der Zusammenarbeit einsetzen lassen.

Literatur

1. Gray D, Brown S, Macanufo J, Nitz E (2011) Gamestorming: Ein Praxisbuch für Querdenken, Moderatoren und Innovatoren. O'Reilly, Köln
2. Hohmann L (2007) Innovation games: creating breakthrough products through collaborative play. Addison-Wesley, Boston

Weiterführende Literatur

Adzic G (2012) Impact mapping: making a big impact with software products and projects. Provoking Thoughts, Woking

Gamestorming A toolkit for innovators, rule-breakers and changemakers. http://gamestorming.com/. Zugegriffen: 26. Nov. 2017

Griffiths M (2015) PMI-ACP Exam Prep, 2. Aufl. RMC Publications, Minnetonka

Sliger M, Broderick S (2008) The Software Project Manager's Bridge to Agility. Addison-Wesley "The Agile Software Development Series", Boston

The gamestorming cheat sheet the book http://amzn.to/GamestormingBook, The "cheat sheet" by @brynn | brynnevans@google.com https://docs.google.com/document/d/1BQb3AWDar2sU-da-Rf1E2HDJJj1oMbxrg-BBEsnnYnuM/edit. Zugegriffen: 12. Sept. 2017

Die Project Charter – der Projektauftrag

7

Zusammenfassung

Eine Project Charter ist die Basis für ein Projekt und definiert Ziele, Inhalte, wichtige Risiken und Stakeholder und stellt die grundlegende Vorgehensweise dar. Sie geht damit deutlich über die Vision hinaus. Es mag formalistisch klingen, aber die Erstellung und Abstimmung der Project Charter ist ein wichtiger Schritt, um zu überprüfen, ob zumindest Sponsor und Projektleiter das gleiche Bild haben. Sehen Sie die Project Charter als Chance, dies herauszufinden!

Eine Project Charter also auch bei agiler Vorgehensweise? Ja, denn auch hier bleibt die Grundidee bestehen:

- der Abgleich des Verständnisses des Projektleiters und des Sponsors und
- die Beauftragung und gleichzeitige Genehmigung, Ressourcen des Unternehmens einzusetzen.

Auch wenn es Ihren Elan erst mal bremsen mag: Schreiben Sie eine Project Charter und gehen Sie diese mit dem Sponsor durch, selbst wenn dies nicht explizit gefordert ist!

Gleichzeitig ist im agilen Umfeld auch von der Team Charter die Rede, die die Zusammenarbeit des Teams betrifft.

7.1 Die Genehmigung eines Projektes in Unternehmen

Moment mal: Wie passt dies mit der Vision zusammen? Sind da nicht schon einige wesentliche Dinge abgedeckt?

U. Kusay-Merkle, *Agiles Projektmanagement im Berufsalltag*,
https://doi.org/10.1007/978-3-662-56800-2_7

Die Vision zeigt die Richtung an, in die gearbeitet werden wird, die Project Charter ist die Genehmigung des Projektes und beinhaltet mehr Informationen zu den Rahmenbedingungen des Projektes.

Am Thema Projektauftrag können Unterschiede bei mehr klassisch geprägten Unternehmen und eher agilen Unternehmen sichtbar werden. Auch die Größe der Unternehmen spielt eine Rolle.

In eher klassisch geprägten Unternehmen gibt es in der Regel einen Genehmigungsprozess für Projekte, der je nach Größe der Projekte unterschiedlich ausgestaltet sein kann. Dabei wird die Größe des Projektes meist an dessen Finanzbedarf festgemacht. Um diesen feststellen zu können, muss zumindest eine grobe Planung und Schätzung gemacht werden. Die Planung muss umso detaillierter erfolgen, je präziser die Daten gefordert werden und je weniger Spielraum für Anpassungen ohne erheblichen Mehraufwand wie Neugenehmigungen gegeben wird. Also vorab genau abzuschätzen und abzustimmen wäre ein Pol auf der Bandbreite der Genehmigungsverfahren.

Eine agile Sichtweise könnte wie folgt aussehen: Es gibt eine gute Vision. Das Team bekommt ein gewisses Budget zur Verfügung gestellt, um mit einer Minimallösung erstes Feedback einholen zu können. In Abhängigkeit vom Feedback läuft dann die Entscheidung, ob weiter Zeit und Geld investiert werden sollen. Alles nach dem Motto „Earn or Learn". In der agilen Software-Entwicklung gibt es sogar als Extrem das NoEstimatesMovement, das den Nutzen von Schätzungen generell infrage stellt. Nach dem Motto: Jede Schätzung ist ein Blick in die Kristallkugel. Das einzige echte Maß ist das Feedback von Stakeholdern auf (Zwischen-)Ergebnisse. Das ist der Gegenpol.

Damit kann es im Prinzip eine ganze Bandbreite geben, die von einem komplexen aufwendigen Genehmigungsverfahren auf der einen Seite bis zu NoEstimation auf der anderen Seite reicht.

Nachfolgend wird davon ausgegangen, dass die Vision zu einem Bestandteil der Projektgenehmigung wird, dass für die Genehmigung selbst aber noch eine Project Charter in irgendeiner Form geben wird.

Der Nutzen der Project Charter: ein Beispiel
In einem Projektmanagementseminar arbeiteten wir wie immer zu Beginn an den Zielen des Projektes für die Project Charter. Dabei nutzten die Teilnehmer ihre eigenen Projekte.

In diesem konkreten Beispiel war es ein Seminar für den neu gebildeten Bereich eines Unternehmens, in dem die Mitarbeiter in verschiedenen Ländern angesiedelt waren. Dabei bemerkten wir eine zunehmende Unruhe unter den Teilnehmern. Es stellte sich heraus, dass es bereits mehrere Projekte in diesem Bereich gab, die voneinander nichts wussten und sich vielleicht inhaltlich überlappten. Durch die Diskussion in der Übung wurde dies den Seminarteilnehmern bewusst. Es kam vermutlich der Verdacht auf, dass die eine oder andere Arbeit nun umsonst gewesen war: doppelt gemacht in verschiedenen Projekten oder gar nicht gewollt.

Was war der Grund? Es ging jeweils um kleinere Projekte, die nur der Leiter als Sponsor genehmigen musste. Ich kann mir die Situation in diesem neu gebildeten Bereich gut vorstellen: Ein Mitarbeiter ging begeistert mit einer Idee zum Sponsor, legte sie überzeugend dar und bekam ein: „Machen Sie das! Eine hervorragende Idee". Ohne eine schriftliche Abstimmung wurden Überlappungen, aber auch Lücken zwischen den Projekten nicht klar. Es gab keine Möglichkeit, einfach nochmals nachzusehen und abzugleichen.

Inhalte der Project Charter
Wenn wir im Rahmen dieses Buches von kleineren Projekten ausgehen, ist die Wahrscheinlichkeit groß, dass sie einem vereinfachten Verfahren unterliegen und direkt beispielsweise von einem Abteilungsleiter genehmigt werden können.

Aber auch in diesem Fall werden die folgenden Punkte interessant (wie bereits im Überblick vorgestellt):

- Warum wird das Projekt gemacht? Was ist die geschäftliche Begründung?
- Was sind die messbaren Projektziele?
- Was sind Inhalt und Umfang?
- Wer ist beteiligt und betroffen (Stakeholder)?
- Wo und mit welchen Ressourcen soll das Projekt durchgeführt werden?
- Wann? Was ist ein möglicher Start- und Endtermin, falls dieser bekannt oder vorgegeben ist?
- Wie soll das Projekt umgesetzt werden? Was ist der grundlegende Ansatz dabei?
- Welche Risiken im Sinne von Chancen und Bedrohungen birgt das Projekt?

Ein wichtiger Punkt sind auch Kompetenzen und Verantwortungen des Projektleiters.

Wir werden auf diesen Punkt noch beim Thema Product Backlog zurückkommen. Die Frage wird sein, wer letztlich Entscheidungen zu den Anforderungen treffen darf, die umgesetzt werden und zur Reihenfolge der Realisierung (Abschn. 9.3).

Wie Sie aber an der Aufzählung der Inhalte der Project Charter ersehen können, ist die Charter deutlich umfangreicher und geht mehr ins Detail als die Vision.

Darstellung der Informationen: Project Charter- Dokument oder alternativ Project Canvas
Wie können Sie nun diese Informationen darstellen?

Im Prinzip gibt es hier zwei alternative Möglichkeiten: Die Darstellung

- als Dokument oder
- in übersichtlicher grafischer Zusammenfassung.

Darstellung als Dokument
Dies ist die traditionelle Form der Project Charter. Meist handelt es sich um ein „Word-Dokument". Wie dieses Dokument auszusehen hat, geben oft die Unternehmen vor. Für sie haben standardisierte Dokumente den Vorteil, dass sie für die Entscheider leichter lesbar und Investitionsideen (und dazu zählen Projekte) leichter vergleichbar werden.

Erkundigen Sie sich hier wieder nach Unternehmensstandards. Oft gibt es Vorlagen (Templates) dafür.

Grafische Darstellung als Project Canvas
Eine übersichtliche grafische Zusammenfassung dieser Informationen bietet ein sog. Project Canvas. Der Begriff wurde durch den „Business Model Canvas" zur Entwicklung von Geschäftsmodellen populär und in der Folge auf andere Themen übertragen. Heute gibt es verschiedene Canvas-Anwendungen. Dabei werden die relevanten Informationen jeweils auf einer Seite gebündelt dargestellt.

Für einen Project Canvas gibt es keinen Standard in der Literatur. Verschiedene Autoren arbeiten mit unterschiedlichen Vorlagen (Templates), wenn auch die Grundidee immer gleich bleibt.

Eventuell gibt es auch hier einen Unternehmensstandard. Diese Art der Aufbereitung, z. B. mithilfe einer Präsentationssoftware wie Powerpoint, gilt oft für kleinere Projekte mit niedrigerer Genehmigungsschwelle (z. B. Genehmigung durch einen Abteilungsleiter und nicht durch ein größeres Gremium).

Abb. 7.1 zeigt beispielhaft einen Project Canvas.

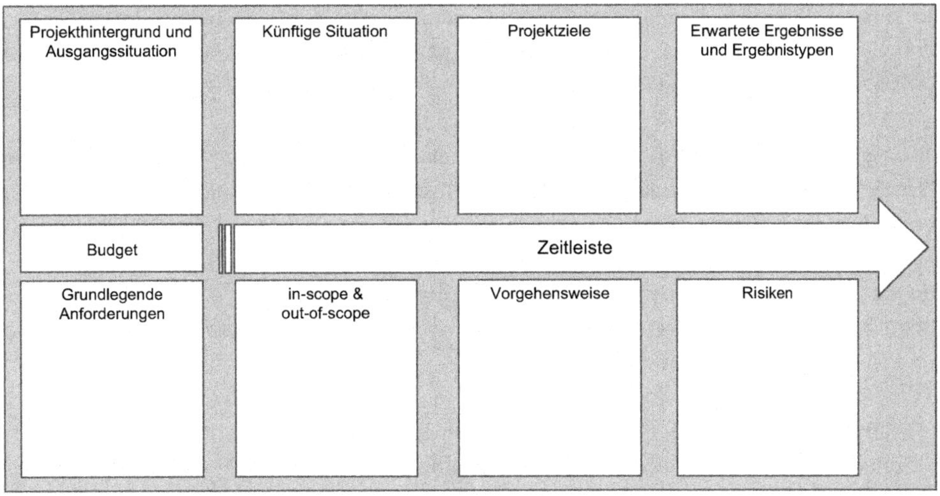

Abb. 7.1 Project Canvas

Projektziele

Ist Ihnen der Punkt „Projektziele" im Beispielprojekt Canvas aufgefallen?

Dies ist gerade für den Projektleiter interessant, denn an der Erreichung dieser Ziele wird sein Erfolg gemessen. Sie werden sowohl in einer Project Charter als auch in einem Project Canvas enthalten sein.

Achten Sie darauf, dass

- Die Ziele messbar formuliert sind („SMART" – mehr dazu gleich)
- Und im Einflussbereich und Rahmen des Projektes liegen.

Was bedeutet nun das Akronym SMART?

S – Spezifisch
M – Messbar
A – Ansprechend, motivierend
R – Realistisch
T – Terminiert

Sie kennen diese Art der Zielformulierung eventuell aus der Mitarbeiterführung. Sie ist auch für die Vereinbarung von Jahreszielen gebräuchlich. Aus diesem Grund soll dies hier nicht weiter besprochen werden.

Messbare Ziele zu haben löst mitunter einen inneren Zwiespalt aus. Es ist einerseits der „Druck", sie erreichen zu „müssen", gleichzeitig aber auch die Chance, vorab Erwartungen und mentale Bilder abzugleichen.

Die Abstimmung und Genehmigung der Project Charter

Nutzen Sie den Sponsor mit seiner Erfahrung und sprechen Sie Ihre Project Charter oder den Project Canvas mit ihm durch.

- Prüfen Sie die gedanklichen Bilder: Stimmen sie überein?
- Sehen Sie die Grenzen des Projektes und seinen Umfang gleich?
- Haben Sie das gleiche Verständnis zu den Projektzielen?
- Kennen der Sponsor oder das Team aus der Erfahrung heraus wichtige Risiken, die Sie noch nicht aufgeführt hatten?
- Wer sind die wichtigen Stakeholder? Gibt es Stakeholder, die Sie vielleicht noch nicht gesehen haben? Haben Sie an den Betriebsrat gedacht für alle Projekte, die Personalveränderungen mit sich bringen?

Abb. 7.2 zeigt dies grafisch.

Abb. 7.2 Die gedanklichen Bilder von Sponsor und Projektleiter

Lassen Sie sich die Project Charter genehmigen. Je nach Gepflogenheiten des Unternehmens reicht zur Genehmigung eine Mail.

Sie investieren letztlich Arbeitszeit in das Projekt, nicht nur Ihre eigene, sondern auch die von Kollegen, binden gegebenenfalls auch weitere Ressourcen, tätigen Bestellungen usw.

Mit der genehmigten Project Charter haben Sie jetzt ein „richtiges" Projekt.

7.2 Die Team Charter

Das Projekt ist genehmigt. Die Project Charter ist wie ein Rahmen um das Projekt.

Was noch fehlt, ist ein Pendant für das Projektteam. Dieses bietet die Team Charter. Sie ist kein Muss, aber viele neue Teams profitieren davon, sich mit dem Rahmen der Zusammenarbeit und den Spielregeln zu beschäftigen.

Ein Projektteam existiert nur für die Dauer des Projektes. Wann das Team zusammengestellt wird, ist unterschiedlich.

Agile Methoden stellen den Produktgedanken in den Vordergrund. Damit bleiben die Teams häufig länger zusammen, über das ursprüngliche Projekt hinaus für die weitere Entwicklung des Produkts.

Damit haben Project Charter und Team Charter unter Umständen deutlich unterschiedliche Lebenszeiten. Es gibt Unternehmen, wo die Projekte eher zu den Teams kommen als dass Teams für Projekte immer neu zusammengestellt werden. In diesen Fällen hat die Team Charter viel länger Bestand als eine Project Charter.

Aber was umfasst eine Team Charter?

Sie dokumentiert die gemeinsamen Überlegungen zur Zusammenarbeit im Team:

- Zweck des Teams,
- Rollen im Team,
- die Werte des Teams,
- die üblichen Kernarbeitszeiten,
- Spielregeln, wie Verhalten in Meetings oder Feedback-Regeln.

Erstellen Sie die Team Charter gemeinsam in einem Workshop und hängen Sie diese beispielsweise zu Meetings immer wieder aus. Sie soll auch kein statisches Dokument sein, sondern ein lebendiges. Wir werden im dritten Teil noch auf Retrospektiven zu sprechen kommen, die auch wieder die Zusammenarbeit im Team zum Thema haben können, Abschn. 19.6.

Weiterführende Literatur

Griffiths M (2015) PMI-ACP exam prep, 2. Aufl. RMC Publications, Minnetonka

Habermann F, Schmidt K (2017) Project design, thinking tools for visually shaping new ventures. "Over the fence" book project. www.overthefence.com.de

Jeffries R (2013) https://ronjeffries.com/xprog/articles/the-noestimates-movement/. Zugegriffen: 26. Nov. 2017

Sliger M, Broderick S (2008) The software project manager's bridge to agility. Addison-Wesley "The Agile Software Development Series", Boston

Die Stakeholder – Betroffene und Beteiligte

8

Zusammenfassung

Stakeholder sind Betroffene und Beteiligte am Projekt, aber auch jeder, der ein berechtigtes Interesse am Projekt hat.

Sie können mit ihrem Wissen eine große Hilfe für den Projektleiter sein, aber auch eine große Herausforderung darstellen.

Wichtig ist, alle Stakeholder zu identifizieren, da verpasste Stakeholder meist auch verpasste Anforderungen bedeuten. Kennen Sie vielleicht auch Projekte, die zumindest vorübergehend zum Stillstand kamen, weil z. B. Mitbestimmungsrechte des Betriebsrates verletzt worden waren (§ 87 BetrVG)?

8.1 Der Begriff Stakeholder

Befragt man Übersetzungssoftware nach dem Begriff „Stakeholder", dann erhält man als Übersetzungsvorschläge u. a.: Akteur, Interessenvertreter, Anspruchsberechtigter. Es sind Personen, die einen Stake im Projekt haben: einen Einsatz, einen Anteil, eine Beteiligung.

Stakeholder sind:

- Vom Projekt und seinem Ergebnis Betroffene, z. B. Anwender eines neuen Prozesses oder einer neuen Software,
- Beteiligte am Projekt, also auch alle Kollegen, die im Projekt in irgendeiner Form mitarbeiten,
- Betroffene des Projektes oder des Projektergebnisses wie z. B. Kollegen, die einen neu entwickelten Prozess in der Folge anwenden sollen und

U. Kusay-Merkle, *Agiles Projektmanagement im Berufsalltag*,
https://doi.org/10.1007/978-3-662-56800-2_8

- Alle, die das Projekt positiv oder negativ beeinflussen können, also eine gewisse Macht und/oder ein berechtigtes Interesse haben. Dazu können z. B. auch eine Regulierungsbehörde oder bei Bauvorhaben die Anwohner gehören.

Nachfolgend wird der Schwerpunkt auf das Identifizieren der Stakeholder als einen wichtigen Schritt gelegt. Dabei werden zwei Methoden gezeigt:

- Die klassische Stakeholder-Analyse mit dem Stakeholder-Register, in dem alle Stakeholder aufgelistet werden
- und anschließend eine archetypische Art, Stakeholder-Gruppen darzustellen: die Personas.

Denken Sie bitte immer daran: Sie müssen nicht alle selbst kennen und identifizieren. Fragen Sie auch Sponsor, Teammitglieder, Kollegen, andere Projektleiter, wen diese als Stakeholder sehen. So laufen Sie weniger Gefahr, jemanden zu vergessen.

8.2 Stakeholder-Analyse

Ziel der Stakeholder-Analyse ist es, möglichst alle Stakeholder zu identifizieren, sowie ihren Einfluss auf das Projekt oder die Auswirkung des Projektes auf sie zu analysieren. Dies ist eine Vorgehensweise aus dem klassischen Projektmanagement, die aber nichts von ihrer Bedeutung eingebüßt hat.

Was ist der Inhalt Ihres Projektes und sein Endergebnis?

Gestalten Sie beispielsweise einen neuen Prozess? Dann überlegen Sie:

- Wer kann bei der Gestaltung helfen?
- Wer muss den Prozess anwenden?
- Hat der Prozess Schnittstellen, sodass es mittelbar Betroffene gibt?
- Wer hat gegebenenfalls Mitspracherechte?
- Sind Mitspracherechte des Betriebsrates betroffen?
- Wird der Prozess IT-technisch unterstützt? Erarbeiten Sie damit Input für Ihre Kollegen der IT?
- Wenn Sie den Prozess simulieren, wer könnte Ihnen dann Feedback zur Lösung geben?
- Wenn die Neuerung später kommuniziert wird, geht dann Kommunikation auch an Stakeholder außerhalb des Unternehmens? Dann wird im Regelfall die Kommunikationsabteilung zum Stakeholder, da sie externe Kommunikation genehmigen muss.
- Usw.

Stakeholder-Analyse in einem Workshop
Da vergessene Stakeholder eine häufige Quelle für Probleme in Projekten sind, lohnt es sich hier besonders, gemeinsam im Team zu analysieren.

Die folgende Beschreibung des Workshops in Tab. 8.1 orientiert sich an der Stakeholder-Analyse des Gamestormings [3].

Schritt 1: Erzeugen einer Liste der Stakeholder-Gruppen
Stellen Sie Fragen wie die weiter oben bereits genannten (Beispiel: Stakeholder bei der Gestaltung eines neuen Prozesses)

Weitere Fragen könnten sein:

- Wer ist vom Projekt oder dessen Ergebnis betroffen (gegebenenfalls auch unfreiwillig)?
- Hat das Projekt eine Vorgeschichte? Wer war beteiligt/betroffen?
- Wer hat Entscheidungsbefugnisse bezüglich des Projektes?
- Wer unterstützt das Projekt, wer möchte es nicht haben?
- Wer war gegebenenfalls schon in ein ähnliches Projekt in der Vergangenheit eingebunden?

Sammeln Sie die Namen und Rollen der Stakeholder auf Haftnotizen und clustern Sie nach Stakeholder-Gruppen, wie Kunden, externe Organisationen etc.

Tab. 8.1 Workshop zur Stakeholder-Analyse

Ziel	Strategien zur Identifikation und Einbindung der Stakeholder entwickeln
Material	Flipchartpapier, Haftnotizen und Stifte
Vorbereitung	Flipchartpapier mit Matrix vorzeichnen: Achsen beschriften mit: - Betroffenheit - Einfluss/Macht
Schritte	1. Schritt: Erzeugen einer Liste der Stakeholder-Gruppen 2. Schritt: Klarheit über Einfluss und Betroffenheit dieser Stakeholder-Gruppen gewinnen: Stakeholder-Portfolio 3. Schritt: Strategien zum Einbinden der Stakeholder entwickeln
Nachfolgend	Bei Bedarf Übertragen in Stakeholder-Register

Schritt 2: Klarheit über Einfluss und Betroffenheit dieser Stakeholder-Gruppen verschaffen – Das Stakeholder Portfolio
Zeichnen Sie dafür auf einem Flipchartpapier eine Matrix mit den Achsenbeschriftungen:

- Einfluss/Macht,
- Betroffenheit durch das Projekt.

Nun werden die Haftnotizen in der Matrix positioniert.

Im Englischen wird dies als „Power-Interest-Grid“ bezeichnet.

Schritt 3: Strategien zum Einbinden der Stakeholder entwickeln
Typischerweise werden die Stakeholder je nach Positionierung in der Matrix unterschiedlich in die Kommunikation eingebunden, Abb. 8.1.[1]

I. **Partizipative Strategie** – Stakeholder als Partner:
Binden Sie diese Stakeholder intensiv in die Kommunikation und in Entscheidungsprozesse ein. Diese Stakeholder „partizipieren“ im Projekt, was Sie nachfolgend auch immer wieder bei den möglichen Workshopformaten sehen werden.

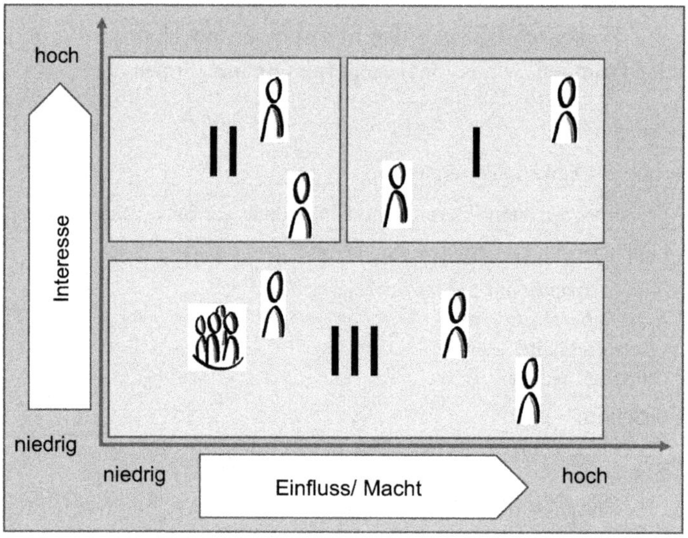

Abb. 8.1 Stakeholder-Portfolio und Kommunikationsstrategie

[1]Der Ursprung der verschiedenen Namen für die Kommunikationsstrategien ist leider nicht bekannt.

Die bevorzugte Kommunikationsform ist dabei der Dialog.
Damit ist der Aufwand recht hoch, sodass sich diese Strategie vor allem für Schlüssel-Stakeholder wie Kunden, Sponsoren etc. eignet.

II. **Diskursive Strategie** – Stakeholder im Gespräch:
Die hier eingeordneten Stakeholder werden regelmäßig informiert und gehört, d. h. ihre Meinung, Bedenken usw. werden aufgenommen und -wenn möglich - auch berücksichtigt. Sie eignet sich daher besonders für skeptische Stakeholder. Ziel der Kommunikationsstrategie ist dabei, Vorbehalte abzuschwächen oder auszuräumen, um damit negative Auswirkungen zu vermeiden.

III. **Repressive oder restriktive Strategie** – informierte Stakeholder:
Diese Stakeholder werden informiert, wobei es sich meist um eine einseitige Information und keinen Dialog handelt. Dies kann durch Newsletter, Präsentationen usw. geschehen.

Das Stakeholder-Register

Die Informationen und Überlegungen zu den Stakeholdern werden im sog. Stakeholder-Register gesammelt. Im agilen Umfeld vermeidet man gerne das Übertragen von Arbeitsergebnissen in ein separates Format. Häufig wäre dies Zeitverschwendung, wenn ein Fotoprotokoll vorhanden ist oder die Ergebnisse direkt weiterverarbeitet werden. Bei der Stakeholder-Analyse kann es sich dennoch lohnen: Der Übersichtlichkeit halber und um problemlos beispielsweise Kontaktinformationen ergänzen zu können.

Dies sind Informationen, die im Stakeholder-Register gesammelt werden können:

- Name des Stakeholders,
- Rolle im Projekt,
- Abteilung und Kontaktdaten,
- seine grundlegenden Anforderungen und Erwartungen an das Projekt und/oder das Projektergebnis (mehr zum Unterschied zwischen Erwartung und Anforderung wird gleich folgen),
- die Auswirkung des Projektes und seines Ergebnisses auf ihn,
- der Einfluss, den er auf das Projekt und seinen Verlauf ausüben könnte (siehe auch nachfolgenden Hinweis),
- die angedachte Kommunikationsstrategie.

Sie können diese Informationen einfach tabellarisch sammeln.

> **Hinweis zum Stakeholder-Register** Gehen Sie mit subjektiven Einschätzungen insbesondere zu Macht und Einfluss vorsichtig um. Es ist richtig und wichtig, sich auch darüber Gedanken zu machen.
>
> Gleichzeitig kann das Stakeholder-Register ein zentrales Verzeichnis für das ganze Team sein, sodass neu erkannte Stakeholder leicht ergänzt werden können. Stellen Sie die Liste dem ganzen Team zur Verfügung.
>
> Trennen Sie dann subjektive Einschätzungen vom Stakeholder Register ab.

Der Kunde
Wer ist nun eigentlich der Kunde?

Die Frage klingt banal, ist aber nicht ganz so einfach zu beantworten.

Ein Sprichwort sagt: „Wer die Musik bezahlt, bestimmt auch, was gespielt wird" (Tab. 8.2).

Alle drei Stakeholder kann man als „Kunden" ansehen, aber ihre Interessen sind unterschiedlich.

Im agilen Umfeld wird besonders die „Kundenzentrierung" betont und hiermit sind die „Empfänger" gemeint: Diejenigen, die mit dem Projektergebnis arbeiten oder es anwenden. Deutlicher wird dies beim Begriff „Nutzerzentrierung".

Machen Sie sich im Projekt zum Anwalt Ihrer Nutzer!
Haben Sie unterschiedliche Arten von Nutzern?

Tab. 8.2 Wer ist der Kunde? (nach [4, S. 60])

Fragestellung	Rolle
Wer bezahlt das Projekt?	Der sogenannte **Sponsor**, der das Geld im Unternehmen bereitstellt
Wem"gehört" das Projektergebnis?	Das kann der gleiche Stakeholder sein, wie der Sponsor, muss aber nicht. Nennen wir ihn „**Owner**", also „Eigentümer".
Wer wird das Projektergebnis abnehmen?	Der Owner.
Wer wird das Projektergebnis einsetzen?	Der **Empfänger** oder **Nutzer**

- Eine Art, diese heraus zu arbeiten sind die Personas, zu denen wir gleich kommen werden.
- Wenn Sie dies nicht anwenden, dann sammeln Sie trotzdem alle Nutzerrollen. Nur so haben Sie die Chance, deren unterschiedliche Anforderungen und Erwartungen entdecken zu können.

Ein Wort zur Trennung von Anforderungen und Erwartungen:
Erwartungen sind oft implizit und werden gar nicht explizit geäußert. Vielleicht betrachtet diese ein Stakeholder einfach als so „normal" und selbstverständlich, dass er dazu nichts sagt. Es sind mehr „mentale Bilder". Hier hilft nur nachzufragen und sich bald Feedback einzuholen. Anforderungen werden dagegen explizit geäußert und damit leichter zu greifen.

Bekannt ist eine Übung in Seminaren, bei der eine Brücke aus Flipchartpapier gebaut werden muss: Vorgegebene Maße, Tragkraft zwei volle Glas Wasser oder so ähnlich. Die Teilnehmer haben Spaß beim Brückenbau und testen vorsichtig mit dem Wasser. Teilweise wird auch eine Abdeckung auf die Gläser konstruiert, damit ja nichts verschüttet wird… Und dann komme ich als Trainer mit einem Metaplan-Auto und will es unter der Brücke hindurch „fahren" lassen. Meine Brücke geht ja schließlich über eine Straße… Wie oft stehen dann die Säulen zu dicht, weil das Team immer nur an die verlangte Tragkraft gedacht und dabei die wichtigen Fragen vergessen hat: Wo steht die Brücke, wozu dient sie? Wer braucht sie? Ich hatte die Erwartung, dass dies gehen soll. Aber für mich als Stakeholder war es so selbstverständlich, dass ich es als Trainer (absichtlich) nicht gesagt habe.

Machen Sie durch Nachfragen aus Erwartungen explizite Anforderungen!

Im Rahmen dieses Buches wird in der Folge immer nur von Anforderungen gesprochen werden.

Ihr Stakeholder Register wird Ihnen in der Folge helfen, z. B. bei

- Ihren Überlegungen zur Kommunikation mit Stakeholdern,
  - zur Frage, wer welche Informationen wann braucht,
  - wann und wie Sie Stakeholder einbinden wollen und auf welche Art und Weise Sie mit Stakeholdern kommunizieren werden,
- der Erfassung der Anforderungen, damit keine Stakeholder vergessen werden.

8.3 Personas

Wir wenden uns nun einer besonderen Art Stakeholder zu: Den Stakeholdern als „Informationslieferanten für Ziele, Anforderungen und Randbedingungen an ein zu entwickelndes System oder Produkt" [5]. Alan Cooper beschreibt in seinem Artikel „The Origin of Personas" [2], wie er dazu kam, archetypische Anwender als Persona zu definieren. Er interviewte und beobachtete drei Stakeholder in einem Unternehmen, für das er Software entwickelte. Dabei stellte er fest, dass er primär nur drei verschiedene Anwender hatte, die die Software aber unterschiedlich nutzen würden. Beim nächsten

Meeting stellte er seine Entwürfe unter den Gesichtspunkten dieser drei Anwender vor: Cynthia, Chuck und Rob. Bald wurde es üblich zu hinterfragen: Ob Chuck dies verstehen könne, oder was Cynthia dazu sagen würde?

Heute werden Stakeholder-Gruppen als Personas ähnlich eingesetzt:

- Es sind hypothetische, typische Nutzer, die beschrieben werden und einen Namen erhalten.
- Auch wenn sie fiktiv sind, so werden sie doch mit typischen Eigenschaften und Verhaltensweisen beschrieben.
- Es wird deutlich klargestellt, welche Ziele sie bei der Verwendung des Produktes verfolgen.
- Sie stehen stellvertretend für spezifische Nutzergruppen.

Ziel der Verwendung von Personas
Ziel beim Einsatz von Personas ist also, „in den Schuhen der Kunden zu laufen". Damit sind Personas eine Ergänzung zu den Anforderungen und To-dos, die im Product Backlog gesammelt werden. Sie sollen vielmehr helfen, die Anforderungen von Nutzern besser verstehen und dadurch auch besser priorisieren zu können. Ziel beim agilen Vorgehen ist immer, den Nutzen und Wert in einem bestimmten Zeitaufwand und mit einem gewissen Budget zu maximieren. Entscheidend ist dabei die Sichtweise des Kunden und nicht die eigene Einschätzung!

Personas werden vielfach für die Entwicklung von Benutzerschnittstellen in der IT beschrieben und eingesetzt. Bekannt ist dies insbesondere von Microsoft, die auf der Webseite von Microsoft Research auch Beispiele und Erfahrungen beschreiben. Das Konzept lässt sich aber auch sehr gut in anderen Bereichen anwenden. In der Seminarentwicklung kann es beispielsweise dazu dienen, die Zielgruppen zu beschreiben und die Inhalte dann immer wieder am Nutzen für die Zielgruppen zu messen.

Mitunter gibt es inzwischen in Unternehmen Sammlungen von Personas, die in verschiedenen Bereichen eingesetzt werden können. Die Unternehmen erhoffen sich davon eine konsistente Nutzung von Personas und eine konsequentere Ausrichtung auf diese archetypischen Nutzergruppen. Fragen Sie danach, aber übernehmen Sie die Personas nicht unbesehen. Prüfen Sie, ob die vorhandenen Personas zu Ihrem Projekt passen.

Erstellung von Personas
Wenn Sie Ihre Personas selbst erarbeiten, machen Sie dies am besten im Team. Damit erreichen Sie eine größere Wahrscheinlichkeit, die Personas richtig zu „erwischen" und zu beschreiben. Gleichzeitig hat das Team auch ein gemeinsames Verständnis über die Personas.

Gehen Sie dabei in den folgenden Schritten vor:

- Suchen Sie nach typischen Nutzern Ihres Projektergebnisses.
- Gibt es dabei Überschneidungen, lassen sich diese Nutzer in Gruppen clustern?
- Beschreiben Sie diese typischen Nutzer nach dem Schema, das weiter unten noch erklärt werden wird und geben Sie jeder Gruppe einen einprägsamen Namen. Arbeiten Sie ruhig mit Flipcharts im Sinne von Plakaten. So sind Ihre Personas mit im Raum, wenn Anforderungen oder Lösungsansätze diskutiert werden.
- Orientieren Sie sich immer wieder an den Bedürfnissen Ihrer Personas, laufen Sie im übertragenen Sinne in deren Schuhen:
- Nutzen Sie die Personas immer wieder bei der Arbeit mit dem Product Backlog und den To-dos: „Was würde Cynthia dazu sagen?" „Wie wichtig ist das für Rob?"
- Lassen Sie die Personas leben: Durch neues Feedback oder neue Erkenntnisse kann die Beschreibung auch ergänzt oder aktualisiert werden.

Beschreibung von Personas
Die kurze Beschreibung der Personas kann nach dem folgenden Schema erfolgen:

- Name der Persona, gerne als Alliteration, in der die Namensbestandteile den gleichen Anfangsbuchstaben haben: z. B. „George, the Geek" oder „Peter, der PO" (PO steht dabei für Product Owner)
- Ein kurzer Satz zur Beschreibung der Grundanforderung
- Beschreibung der Persona als Nutzer
- Beschreibung insbesondere der Motivation für die Nutzung des Produkts – Was schätzt sie?
- Ideale Features für die Persona.

Ausführlicher ist der User Profile Canvas für Personas, der im „Design Thinking Playbook" [4] vorgestellt wird:

- Name
- Beschreibung der Persona: Alter, Geschlecht, Wohnort, Familienstand, Hobbys, Freizeit, Ausbildung, soziales Umfeld, Denkweise etc.
- Jobs-to-be-done: Welche Aufgabenerfüllung unterstützt das Produkt?
- Lust (Gains): Wie machen aktuelle Produkte den Kunden glücklich?
- Frust (Pains): Was passt derzeit bei den Produkten noch nicht? Wo gibt es Defizite, ein schlechtes Gefühl beim Kunden?
- Anwendungsfälle (Use Cases): Wie, wo und auf welche Weise wird das Produkt vom Kunden genutzt? Gibt es Voraussetzungen dafür? Was passiert nach der Nutzung? Etc.

Lassen Sie uns hier zwei Dinge herausgreifen und näher betrachten.

Interessant sind hier die Jobs-to-be-done (JTBD). Im JTBD-Framework wird davon ausgegangen, dass Kunden ein Produkt „anheuern", um einen „Job" im Sinne einer Aufgabe erledigt zu bekommen. Will man also für Kunden einen Nutzen stiften, dann muss man diese Aufgaben erkennen. Dabei geht es dann nicht nur um funktionale Anforderungen, sondern auch soziale, emotionale oder persönliche Aufgabenstellungen der Kunden. Theodore Levitt wird der Spruch zugeschrieben, dass Kunden ein Loch in der Wand wollen und keinen Bohrer [1].

Welchen „Job" erfüllen Milchshakes am Morgen, ein oft zitiertes Beispiel? [6]

Frühstück im Auto während der Fahrt zur Arbeit: Einfach zu konsumieren, sauber in der Verwendung und mit wenig Risiko, sich selbst zu „bekleckser".

Was sind also die Jobs, die ihre Kunden mit Ihrem Projekt erledigt bekommen wollen? Was leistet ihr Projektergebnis dafür?

Das Erstellen einer „Pain-Gain-Map" oder auf Deutsch „Sorgen-Freuden-Schema" gehört auch zu den „Games" [3, S. 199].

Stellen Sie sich die folgenden Fragen:[2]

Was macht Ihre Stakeholder glücklich, wo sind ihre „Gains" (Nutzen):

- Was möchte diese Person?
- Wie definiert sie Erfolg in diesem Kontext?
- Was kann unser Produkt dieser Person bieten?
- Wovon würde sie profitieren?

Wo sind die Schmerzpunkte („pains") Ihrer Stakeholder?

- Wofür ist der Stakeholder verantwortlich?
- Wovor hat er Angst?
- Was würde ihn nachts wachhalten?
- Mit welchen Hindernissen hat er zu kämpfen?

Diese Punkte dienen nur als weitere Anregung, sich wirklich mit den Nutzern oder Kunden auseinander zu setzen.

[2]Nach David Gray, „http://gamestorming.com/category/games-for-planning/", zuletzt abgerufen am 12.09.2017.

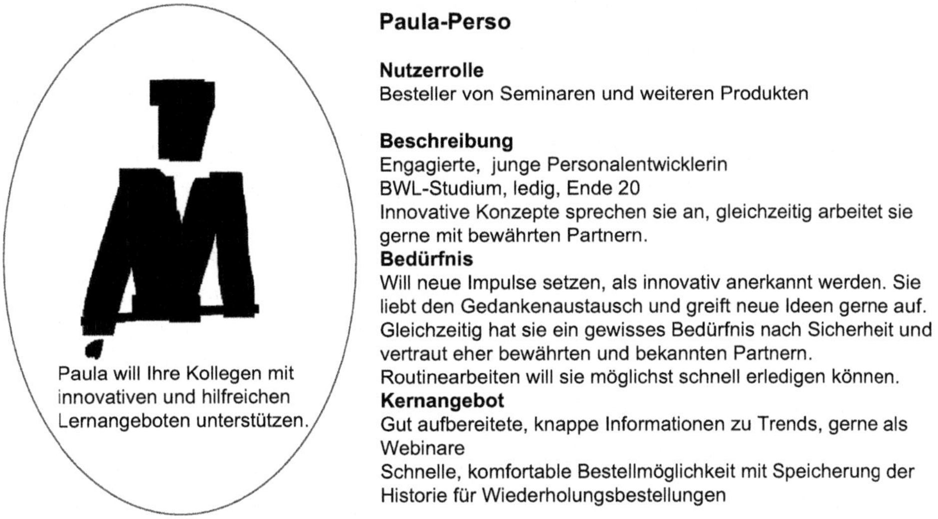

Abb. 8.2 Persona Beispiel

Agiles Denken stellt den Kunden und seine Bedürfnisse in den Mittelpunkt
Zum Abschluss des Kapitels noch ein kurzes praktisches Beispiel für eine Persona in Abb. 8.2.

Was sind die Personas in Ihrem Projekt? Was sind ihre Jobs-to-be-done?

Tab. 8.3 fasst Informationen zum Persona-Workshop zusammen.

Tab. 8.3 Persona-Workshop

Ziel	Fiktive Person als Repräsentanten einer Benutzergruppe beschreiben
Material	Flipchart, farbige Marker, eventuell Templates wie zum Beispiel den User Profile Canvas
Vorbereitung	Flipchart mit den gewünschten Punkten zu den Personas erstellen, falls kein Template genutzt wird; Eventuell Beispiel-Persona
Schritte	Identifizieren der wichtigsten Benutzergruppen (circa 3–5) Event. Bilden von Kleingruppen aus den Workshop-Teilnehmern Erstellen einer Persona zu einer oder mehrerer ausgewählter Benutzergruppen Präsentation der Personas durch die Kleingruppen Event. Konsolidierung der Ergebnisse

Hinweis zum derzeitigen Stand der Planung Lassen Sie uns kurz die Helikopter-Perspektive einnehmen.

Zu diesem Zeitpunkt haben wir betrachtet:
- Die Product Vision
- Die Project Charter, eventuell in Form eines Project Canvas
- Die Stakeholder

Wenn Sie nun insbesondere Ihre Personas betrachten, passen diese und die Vision zusammen?

Auch wenn wir hier im Buch linear durch eine Planung gehen, so spielen doch alle Schritte zusammen. Treten Sie immer wieder gedanklich einen Schritt zurück: Passen alle Teile noch zusammen?

Literatur

1. Böhme E (2017) JTBD-Theorie. https://sites.google.com/view/jtbd/jtbd-theorie. Zugegriffen: 6. Sept. 2017
2. Cooper A (2008) https://www.cooper.com/journal/2008/05/the_origin_of_personas. Zugegriffen: 6. Sept. 2017
3. Dave G, Brown S, Macanufo J, Nitz E (2011) Gamestorming: Ein Praxisbuch für Querdenken, Moderatoren und Innovatoren. O'Reilly Verlang GmbH & Co, KG, Köln
4. Habermann F, Schmidt K (2017) Project design, thinking tools for visually shaping new ventures, "Over the Fence" book project. www.overthefence.com.de. Zugegriffen: 02. Juni 2018
5. https://www.microsoft.com/en-us/research/wp-content/uploads/2017/01/personas-practice-and-theory.pdf. Zugegriffen: 17. Dez. 2017
6. Mathis K (2016) Das Jobs-to-be-Done Framework. http://www.katrin-mathis.de/blog/blog-posts/das-jobs-to-be-done-framework/. Zugegriffen: 6. Sept. 2017

Weiterführende Literatur

Cooper A (2004) The inmates are running the asylum. Sams Publishing, Indianapolis

Griffiths M (2015) PMI-ACP exam prep, 2. Aufl. RMC Publications, Minnetonka

Grudin J (2006) Why personas work: the psychological evidence. https://www.microsoft.com/en-us/research/publication/personas-work-psychological-evidence/. Zugegriffen: 6. Sept. 2017

Luke H (2007) Innovation games: creating breakthrough products through collaborative play. Addison-Wesley, Boston

Michael L, Patrick L, Larry L (2017) Das design thinking playbook. Vahlen, München

Sliger M, Broderick S (2008) The software project manager's bridge to gility. "The Agile Software Development Series". Addison-Wesley, Boston

Wikipedia. https://de.wikipedia.org/wiki/Stakeholder. Zugegriffen: 17. Dez. 2017

9 Einführung in das Product Backlog – ein Ort für alle Arbeit

Zusammenfassung

Backlog ist im Englischen der Auftragsbestand. Vielfach heißt es, im Product Backlog stünden alle Anforderungen. Der englische Begriff beschreibt aber, dass es mehr als nur die Anforderungen sind. Es ist einfach alle Arbeit, die im Rahmen des Projektes anfällt.

Präziser gesagt ist das Product Backlog eine sortierte Liste, in der die angedachten und gewünschten To-dos für das Projekt gesammelt werden.

Bei den To-dos kann es sich handeln um:

- Anforderungen,
- Fehler, die noch beseitigt werden müssen,
- Know-how-Transfer,
- Dokumentationsarbeit,
- Usw.

Außerdem ist die Liste sortiert. Damit ist gemeint, dass alle To-dos priorisiert sind: Die wichtigen Dinge stehen oben, nach unten hin nimmt die Priorität ab.

Aber Achtung: Nur weil ein To-do im Product Backlog steht, ist damit noch nicht versprochen, dass es auch getan wird!

Das Product Backlog ist emergent, d. h. es entwickelt und verändert sich, die Sortierung kann sich ändern, neue To-dos können hinzukommen, andere entfallen.

U. Kusay-Merkle, *Agiles Projektmanagement im Berufsalltag*,
https://doi.org/10.1007/978-3-662-56800-2_9

9.1 Product Backlog oder User Story Backlog?

Der Begriff des Product Backlog stammt aus der agilen Methode Scrum. Dies soll aber nicht verhindern, ihn hier zu nutzen und genauso die Vorteile, die diese zentrale Sammlung aller To-dos bietet. Noch sind wir in der Planung.

Unterschiede werden sich erst bei der Projektdurchführung zeigen. Im Prinzip gibt es dann zwei unterschiedliche Ansätze:

- Mit festen (Vollzeit-)Teams kann das Product Backlog in einer festgelegten Taktung abgearbeitet werden. Dies ist bei Scrum der Fall. Die Taktung sind die sogenannten Sprints, die jeweils maximal vier Wochen dauern (Meistens sind die Sprints zwei bis drei Wochen lang). Scrum ist ein Begriff aus dem Rugby, der für diese Methode übernommen wurde. Aus Scrum stammt auch die Rolle des Product Owners, Abschn. 9.3. Diese Rolle trägt die Verantwortung für den Erfolg des Projektes; ihr gehört das Product Backlog, denn darüber werden die anstehenden Arbeiten gesteuert.
- Kann wegen weiterer Aufgaben z. B. aus der Linie heraus oder aus anderen Projekten nicht mit einer festen Taktung gearbeitet werden, dann ist Kanban eine Methode der Wahl. Dies wird ein Schwerpunkt in Teil III, Projektdurchführung und Steuerung, sein.

Mitunter wird auch der Begriff „User Story Backlog" benutzt[1]. Dies ist einfach eine andere Bezeichnung für das Product Backlog. Häufig werden vor allem in der IT Anforderungen in Form von User Stories geschrieben. Eine User Story ist in diesem Zusammenhang eine Anforderung in einem bestimmten Format:

Als… (Rolle oder Persona)

will ich… (gewünschte Funktionalität),

damit … (Business-Begründung).

Wir werden uns damit im Kapitel „Features, User Stories, Tasks – To-dos in unterschiedlicher Granularität" näher beschäftigen (Kap. 12).

In der Folge werde ich in diesem Buch den Begriff „Product Backlog" nutzen.

[1]Vor allem durch das Tool „User Story Mapping" von Jeff Patton.

9.2 Eigenschaften des Product Backlogs

Grafisch lässt sich das Product Backlog wie in Abb. 9.1 mit seinen Items so darstellen:

Aus der Grafik lassen sich wichtige Eigenschaften des Product Backlogs ableiten:

- Es ist sortiert – die wichtigsten Dinge stehen ob in der Liste, die am wenigsten wichtigen unten.
- Die Product Backlog Items weisen einen unterschiedlichen Detaillierungsgrad auf. Die obenstehenden sind meist detaillierter ausgearbeitet und es stehen mehr Informationen zur Verfügung, die weiter unten stehenden sind gröber und könnten auch nur ein Schlagwort umfassen.
- Warum sind aber dann grafisch die Product Backlog Items oben kleiner dargestellt? Die weit oben stehenden Product Backlog Items sind meist kleiner vom Umfang her. Sie werden oft „geschnitten", um sie voraussichtlich in einer bestimmten Zeit auch fertigstellen zu können und bei der Durchführung den Fortschritt besser verfolgen zu können.

Warum ist das Product Backlog sortiert?
Alle Arbeiten werden priorisiert und gemäß dieser Priorisierung wird auch sortiert.

Zum einen wird damit versucht sicherzustellen, dass die wichtigsten Dinge zuerst getan werden.

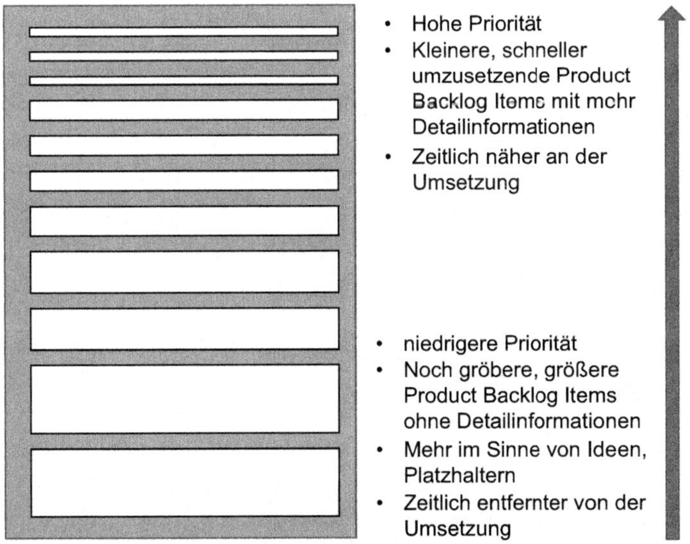

Abb. 9.1 Das Product Backlog mit seiner Sortierung

Sie können besonders wichtig sein, weil sie einen hohen Wert haben, weil damit ein Geschäftswert oder Nutzen generiert werden kann. Dies können wichtige Anforderungen sein, die bereits beim ersten Release notwendig sind, um das Produkt für den internen oder externen Kunden attraktiv zu machen.

Wichtig können aber auch Arbeiten sein, mit denen Risiken adressiert werden. Gibt es vielleicht besondere technische Herausforderungen, etwas, das vorher noch nicht versucht worden ist? Dann lieber früh Probleme feststellen, falls es dann nicht funktioniert! Dies mag kontraintuitiv sein. Vielfach werden solche kritischen Themen später angegangen, in der Hoffnung, mehr Erfahrungen gesammelt oder bessere Ideen zu haben. Aber was kann es bedeuten, wenn dieses kritische Thema nicht zufriedenstellend behandelt werden kann? War dann vielleicht die bisher geleistete Arbeit zumindest teilweise umsonst? Könnte es den weiteren Verlauf des Projektes infrage stellen? Die Agilsten sagen hier: „Fail fast" [1]. Wenn es zum Scheitern verurteilt ist, dann sollte man dies so schnell wie möglich herausfinden.

Was ist dann mit Product Backlog Items, die weit unten in der Liste stehen? Könnte es nicht passieren, dass sie vielleicht nie mehr drankommen, weil andere Anforderungen und Arbeiten als wichtiger eingestuft und vorgezogen werden? Ja, kann passieren. Aber was wäre der Schaden? Wenn Zeit oder Geld nicht ausreichen, um alles zu tun, was wünschenswert wäre, dann ist durch die fortlaufende Priorisierung wenigstens sichergestellt, dass die wichtigen, wertschöpfenden Sachen bereits erledigt sind.

Warum sind die Product Backlog Items unterschiedlich detailliert ausgearbeitet?
Vielleicht kommt bei Ihnen nach den Erläuterungen zur Sortierung bereits eine erste Ahnung auf.

Hoch priorisierte Items stehen oben. Gleichzeitig sind diese detaillierter ausgearbeitet, Dies sind die To-dos, die in der nächsten Zeit umgesetzt werden sollen, also „dran" sind. Für sie müssen alle Informationen bereitgestellt werden, die für die Umsetzung relevant sind. In der IT, aus der die agilen Methoden ja stammen, könnten dies so aussehen: ein erster Entwurf des Bildschirmaufbaus und Geschäftsregeln, die programmtechnisch abgebildet werden sollen. In anderen Sachgebieten könnten dies Spezifika sein, die bei der Umsetzung berücksichtigt werden sollen.

Die am wenigsten wichtig eingeschätzten To-dos stehen im Product Backlog ganz unten. Je nach Zeit und Budget könnte es sogar passieren, dass diese nie mehr zur Umsetzung kommen. Warum also hier Zeit auf Details verwenden? Hier können bereits Stichworte reichen. Aber auch wenn sie drankommen: bis dahin gab es bereits Feedback auf vorher umgesetzte Dinge, Erfahrungen wurden gesammelt. Diese können Rückwirkungen auf spätere Arbeit haben. Mehr Planungsarbeit als unbedingt notwendig in niedrig priorisierte Items zu investieren, könnte bedeuten, dass diese Arbeit umsonst gewesen wäre.

Das Product Backlog ist DEEP
Das Akronym DEEP steht für:

- Detailed appropriately
- Emergent
- Estimated
- Prioritized

Was bedeuten nun die einzelnen Punkte?

Detailed appropriately beschreibt die unterschiedlich detaillierte Ausarbeitung der Product Backlog Items.

Emergent bedeutet, dass sich das Product Backlog entwickelt. Es ist nicht statisch, sondern neue Anforderungen können hinzukommen, andere könnten aufgrund von Feedback oder Erfahrungen gestrichen werden, wieder andere werden neu priorisiert.

Ist es nicht entlastend, dass nicht alles von vorn herein perfekt durchdacht sein muss, in allen Konsequenzen? Dass man vielmehr im Laufe des Projektes dazulernen darf, sondern sogar soll?

Estimated, also geschätzt. Alle Product Backlog Items sollen geschätzt sein. Dies kann sich auf zweierlei beziehen:

- Auf den Wert, den ihre Umsetzung erzeugen würde. Dies kann z. B. über Business Value Points geschehen. Diese Methode wird unter dem Punkt „Priorisierung" noch näher beschrieben (Abschn. 11.4).
- Auf die Komplexität bei der Umsetzung und den damit verbundenen Aufwand (Abschn. 11.3).

Prioritized – wichtige Items stehen oben im Product Backlog, weniger wichtige weiter unten, wie bereits oben dargestellt.

Zusammenfassend lässt sich dies wie in Abb. 9.2 darstellen:

D	Detailed appropriately	Hoch priorisierte Items detaillierter als niedrig priorisierte
E	Emergent	Sich entwickelnd und nicht statisch
E	Estimated	Geschätzt nach Business Value oder Komplexität
P	Prioritized	Sortiert nach Wichtigkeit

Abb. 9.2 Das Product Backlog ist DEEP

9.3 Der Owner des Product Backlog

Wem gehört eigentlich das Product Backlog?
Wer kann entscheiden, welche Items aufgenommen werden und was deren Priorität ist?

Was denken Sie?

In der weit verbreiteten agilen Methode Scrum gibt es die Rolle des Product Owners.

Scrum wird im sog. Scrum Guide mit seinen Regeln und auch den Rollen beschrieben. Der Scrum Guide schreibt zur Rolle des Product Owners ganz deutlich:

> Der Product Owner ist die einzige Person, die für das Management des Product Backlogs verantwortlich ist. Das Product Backlog Management umfasst:
>
> - Product-Backlog-Einträge klar zu formulieren,
> - Die Einträge im Product Backlog so zu sortieren, dass Ziele und Missionen optimal erreicht werden können,
> - Den Wert der Arbeit zu optimieren, die das Entwicklungsteam erledigt,
> - Das Sicherstellen, dass das Product Backlog sichtbar, transparent und für alle klar ist und zeigt, woran das Scrum Team als nächstes arbeiten wird …
>
> Damit der Product Owner erfolgreich sein kann, muss die gesamte Organisation seine Entscheidungen respektieren [2, S. 5–6].

Damit ist der Product Owner derjenige, der den Erfolg des Projektes und des Projektergebnisses verantwortet. Er ist letztlich für den Return on Invest (ROI) verantwortlich. Ihm gehört das Product Backlog, denn dort wird entschieden:

- Was gemacht wird und
- in welcher Reihenfolge.

Wie ist das nun bei Ihnen?

Wir nehmen uns nochmals den Satz zum Product Owner vor: Er ist derjenige, der den Erfolg des Projektes und des Projektergebnisses sowie den ROI verantwortet.

Nun wird es spannend.

Normalerweise ist der Projektleiter für die erfolgreiche Abwicklung des Projektes verantwortlich. Man nennt dies auch den Abwicklungserfolg.

Im klassischen Projektmanagement wird der Erfolg daran bemessen, ob Sie als Projektleiter das Projekt mit dem vereinbarten Scope (also Inhalt und Umfang), der entsprechenden Qualität, in der vereinbarten Zeit und zu den vereinbarten Kosten abgewickelt haben.

Im agilen Umfeld haben Sie auch eine gewisse Zeit zur Verfügung und einen bestimmten Kostenrahmen, in dem Sie dann versuchen, den Wert zu maximieren. Also diejenigen Anforderungen umzusetzen, die den meisten Nutzen bringen.

Dürfen Sie aber im Sinne eines Product Owners agieren oder müssen Sie Konsens mit bestimmten Stakeholdern herbeiführen? Können Sie über die Priorisierung der Backlog Items und damit die Reihenfolge der Umsetzung entscheiden? Sind Sie vielleicht sogar für den Anwendungserfolg verantwortlich, dafür, dass die Projektergebnisse am Ende den Nutzen stiften, für den das Projekt aufgesetzt wurde?

Wenn Sie mit Ihrem Sponsor über Ihre Rolle, Verantwortung und Kompetenzen sprechen wollen, dann lohnt ein Blick auf das POEM, das Product Ownership Evolution Model [3]. Es zeigt die ganze Bandbreite der Möglichkeiten, wie die Product Owner-Rolle verstanden und gelebt werden kann:

- Von der finalen Entscheidung über die Produktvision,
- den Einsatz von Budgetmitteln bis hin
- zur Implementierung von sog. Tasks als kleineren Aufgaben.

Damit kann auch die Rolle die ganze Bandbreite von strategischen Entscheidungen, über taktische bis hin zu operationalen abbilden (und dann entfernt von der Definition des Scrum Guides sein). Dieses Spektrum zeigt Abb. 9.3.

Erscheint Ihnen diese Bandbreite ungewöhnlich? Sie entstand durch Umfragen unter Product Ownern. Scheinbar ist die Rolle Product Owner im Scrum Guide recht eindeutig geregelt: Er kann geschäftliche Entscheidungen fällen. In der Praxis sieht es mitunter anders aus.

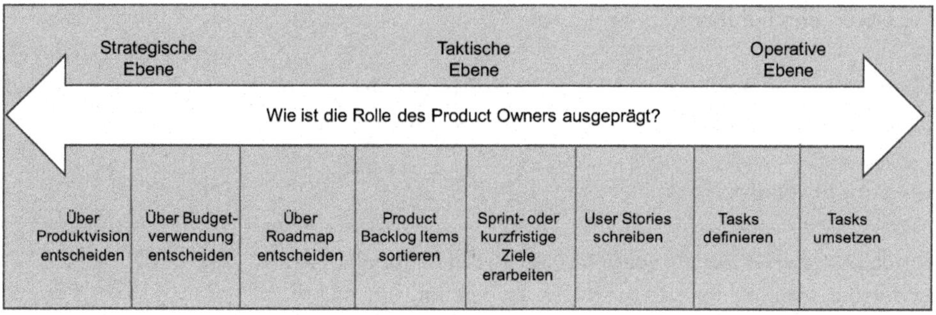

Abb. 9.3 Die Bandbreite der Product-Owner-Rolle – Das Product Ownership Evolution Model nach Oliver Winter und Tim Klein

In der Methode Kanban gibt es übrigens analog die Rolle des „Service Delivery Managers". Sie hat sich allerdings im Sprachgebrauch bisher nicht so durchgesetzt und ist nicht so bekannt wie der Product Owner.

Es gibt letztlich keine allgemeingültige Antwort für die Rolle des Projektleiters und die Rolle des Product Owners im agilen Umfeld. Dies wird zu unterschiedlich gelebt.

Wichtig ist deshalb vor allem, dass Sie sich mit dieser Frage beschäftigen und Ihre Kompetenzen und Verantwortungen im jeweiligen Projekt kennen! In jedem Fall müssen diese Fragen vorab geklärt sein.

Ein Dokument, in dem Kompetenzen und Verantwortung festgelegt werden können, ist die Project Charter.

Essentials zum Product Backlog und Ausblick

Das Product Backlog ist die Liste aller geplanten und wünschenswerten Arbeiten. Diese werden auch Product Backlog Items genannt.

Eigenschaften des Product Backlogs:

- Es ist sortiert: Je wichtiger Dinge sind, desto weiter oben stehen sie.
- Es ist „detailed appropriately", also angemessen ausgearbeitet: Weiter oben stehende, hoch priorisierte Items sind mit mehr Detailinformationen versehen als weiter unten stehende.
- Es ist emergent, d. h. es kann sich aufgrund von neuen Erkenntnissen, neu hinzugekommenen, neu priorisierten oder herausgenommenen Items ändern.
- Die Einträge sind geschätzt.

Verantwortung für das Management des Product Backlogs:

- Die Rolle, die für das Management des Product Backlogs verantwortlich ist, heißt typischerweise Product Owner.
- Die Rolle des Product Owners wird in der Praxis trotz der klaren Definition im Scrum Guide ganz unterschiedlich gelebt.
- Es ist daher für den Projektleiter ganz essenziell zu wissen, wer diese Rolle innehat. Genauso wichtig ist, die eigenen Kompetenzen und die eigene Verantwortung zu klären und festzuhalten.

Ausblick
Grundlegende Aspekte zum Product Backlog sind damit geklärt.

In der Folge wird es um die Arbeit mit dem Product Backlog gehen:

Initiales Füllen, d. h. das Aufnehmen der Anforderungen (Kap. 10).

Überlegungen und praktische Techniken zum Priorisieren und Schätzen (Kap. 11).

Das Definieren der minimalen Version des Produktes, mit der bei möglichst geringem Aufwand bereits Feedback eingeholt werden kann (Kap. 14).

Das Erarbeiten einer Roadmap für die Umsetzung mithilfe der Story Map. Sie bietet gleichzeitig einen Überblick über die Entwicklung des Produkts mit seinen „Wellen" (Kap. 15).

Für die Durchführung wird das Product Backlog in den meisten Fällen die erste Spalte auf unserem Kanban-Board bilden. Um die Durchführung wird es in Teil II ab Kap. 17 gehen.

Literatur

1. Innolution, LLC (2007-2018) http://www.innolution.com/resources/glossary/fail-fast. Zugegriffen: 2. Juni 2018
2. Schwaber K, Sutherland J (2016) Der Scrum Guide, Der gültige Leitfaden für Scrum: Die Spielregeln. http://www.scrumguides.org/download.html. Zugegriffen: 12. Sept. 2017
3. Winter O (2017) https://productownercoaching.wordpress.com/. Zugegriffen: 1. Dez. 2017

Weiterführende Literatur

Griffiths M (2015) PMI-ACP exam prep, 2. Aufl. RMC Publications, Minnetonka

Project Management Institute (2017) Agile practice guide. Project Management Institute, Newtown Square

Sliger M, Broderick S (2008) The software project manager's bridge to agility. Addison-Wesley "The Agile Software Development Series", Boston

Das Product Backlog initial befüllen

10

Zusammenfassung

Derzeit liegen vor: Eine Project Vision, eine Project Charter, ein Stakeholder-Register.

Nun geht es darum, die Anforderungen der Stakeholder an die Lösung zu sammeln und in einem ersten Schritt eher intuitiv zu strukturieren. Dies ist die initiale Füllung des Product Backlogs. Korrekter könnten wir sagen: Der Anfang davon, denn wir werden nach und nach weitere Aspekte betrachten.

In der „agilen Welt" gibt es viele interessante Workshopformate. Für das initiale Füllen des Product Backlog werden zwei Alternativen vorgestellt: „Prune the Product Tree" und „Remember the Future".

Teilweise können dabei die Anforderungen bereits grob priorisiert werden. Dem Thema Priorisierung als solches widmet sich dann ein eigenes Kapitel, Kap. 11.

10.1 Arbeiten am Product Backlog

Wenden wir uns nun dem Sammeln der Anforderungen zu. Agiles Arbeiten ist Teamsport. Nachfolgend werden Tools vorgestellt, wie die Anforderungen in einem Workshop zusammen mit Stakeholdern gesammelt werden können. Denken Sie dabei nicht in kleinen Details; das kommt später. Denken Sie mehr in „Überschriften" und größeren Anforderungsblöcken. Wenn dabei auch kleinere Dinge zutage kommen: Einfach mit aufschreiben und aufheben.

U. Kusay-Merkle, *Agiles Projektmanagement im Berufsalltag*,
https://doi.org/10.1007/978-3-662-56800-2_10

Produkt und Projekt
Haben Sie bereits bemerkt, dass immer mehr vom „Produkt" und weniger von „Projekt" die Rede ist?
Agile Methoden stellen tatsächlich stärker das Produkt in den Vordergrund und damit nicht nur die initiale Entwicklung, sondern auch eine konstante Weiterentwicklung. Welche Auswirkungen dies auf die Sicht auf die Projektarbeit oder Projektorganisation haben wird, soll hier nicht diskutiert werden. Bitte stellen Sie sich gedanklich das Ergebnis Ihres Projektes als Produkt vor. Sei dieses Ergebnis nun tatsächlich ein Produkt, eine Dienstleistung, die entworfen wird oder ein Prozess, der neu gestaltet wird.

Anforderungsworkshops
In agilen Methoden sind Haftnotizen oder statische Zettel sehr beliebt. Sie sind einfach in der Handhabung und flexibel. Einzelne Zettel können leicht ersetzt werden, wenn sich etwas ändert, sie können neu arrangiert werden, usw. Inzwischen scheinen sie die Metaplankarten aufgrund der leichteren Handhabung fast zu verdrängen.

Warum werden die Anforderungen nicht einfach wie üblich in Tabellenform elektronisch erfasst, z. B. mit Excel? Agile Methoden betonen sehr den Austausch untereinander und das Gespräch. Dies könnte bei einer solchen Erfassung zu kurz kommen. Auch sind die vorgestellten Tools sehr interaktiv; Alle Beteiligten haben den gleichen Blick auf die Anforderungen. Diese sind in einer übersichtlichen Form aufbereitet und strukturiert.

Bei diesen Tools wird im Prinzip in zwei Schritten vorgegangen:

1. Sammeln der Anforderungen auf Haftnotizen und
2. Strukturieren der gesammelten Anforderungen. Dabei werden ähnliche Dinge geclustert und priorisiert.

10.2 Prune the Product Tree – Die Anforderungen und To-dos sammeln und strukturieren

Dies ist ein Innovation Game [1].

Woher stammt der Name? Wenn Gärtner einen Baum in Form schneiden, dann nennt man dies im Englischen „pruning". Denken Sie beispielsweise an Buchsbäumchen, die in alle möglichen Formen geschnitten werden können. Oder daran, dass nur gut in Form gebrachte Obstbäume auch entsprechend Früchte tragen.

Hier wollen wir im übertragenen Sinn das Produkt mit den richtigen Anforderungen „in Form bringen", also für den Markt „trimmen".

Malen Sie dazu einen Baum auf Metaplanpapier oder zumindest ein Blatt Flipchartpapier. In der Mitte ist der Stamm, aus dem starke Äste herauswachsen, die sich dann immer feiner verästeln. Die starken Äste stehen dabei für bestimmte Funktionsbereiche/Themen ihres Produkts. Die kleineren Äste sind für die feineren Anforderungen/Features. Diese werden auf Haftnotizen geschrieben und wie Blätter an den gemalten Baum gehängt. Daher rührt der Name: „Prune the Product Tree".

Abb. 10.1 zeigt dies schematisch.

In Tab. 10.1 finden Sie eine Übersicht zu einem „Prune the Product Tree"-Workshop. Details werden im Anschluss folgen.

Abb. 10.1 Prune the Product Tree

Tab. 10.1 Prune the Product Tree – Workshop

Ziel	Sammeln und Strukturieren von Produkteigenschaften
Material	Flipchart oder Pinnwand, Haftnotizen in mindestens zwei Farben, Stifte
Vorbereitung	Pro Gruppe einen Baum zeichnen. Optional Flipchart mit Erläuterung und Regeln für die Farbgebung (z. B. gelb für Features, orange für Themen/Überschriften). Dabei ist eine farbliche Unterscheidung später beim Clustern einfacher.
Schritte	Schritt 1: Brainstorming von Features; neben dem Baum aufhängen Schritt 2: Clustern nach Themen oder Überschriften Schritt 3: An den Baum hängen: wichtige Dinge weiter innen im Baum, weniger wichtige weiter außen an den feineren Ästen

In der nachfolgenden näheren Beschreibung werden zwei Einsatzszenarien unterschieden:

- Das Produkt ist neu. Sie wollen mit „Prune the Product Tree“ die grundlegenden Produkteigenschaften sammeln.
- Es handelt sich um eine Weiterentwicklung. Hier handelt es sich wirklich um ein „Trimmen“ des Product Trees.

Dies ist der Ablauf, wenn Sie damit die ersten Themen und Features einsammeln wollen

Zeichnen Sie zuerst den Baum mit seinen Ästen und – wenn Sie möchten, auch mit starken und feiner verzweigten Wurzeln – auf. Bei mehreren Gruppen benötigen Sie einen Baum pro Gruppe.

Versorgen Sie Ihre Teilnehmer mit farbigen Haftnotizen. Besonders schön sehen gelbe oder grüne aus, da dies gut zur Baum-Metapher passt.

Schritt 1 – Brainstorming

In einem Brainstorming wird pro Haftnotiz eine Anforderung geschrieben.

Sammeln Sie diese Haftnotizen neben dem Baum oder lassen Sie alle Teilnehmer ihre Zettel kurz vorstellen und neben den Baum hängen.

Der Baum bleibt zunächst frei und wird erst in Schritt 3 genutzt.

Schritt 2 – Clustern

Nun können Sie diese Anforderungen clustern, das heißt so strukturieren, dass jeweils zu einem Thema zusammengehörende Anforderungen auch zusammengehängt werden. Schreiben Sie diese Themen auf andersfarbige Haftnotizen, sodass sie optisch gut erkennbar sind. Eventuell befindet sich bereits so eine Überschrift zu mehreren Anforderungen unter den geschriebenen Haftnotizen. Dann hilft es aber, diese auch auf einen Zettel in der anderen Farbe zu übertragen.

Mit diesen Themen können Sie nun auch die dicken Äste (und bei Bedarf auch die dicken Wurzeln) beschriften. Sie haben jetzt das „Baumgerüst“: Die dicken Äste (und gegebenenfalls Wurzeln) sind mit den Themen beschriftet.

Die dazugehörenden Details hängen noch geclustert daneben (Abb. 10.2).

Schritt 3 – Erstes grobes Priorisieren

Der nun folgende Schritt hat als Ziel eine erste grobe Priorisierung. Diese wird durch die Anordnung der Haftnotizen ausgedrückt. Wichtigere Anforderungen werden dichter an den dicken Ast oder den Stamm gehängt, weniger wichtige an die feineren Äste (Abb. 10.3).

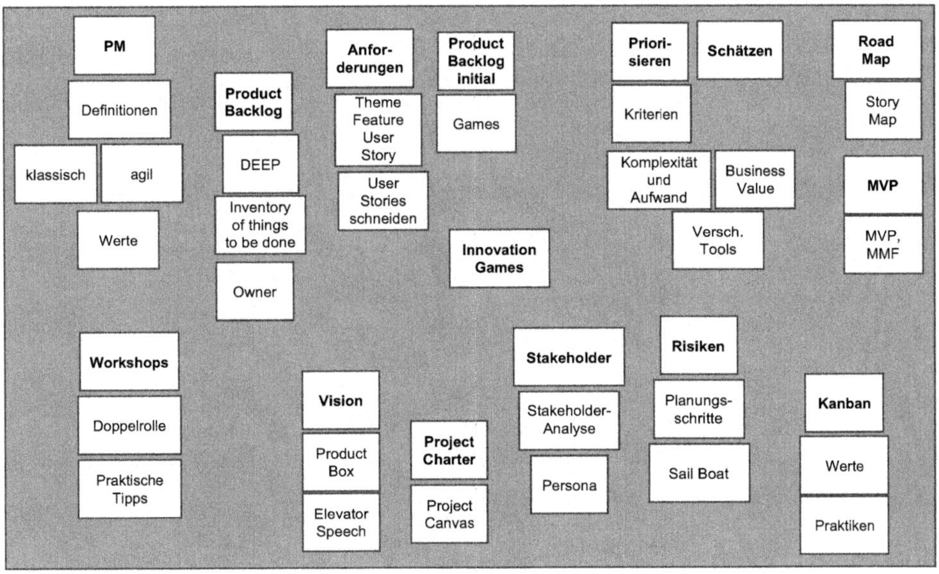

Abb. 10.2 Beispiel Buchprojekt mit Themenclustern

Nun der kritische Blick auf den Baum

Sie haben jetzt mit dem Product Tree ein visuelles Abbild, wie aus der Sicht der beteiligten Stakeholder das Produkt wachsen soll: von den grundlegenden Features bis hin zu den letzten aufgeführten Feinheiten.

Gleichzeitig ist der Blick insofern spannend, ob es sich um ein relativ ausgewogen gewachsenes Bäumchen handelt oder eins mit „Schlagseite". Haben bestimmte Themen ein Übergewicht erhalten? Passt dies wirklich zur deren Bedeutung oder kann dies auch durch das spezielle Interessengebiet oder die Komfortzone eines oder mehrerer Stakeholder entstanden sein? Thematisieren Sie dies im Workshop. Noch haben Sie die Möglichkeit, hier nachzufragen und zu ergänzen oder zu korrigieren.

Beispiel: Im Buchbeispiel gab es einen Zwischenstand, bei dem das Priorisieren thematisch viel zu groß geworden war.

So können Sie das „Spiel" einsetzen, wenn es um eine Weiterentwicklung geht

Schreiben Sie derzeit bereits vorhandene Features auf Haftnotizen und platzieren Sie diese „innerhalb" des Baums.

An den Ästen hängen dann die Features, die sich die Stakeholder neu wünschen.

Es kann auch durchaus sein, dass Stakeholder vorhandene Features „trimmen" wollen.

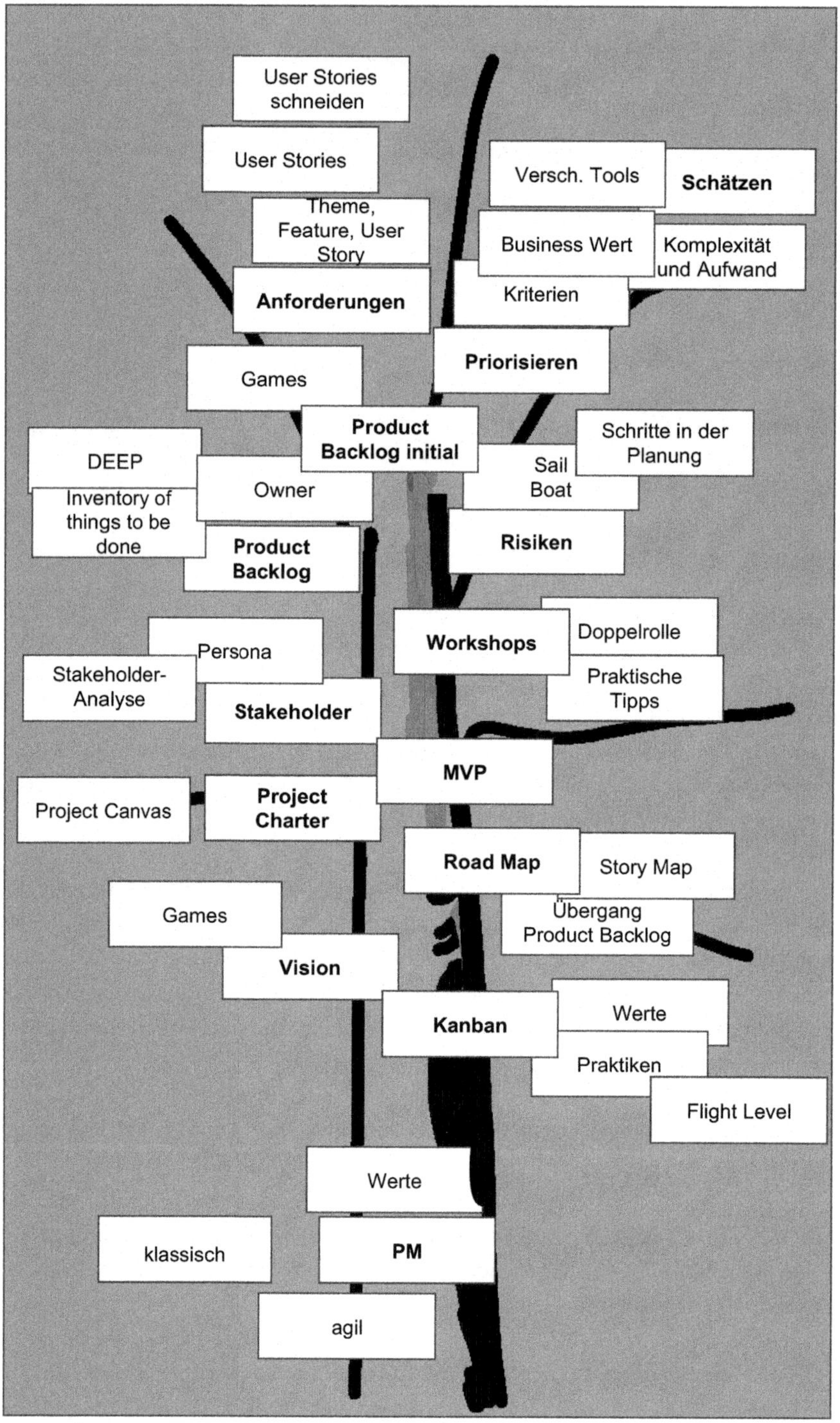

Abb. 10.3 Beispiel Buchprojekt mit erster Priorisierung

10.3 Remember the Future – Was war das Erfolgsgeheimnis?

Dies ist gleichfalls eines der bekannten Innovation Games [1].

Denken Sie mit Kunden oder anderen Stakeholdern in die Zukunft: Was war das Erfolgsgeheimnis eines Projektergebnisses, des Projektverlaufs etc.

Sie begeben sich gedanklich zu einem definierten Zeitpunkt in der Zukunft, blicken zurück und beschreiben, was den Erfolg ausgemacht hat.

Bereiten Sie dafür eine Zeitleiste vor:

- mit dem heutigen Tag,
- dem Zeitpunkt des Ereignisses, um das es Ihnen geht (Endpunkt),
- einem Zeitpunkt nach diesem Endpunkt, denn erfahrungsgemäß muss sich erst noch etwas der „Staub" legen, bis ein klares Bild entsteht (Zeitpunkt des Rückblicks).

Sie haben damit drei Zeitpunkte auf Ihrer Zeitleiste markiert, die Sie in Ihrer Moderation verwenden können und die auch während des Workshops sichtbar bleiben – siehe auch Abb. 10.4.

Wie weit Sie in die Zukunft gehen, hängt davon ab, welcher Zeitraum Sie mehr interessiert:

Ist es eher die Entwicklung des Produkts mit Teilergebnissen oder das Endergebnis?

Anmoderation:
Überlegen Sie als Projektleiter sehr gut Ihre Fragestellung und testen Sie diese gegebenenfalls vorab.

Denken Sie an Zielformulierungen: Dabei wird so getan, als sei das Ziel bereits eingetreten. Das ist genau die Dynamik, die Sie auch benötigen. Ihre Teilnehmer sollen sich gedanklich an den Zeitpunkt des Rückblicks begeben. Das Produkt ist sehr gut angenommen worden etc. und jetzt sollen sie zurückschauen auf die Faktoren, die den Erfolg ausgemacht haben.

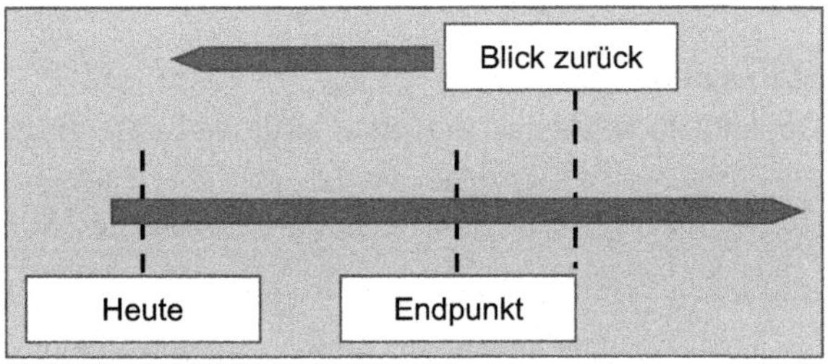

Abb. 10.4 Zeitleiste für „Remember the Future"-Workshop

Tab. 10.2 Remember the Future – Workshop

Ziel	Verstehen, wie ein Kunde/Stakeholder „Erfolg“ definiert
Material	Pro Gruppe ein Flipchartpapier oder einzelne Blätter pro Kunde plus ein Flipchart für die Moderation. Event. Pinnwand für die Präsentation der Einzelergebnisse.
Vorbereitung	Zeitleiste zeichnen
Schritte	Schritt 1: Sorgfältige Anmoderation: Gedanklich in die Zukunft gehen Die Teilnehmer sammeln die Erfolgsfaktoren/die erfolgskritischen Eigenschaften. Schritt 2: Vorstellen und Clustern der Faktoren

Durchführung
Die Stakeholder/Kunden können entweder in Gruppen arbeiten oder allein. Davon hängt auch der Zeitbedarf ab. Im Anschluss werden jeweils die Ergebnisse präsentiert.

Tab. 10.2 zeigt eine Zusammenfassung zum „Remember the Future“-Workshop

10.4 Der initiale Stand des Product Backlog

Und so könnte das Product Backlog für unser Beispielprojekt initial befüllt worden sein (Abb. 10.5):

Kleine Erläuterung zum Beispiel
Sie sehen, dass dabei gleich an oberster Stelle ein Product Backlog Item steht, das keine Anforderung aus „Prune the Product Tree“ darstellt: Das Arbeiten mit der Formatvorlage des Verlages. Es stellt eine grundlegende, vorab durchzuführende Arbeit dar, um im Anschluss gut mit dem Template arbeiten zu können. Solche „Basisarbeiten“ legen das Fundament für die Umsetzung der weiteren To-dos und haben daher die höchste Priorität.

Außerdem gibt es noch das Item „Hinweise und Tipps für Planungsworkshops“. Daraus wurde später ein separater Teil, weil sich die meisten Hinweise nicht nur auf die Planung beziehen, sondern auf moderierte Meetings allgemein. Ein weiteres Argument für das Abtrennen war auch der zunehmende Umfang der Tipps und Hinweise.

Status und Ausblick
Derzeit haben wir nur eine erste intuitive Reihenfolge bei den Product Backlog Items.

Abb. 10.5 Beispiel Product Backlog mit initialer Befüllung

Arbeiten mit der Formatvorlage
PM Begriffsklärungen
PM klassisch
PM agil
Agile Werte
Überblick Projektplanung
Hinweise und Tipps für Planungsworkshops
Vision allgemein
Design the Product Box
Elevator Speech
Project Charter
Stakeholder: Begriff und Bedeutung
Stakeholder-Analyse
Persona
Product Backlog allgemein
Eigenschaften
Owner
Initiale Befüllung
Priorisieren und Schätzen
...

Uns fehlen insbesondere noch zwei Themen, mit denen wir uns im Folgenden noch beschäftigen werden:

- Das systematische Priorisieren der Product Backlog Items. Durch die Sortierung wird letztlich auch die Reihenfolge der Umsetzung festgelegt (Kap. 11).
- Das „Schneiden" der Items: Wie Abb. 9.1 gezeigt hat, sind die weiter oben stehenden, bald umzusetzenden Items kleiner, aber dafür mit Zusatzinformationen versehen (Kap. 12).

Vermissen Sie das Risikomanagement?

Beim Sortieren des Product Backlogs wird bereits ein Stück weit Risikomanagement betrieben. Das Thema wird aber noch gezielt behandelt (Kap. 13).

Ganz entscheidend ist beim agilen Vorgehen immer wieder das Bereitstellen von (Teil-) Lösungen und das Einholen von Feedback. Meist sind wir im Gegenteil gewohnt, möglichst perfekt sein zu wollen und einen großen Wurf anzustreben. Was aber wäre die Minimallösung, mit der man bei möglichst geringem Aufwand bereits möglichst viel Feedback bekommen kann? Das ist die Fragestellung, mit der sich das Kapitel „Minimum Viable Product" beschäftigt (Kap. 14).

Vielleicht empfinden Sie das Product Backlog derzeit als nicht sonderlich übersichtlich. Es erscheint als eindimensionales Sammelsurium von To-dos. Dieses Problem wird mit der Roadmap adressiert (Kap. 15).

Diese nächsten Stationen auf unserer Reise durch die agile Planung sehen Sie auf Abb.10.6 im Überblick.

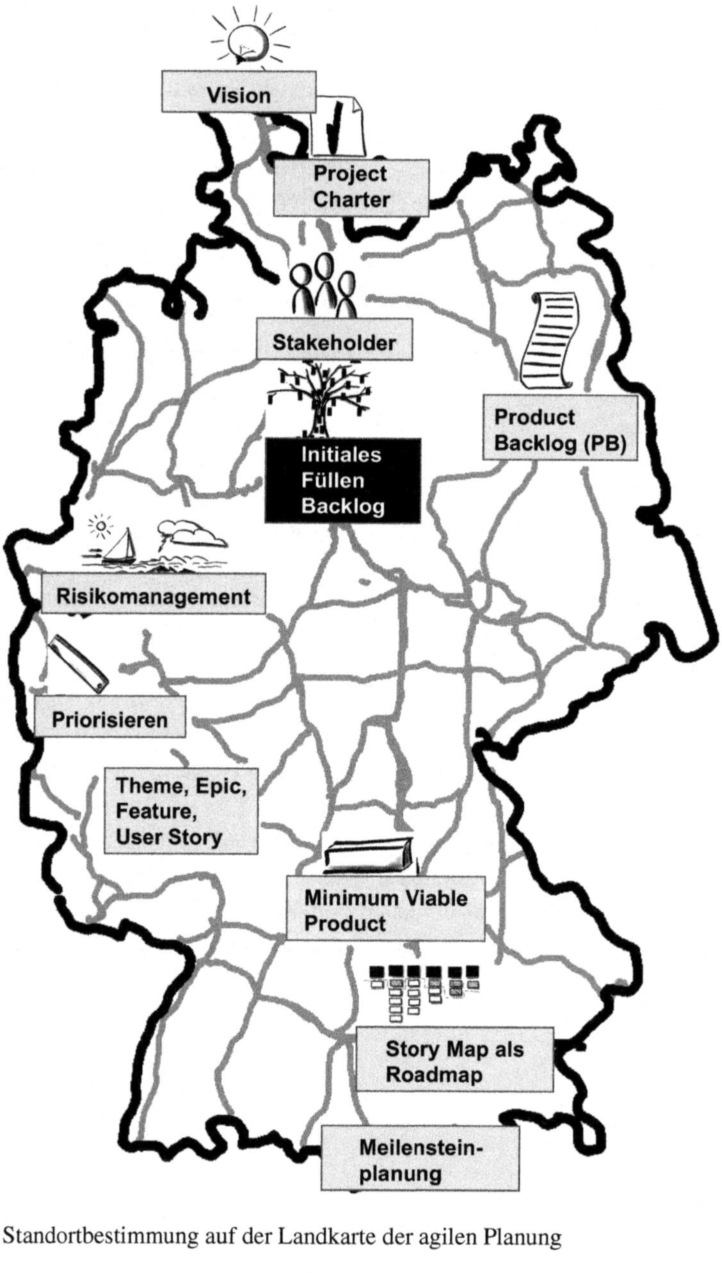

Abb. 10.6 Standortbestimmung auf der Landkarte der agilen Planung

Literatur

1. Conteneo Inc (2017) http://www.innovationgames.com/the-innovation-games/. Zugegriffen: 10. Febr. 2018

Weiterführende Literatur

Cohn M. Grooming the product backlog: what it means and why it's so important, video-kurs "Scrum repair guide". Zugegriffen: 18. Sept. 2017

Gray D, Brown S, Macanufo J, Nitz E (2011) Gamestorming: Ein Praxisbuch für Querdenken, Moderatoren und Innovatoren. O'Reilly, Köln

Griffiths M (2015) PMI-ACP exam Prep, 2. Aufl. RMC Publications, Minnetonka

Hohmann L (2007) Innovation games: creating breakthrough products through collaborative play. Addison-Wesley, Boston

Project Management Institute (2017) Agile practice guide. Project Management Institute, Newtown Square

Sliger M, Broderick S (2008) The software project manager's bridge to agility. Addison-Wesley "The Agile Software Development Series", Boston

Wirdemann R, Mainusch J (2017) Scrum mit User Stories. Hanser, München

11 Priorisieren – Was ist wie wichtig?

Zusammenfassung

Das Product Backlog ist die Sammlung der To-dos im Projekt. Die Sortierung der Items gibt gleichzeitig die Reihenfolge der Umsetzung vor: Die wichtigsten Items stehen oben, die weniger wichtigen weiter unten. Da bei agilen Projekten in der zur Verfügung stehenden Zeit der Nutzen und Wert maximiert werden soll, ist dies ein ganz wichtiges Kriterium bei der Priorisierung.

Die Reihenfolge im Backlog kann von verschiedenen Überlegungen beeinflusst werden, z. B.

- Geschäftswert,
- Bedeutung aus Kundensicht,
- Risiken,
- Cost of Delay (Verzögerungskosten),
- Komplexität in der Umsetzung oder Aufwand und Kosten in der fortlaufenden Pflege, usw.

Nach grundlegenden Überlegungen zum Priorisieren wird es praktisch mit verschiedenen Möglichkeiten der Priorisierung: Interaktiv im Team, spielerisch oder eher klassisch.

Zu den vorgestellten Tools gehören:

- relative Schätzung mit T-Shirt-Größen,
- einfaches Priorisieren,
- Abstufung mit MuSCoW,

U. Kusay-Merkle, *Agiles Projektmanagement im Berufsalltag*,
https://doi.org/10.1007/978-3-662-56800-2_11

- Monopoly Money, 100-Punkte oder „Buy a Feature“,
- Planning Poker®,
- Wall Estimation.

Dieses Kapitel tanzt hier in der Planung insofern etwas aus der Reihe:

- Das Thema Priorisieren ist nicht nur auf die Planung und damit das initiale Füllen und Sortieren des Product Backlogs beschränkt. Auch wenn neue Anforderungen hinzukommen, wird priorisiert.
- Gleichzeitig gibt es viele interessante Ansätze wie das Priorisieren im Team gestaltet werden kann. Hier will dieses Kapitel auch einige gängige Verfahren vorstellen.

11.1 Grundlegende Überlegungen zum Priorisieren

Zu Beginn eine kleine Geschichte: Ein Projektleiter erzählte auf einer Tagung, dass sich seine Stakeholder einfach nicht bei der Priorisierung bewegen wollten: Alles sollte Prio 1 haben. Am Ende des Tages habe er frustriert eine E-Mail geschrieben: „Ich habe verstanden: Alles ist gleich wichtig. Wir gehen in alphabetischer Reihenfolge vor…“. Das war dann auch nicht gewollt, aber nun arbeiteten alle wieder aktiv an der Priorisierung mit.

11.1.1 Einflüsse auf die Reihenfolge im Product Backlog

Was kann die Reihenfolge im Product Backlog beeinflussen?
Dafür gibt es mehrere Möglichkeiten:

- Ganz klar der **Nutzen oder Geschäftswert** eines Items:
  - Beispielsweise zur Steigerung des Erlöses, Ausrichtung an der Produktstrategie, Kosteneinsparungsmöglichkeiten
- **Wichtigkeit aus Kundensicht (Relevanz):**
  - Welche Bedeutung hat das Item aus der Sicht des Kunden?
- Die **Adressierung von Risiken wirtschaftlicher oder technischer Art:**
  - Dabei beschreibt der Begriff „Risiko“ erst mal nur eine Unsicherheit über Eintrittswahrscheinlichkeit und Wirkung. Diese Wirkung (Impact) kann positiv sein oder negativ. Aus diesem Grund gehören hierzu alle Maßnahmen, um Chancen (Risiken mit förderlicher Wirkung) nutzen zu können, aber auch Bedrohungen (Risiken mit negativen Auswirkungen) zu vermeiden oder ab zu schwächen (Kap. 13).
- Die **Cost of Delay**, also die **Verzögerungskosten**, wenn eine Anforderung erst später umgesetzt wird
- **Gesetzliche oder andere regulative Vorgaben**
- **Abhängigkeiten von anderen Anforderungen:**
  - Idealerweise sollen die Product Backlog Items voneinander unabhängig sein, damit die Sortierung des Items im Product Backlog wirklich nach Wert, Nutzen oder

den anderen hier aufgeführten Überlegungen geschehen kann. Dies ist aber nicht immer der Fall, sodass nicht vermeidbare Abhängigkeiten untereinander Einfluss auf die Sortierung nehmen: Wenn x gemacht werden soll, ist beispielsweise y die Voraussetzung dafür und gibt damit die Sortierung vor.

- Die **Kosten bzw. Aufwand der Umsetzung** und eventuell auch späteren Unterstützung/Wartung
- Der **Erwerb von Wissen und Erfahrung** – und damit parallel die Reduktion von Unsicherheit:
  - Wissen zum Projekt – über das „Wie“
  - Wissen zum Produkt/Endergebnis – über das „Was“.

Risiko und Wert

Lassen Sie uns nun das Thema Risiko und Wert näher betrachten. Mit den Risikomanagementprozessen werden wir uns später noch separat befassen, Kap. 13.

Haben Sie To-dos, die ein hohes Risiko im Sinne von Unsicherheit oder Aufwand darstellen (bezüglich Zeit, Kosten oder Funktionalität)? Wie schätzen Sie deren Wert ein?

Sie können die Beziehung zwischen Wert und Unsicherheit auf einer Matrix darstellen [2], wie dies Abb. 11.1 zeigt. Darin sind die verschiedenen Anforderungen als A1, A2 usw. angeordnet. Diese Einordnung gibt einen Hinweis auf die Reihenfolge der Umsetzung unter Risikoaspekten. Anforderungen mit einem hohen Geschäftswert und einem gleichzeitig hohen Risiko würden als erste umgesetzt.

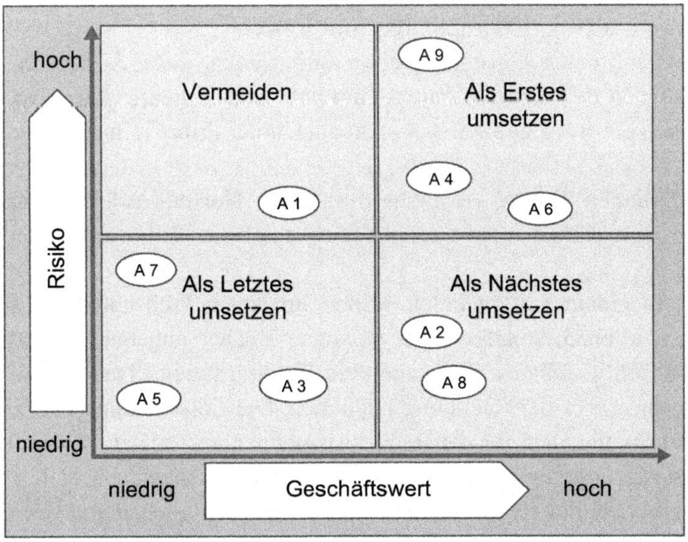

Abb. 11.1 Beziehung zwischen Risiko und Wert nach Mike Cohn

Somit ergibt die Einordnung nach Risiko und Wert einen möglichen Ansatz zur Priorisierung der To-dos.

Cost of Delay – Verzögerungskosten

Cost of Delay Dabei handelt es sich um die Kosten, die einer Organisation entstehen, wenn eine Arbeit nicht jetzt, sondern erst später ausgeführt wird [1].

Viele Anforderungen können um die Kapazität des Teams konkurrieren. Was würde es nun möglichst konkret bedeuten, wenn bestimmte Anforderungen beispielsweise nicht in drei Monaten, sondern erst in sechs Monaten erfüllt werden können?

Dies ist ein sehr interessanter Aspekt, wenn es um das Festlegen der Reihenfolge in der Umsetzung geht. Viele Anforderungen sind den Stakeholdern sehr wichtig und scheinen damit die gleiche Priorität zu haben.

Hier hilft die Frage „Was kostet es Sie, wenn die Anforderung einen (oder mehrere) Monat(e) später umgesetzt wird?" Geht dadurch vielleicht eine Umsatzchance verloren? Wie viel Einsparpotenzial kann nicht realisiert werden?

Häufig ist den Stakeholdern nur wichtig, dass ihre Anforderung umgesetzt wird. Auf den genauen Zeitpunkt kommt es meist nicht an.

Dies gibt Ihnen mehr Flexibilität in der Priorisierung und hilft gleichzeitig, eine gute Beziehung mit den Stakeholdern zu pflegen.

Der Einfluss von Aufwand/Komplexität und Kosten

Ein hoher Aufwand in der Umsetzung einer Anforderung, hohe Kosten für Wartung und Pflege usw. können den damit erzielten Geschäftswert schnell relativieren. Aus diesem Grund lohnt sich ein Blick auf den Aufwand auch unter Priorisierungsaspekten.

Diese Anforderungen sollten vielleicht trotz ihres Nutzens später drankommen, vor allem, wenn es eine einfachere und schneller zu erzielende Teillösung gibt.

Als Beispiel: In einem Unternehmen sollten im neuen Webshop nicht nur Seminare bestellt werden können, sondern auch passende Bücher angeboten werden. In einem „normalen" Webshop gibt es meist mehrere Zahlungsarten. Traditionell wurden hier die Bestellungen immer per Rechnung beglichen. Die Entscheidung fiel, zuerst nur den Verkauf auf Rechnung auch für die Bücher anzubieten und später eventuell andere Zahlungsarten. Die Umsetzung beispielsweise der Kreditkartenzahlung hätte deutlich mehr Aufwand gekostet. Hätten dem entsprechend mehr Verkäufe gegenübergestanden?

Unterscheidung Komplexität und Aufwand
Beim Lesen der weiteren Ausführungen werden Sie merken, dass in der agilen Welt ein relatives Schätzen (A ist komplexer als B) gegenüber absoluten Größenangaben (z. B. zwei Personentage Aufwand) bevorzugt wird. Warum?

Klassisch wird der **Aufwand,** meist in Personentagen oder Stunden geschätzt. Dies ist aber sehr davon abhängig, wer schätzt und wer die Arbeit am Ende macht bzw. auch zu welchem Zeitpunkt und mit welchem Wissensstand die Schätzung vorgenommen wird.

Im Agilen wird meist die **Komplexität** geschätzt:

- Wie schwierig ist die anstehende Arbeit?
- Wie viel ist dafür zu tun?

Das hat die folgenden Vorteile:

- Es wird vergleichend geschätzt und nicht in absoluten Werten wie Personentagen. Vergleiche zu ziehen ist leichter, als einen absoluten Wert anzugeben.
- Die Schätzung wird unabhängig von der Person, die das To-do später umsetzen wird. Die Komplexität bleibt gleich, aber der zeitliche Aufwand ist je nach Erfahrung und Kenntnisstand unterschiedlich.
- Auch wenn ein Team durch die Erfahrung im Laufe eines Projektes schneller wird: Die Komplexität der Aufgaben bleibt gleich.

Es sollte auch immer das Team die Schätzung vornehmen, das die To-dos umsetzt! Es geht beim Schätzen nicht nur um den Wert (Komplexität oder Aufwand), der wie ein Etikett auf das To-do geklebt wird. Das Team lernt dabei auch die anstehende Arbeit kennen. Zusätzlich hat es einen psychologischen Effekt, wenn sie die Arbeit für sich als Team schätzen können.

Wie kommt man am Ende von der Komplexität zum Aufwand?
Das Team wird bei der Umsetzung eine bestimmte Menge an Arbeit schaffen. Damit wird letztlich auch klar, wie viele „relative Einheiten" ein Team in einem Sprint oder einem Zeitraum üblicherweise umsetzt. In Scrum bezeichnet man dies als die „Velocity" des Teams. Damit wird sich Kap. 16 noch näher beschäftigen.

11.1.2 Weitere Überlegungen zum Priorisieren

Auf welcher Ebene der Beschreibung von Anforderungen wird priorisiert?
Derzeit haben wir eine Liste von Ideen, Features, Anforderungen an das Projekt bzw. Produkt. Dies ist der initiale Stand des Product Backlog und noch nicht sortiert – bis vielleicht auf erste Indizien aus einem Anforderungs-Workshop heraus.

Enthalten sind zu diesem Zeitpunkt eher grobe Anforderungen. Dies ist gleichzeitig die richtige Ebene für das Schätzen des Geschäftswertes.

Warum ist das so?

Nutzen im Sinne von Geschäftswert ergibt sich oft nur aus der Umsetzung einer größeren Anforderung oder aus einer Kombination von Einzelteilen heraus, meist nicht aus den Einzelteilen für sich allein.

Wir werden im nächsten Kapitel sehen, dass diese groben Anforderungen in der Folge in feinere Teile heruntergebrochen werden. Dabei wird auch der agile Sprachgebrauch mit Features und User Stories etc. eingeführt.

Wie die Teile sinnvoll kombiniert werden können, darauf werden wir auch bei der Story Map in Abschn. 15.1 zu sprechen kommen.

Derzeit haben wir grobe Anforderungen auf der Ebene von Ideen oder Features.

Wann findet das Priorisieren statt?
Wir befinden uns derzeit mit unseren Überlegungen beim Füllen des Product Backlog und der Planung. Da das Product Backlog nicht nur eine Sammlung aller To-dos ist, sondern jeweils auch die nächsten anstehenden Dinge oben auf der Liste stehen hat, muss in der Planung eine erste Priorisierung stattfinden.

Das Priorisieren findet jedoch nicht nur nach der initialen Befüllung des Product Backlogs statt, sondern immer wieder:

- wenn neue Erkenntnisse oder Erfahrungen vorliegen,
- aufgrund von Feedback oder Wünschen der Stakeholder, die berücksichtigt werden sollen,
- wenn neue Product Backlog Items hinzukommen.

Das ist das Wesen agiler Vorgehensweise.

11.2 Überblick über die Priorisierungstechniken

Wie gehen wir praktisch beim Priorisieren vor?

Welche Techniken gibt es dafür?

Tab. 11.1 gibt einen Überblick über die Tools, die in der Folge vorgestellt werden.

Tab. 11.1 Übersicht über die vorgestellten Priorisierungs-Tools

Name des Tools	Ziel; Nutzung	Betrachtete Einflussfaktoren	Verweis
Relatives Schätzen mit T-Shirt-Größen	Einordnen nach Komplexität/Aufwand	Komplexität/Aufwand und Kosten der Umsetzung	Abschn. 11.3
Einfaches Priorisieren	Vergabe von Prioritätsstufen	Nicht festgelegt	Abschn. 11.4.1
MuSCoW	Vergabe von Prioritätsstufen	Die Notwendigkeit der Umsetzung nach Must-have, Could-have, etc.	Abschn. 11.4.2
Monopoly Money	Priorisieren nach Wert; Eignet sich für die Zusammenarbeit mit dem Kunden	Wert, den eine umgesetzte Anforderung für den Schätzer hat, dargestellt in „Geld“	Abschn. 11.4.3
100-Punkte-Methode	Priorisieren nach Wert; Eignet sich für die Zusammenarbeit mit dem Kunden	Wert, den eine umgesetzte Anforderung für den Schätzer hat, dargestellt in Punkten	Abschn. 11.4.3
Buy a Feature	Priorisieren nach Wert aus der Sicht von Kunden	„Spielgeld“, das Kunden auf angebotene Features bereit sind zu setzen	Abschn. 11.4.3
Planning Poker®	Priorisieren nach Wert	Vergabe von Business Value Points mithilfe von Planning Poker	Abschn. 11.4.4
Planning Poker®	Schätzen der Komplexität der Umsetzung	Vergabe von Story Points	Folgt den Regeln des Planning Poker, wird aber nicht gesondert dargestellt
Magic Estimation	Schätzen der Komplexität der Umsetzung	Vergabe von Story Points	Abschn. 16.1 (Wird in einem späteren Kapitel im Detail beschrieben)
Wall Estimation	Kombinierte Betrachtung: Priorisieren nach Umsetzungsaufwand/Komplexität und Bedeutung	Wert und Komplexität/Aufwand der Umsetzung: Einordnen der Anforderungen in eine Matrix (Größe/„Priorität“)	Abschn. 11.5

Viele Möglichkeiten – Welche ist die beste?
So einfach ist dies nicht zu beantworten, denn es kommt darauf an. In der Praxis gibt es auch noch weitere Verfahren wie „Weighted Shortest Job First" (Weitere Informationen dazu im Internet). Sie beruhen dann aber oft auf einer Kombination der verschiedenen hier vorgestellten Verfahren. Bei „Weighted Shortest Job First" beispielsweise sind es Businesswert, Risikobetrachtung und zeitliche Kritikalität kombiniert als „Cost of Delay" und Komplexität.

Mein Wunsch: Lesen Sie sich die verschiedenen Überlegungen beim Priorisieren und die verschiedenen Tools durch und verschaffen Sie sich einen Überblick.

- Vielleicht ist in Ihrem Unternehmen bereits eine spezielle Vorgehensweise etabliert.
- Ansonsten wird es darauf ankommen, wie kontrovers Prioritäten diskutiert werden.
- Mein Herz schlägt bei kleineren Projekten für die einfachen schnellen Vorgehensweisen, wie T-Shirt-Größen oder Wall Estimating, sofern es nicht bereits reicht, die Einflussfaktoren vor Augen zu haben.
- Wenn Sie immer wieder zeitliche Prognosen abgeben müssen, können für Sie Story Points interessant sein.

Dieses Kapitel ist eng verknüpft mit Kap. 16, da es dort nochmals um das Schätzen und die Meilensteinplanung gehen wird.

11.3 Priorisieren nach Einschätzen der Komplexität

Bei den Einflussfaktoren waren auch Aufwand bzw. Kosten aufgelistet, die die Umsetzung einer Anforderung mit sich bringt (Abschn. 11.1). Genauso ist natürlich auch die spätere Wartung und Pflege einen Blick wert. Hoher Aufwand bzw. hohe Kosten relativieren schnell den Nutzen oder Wert.

Für das Schätzen von Aufwand und Kosten gibt es im klassischen Projektmanagement mehrere Methoden. Diese sollen hier aber nicht näher diskutiert werden.

Bei kleinen Projekten, die „nebenher" umgesetzt werden, ist es vielfach die persönliche Arbeitsleistung von Projektleiter und Teammitgliedern, die die Umsetzung ermöglichen. Dies wird häufig nicht genau erfasst.

Relatives Schätzen mit T-Shirt-Größen
Trotzdem spielen natürlich die Komplexität der Arbeit und damit auch der Aufwand eine Rolle. Daher wird hier ein populärer und einfacher Ansatz vorgestellt. Die Anforderungen werden in Gruppen eingeordnet, die jeweils eine ähnliche Komplexität bedeuten.

Schätzen mit T-Shirt-Größen Die Gruppen können dabei beispielsweise mit T-Shirt-Größen überschrieben werden:

S = wenig komplex
M = mittlere Komplexität
L = große Komplexität
XL = sehr große Komplexität.

Sie können bei Bedarf auch noch feiner gruppieren, z. B. mit XS.

Ordnen Sie nun gemeinsam mit Ihrem Team die Anforderungen den T-Shirt-Größen zu. Interessant ist dabei dann nicht nur die Einordnung als solche, sondern auch der Austausch darüber, warum es ein „L" ist und kein „M".

Voraussetzung dafür ist, dass Sie mit dem Team eine oder mehrere gemeinsame Referenzstory haben, die Sie gut kennen und mit der Sie vergleichen können.

In Abb. 11.2 sind mit Absicht vier T-Shirt-Größen und damit Spalten gewählt. Eine gerade Anzahl Spalten bedeutet, dass es zwei „Hälften" gibt: eine, die eine höhere Komplexität und eine, die weniger Komplexität bedeutet. Somit muss man sich immer entscheiden, in welche Richtung man bei der Schätzung tendiert. Das vermeidet eine unspezifische Mitte.

Sie haben nun ganz unkompliziert einen Überblick über die Komplexität, den die Umsetzung der Anforderungen bedeuten wird. Sie können diese Information nun auch beim Priorisieren mit einbeziehen. Der Nutzen oder Wert der Umsetzung kann sich durch die Komplexität schnell relativieren.

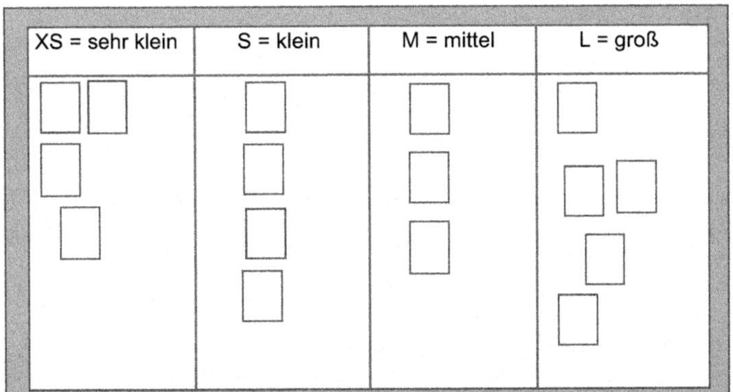

Abb. 11.2 Schätzen mit T-Shirt-Größen

Notieren Sie einfach die T-Shirt-Größe auf der Anforderung, sodass diese Information beim Festlegen der Reihenfolge nicht verloren geht.

Weitere Methode zum Schätzen der Komplexität der Umsetzung: Planungspoker
Es gibt noch eine weitere Schätzmethode, die im agilen Umfeld sehr populär ist. Sie wird in Verbindung mit Scrum und dessen festen Iterationen eingesetzt. Dabei wird mit Planning Poker®-Karten die Komplexität in Story Points geschätzt. Je höher die Anzahl der Story Points, desto aufwendiger oder komplexer die Umsetzung.

Darauf wird hier nicht speziell eingegangen. Unter Abschn. 11.4.4 finden Sie jedoch die Regeln des Planning Poker®.

11.4 Priorisieren nach Einschätzung des Wertes

11.4.1 Einfaches Priorisieren

Für das Priorisieren gibt es vielfältige Möglichkeiten, weil es immer wieder zur Herausforderung wird. Ist nun alles total wichtig, was ist weniger wichtig, usw.?

Hier sollen nachfolgend einige ganz pragmatische Ansätze herausgegriffen werden.

Vergeben von Prioritätsstufen
Meist werden Prioritätsstufen vergeben:

- Priorität 1, 2, 3
- Priorität A, B, C

Worauf sich die Stufen beziehen (Aufwand? Geschäftsnutzen? Eine Kombination?) ist methodisch nicht festgelegt.

Aber wann hat nun eine Anforderung die höchste Priorität? Was ist eine Anforderung mittlere Priorität?

Dies führt in der Praxis immer wieder zu unproduktiven Diskussionen. Wenn zu viele Anforderungen die höchste Priorität haben, verliert die Abstufung an Wert und Aussagekraft. Sie bietet dann nicht wirklich eine Entscheidungshilfe.

Ein Versuch aus diesem Dilemma ist mitunter eine feinere Abstufung: A+, A, … oder 1 bis 5, etc.

Aber bringt das am Ende wirklich mehr Klarheit?

11.4.2 Abstufung durch MuSCoW

Daher wird heute oft auch MuSCoW verwendet. Bei diesem Akronym werden die verschiedenen Stufen in der Abkürzung beschrieben:

Mu = Must have – essentiell, also unbedingt notwendig:
Ohne die Umsetzung dieser Anforderungen würde das Produkt nicht funktionieren oder wäre ohne Wert. Diese Anforderungen sind also essenziell wichtig und nicht verhandelbar.

S = Should have – erforderlich, sollte also vorhanden sein oder umgesetzt werden:
Auch diese Features sind wichtig, per Definition „sollten" sie vorhanden sein. Sie sind aber nicht im gleichen Maß erfolgskritisch wie „Must"-Anforderungen. Sie sollten umgesetzt werden, sofern dadurch nicht die Umsetzung von „Muss"-Anforderungen gefährdet wird.

Co = Could have - wünschenswert, könnte vorhanden sein:
Die Umsetzung bietet Vorteile. Die Anforderungen sind aber nicht so dringend und wichtig. Sie kommen erst dann zum Zuge, wenn nach der Umsetzung von „Must"- und „Should"-Anforderungen noch Ressourcen vorhanden sind. Sie werden oft auch als "nice-to-have"-Anforderungen angesehen.

W = Would like to have, but not this time – derzeit ausgeschlossen:

Dies ist die derzeit niedrigste Priorität: Diese Anforderungen sind notiert, haben aber aufgrund der geringen Priorität derzeit wenig Chance auf Umsetzung. In einem späteren Schritt/Release könnten sie eventuell noch berücksichtigt werden.

Somit versucht die Abstufung nach MuSCoW stärker den Wert einer Anforderung mit in Betracht zu ziehen. Aber dafür gibt es auch spezialisierte Techniken, die nachfolgend betrachtet werden.

11.4.3 Monopoly Money, 100-Punkte-Methode oder „Buy a Feature" – Priorisierung nach Wert oder Attraktivität für Kunden

Bei den nun folgenden Verfahren wird die Attraktivität von Anforderungen in Bezug auf Wert oder Nutzen betrachtet.

Beschränken Sie sich beim Priorisieren im Workshop am besten auf die großen funktionalen Lösungsanforderungen. Hier entscheidet sich, wie das Endergebnis aussehen soll.

Gehen Sie dabei nicht zu sehr ins Detail mit kleinen Anforderungen; interessant sind eher grundlegende Features und Ideen.

Bei allen drei Methoden bekommen die Schätzer eine gewisse Summe zur Verfügung gestellt, die sie auf die Features verteilen können: Geld oder Punkte. Damit drücken die Schätzer aus, wie wichtig oder „wertvoll" ein Feature für sie ist.

Gleichzeitig gibt es Anforderungen, auf die vermutlich niemand setzen würde, weil sie nicht attraktiv genug erscheinen: beispielsweise Dokumentation. Lassen Sie solche Anforderungen nicht mit bewerten, wenn sie ohnehin notwendig sind. Konzentrieren Sie sich wie bereits gesagt auf die funktionalen Anforderungen.

Monopoly Money und 100-Punkte-Methode
Bei **Monopoly Money** ist es eine Summe Spielgeld, die auf die verschiedenen Anforderungen verteilt werden kann.

In den meisten Beschreibungen steht, die Summe entspräche dem Projektbudget. Nehmen Sie lieber weniger und eine feste, nicht zu große Summe und beschränken Sie die Bewertung auf die Lösungsanforderungen.

Bei der **100-Punkte-Methode** von Dean Leffingwell und Don Widrig [3] bekommt jeder Teilnehmer 100 Punkte, die auf die Lösungsanforderungen verteilt werden können. Dabei können sie auch häufeln und im Extremfall alle 100 Punkte auf eine Anforderung setzen. Dies kann natürlich zu einer deutlichen Verschiebung von Prioritäten führen. Bei extremen Werten sollten Sie daher versuchen zu verstehen, was der Hintergrund dieser Bewertung ist. Vielleicht ist diese Anforderungen für einen Stakeholder tatsächlich entscheidend. (Diese Technik ist als „100-Punkte-Methode" bekannt geworden, die Autoren nennen sie aber in ihrem Buch „The Hundred Dollar Test".)

Tab. 11.2 fasst wichtige Punkte für einen Priorisierungsworkshop zusammen.

Tab. 11.2 Priorisierungsworkshop mit Monopoly Money oder 100-Punkte-Methode

Ziel	Priorisieren der Features/Ideen nach Wert (ausgedrückt durch Punkte oder Spielgeld, die auf die Features gesetzt werden)
Material	Spielgeld oder Punkte, Liste der Anforderungen auf Flipchart oder an der Pinnwand
Vorbereitung	Aufbereiten der Anforderungen
Schritte	Vorlesen/Erklären der Anforderungen Bewerten mit Spielgeld/Punkten Austausch von Argumenten bei kontroversen Einschätzungen

Wie kommen Sie zum Monopoly-Geld oder verteilen sinnvoll 100 Punkte?
Verwenden Sie einfach Spielgeld für Kaufmannsläden. Damit können Sie entweder ein Budget bereitstellen oder auch 100 Punkte, sprich 100 Euro.

Buy a Feature – Kunden „kaufen" Features zu vorher definierten Preisen
Hier gibt es zwei Besonderheiten im Vergleich zu den beiden vorherigen Verfahren:

- Es sind direkte Kunden oder Nutzer beteiligt, die gleichfalls mit „Geld" auf die Umsetzung einzelner Features setzen.
- Die Features sind mit einem festen Preis versehen.

Die Preise können sich dabei nach verschiedenen Kriterien bemessen:

- Im Regelfall werden sich diese nach dem Aufwand bei der Umsetzung richten.
- Sie können sich nach dem Risiko bei der Umsetzung richten.
- Sie können aber auch strategisch genutzt werden, wenn beispielsweise bestimmte Eigenschaften im Produkt nicht ganz zu anderen passen oder aus irgendeinem Grund nicht unbedingt gewollt sind.

Dabei kann der Preis einzelner aufwendiger oder „ungeliebter" Anforderungen durchaus so hoch sein, dass die Stakeholder sie nur gemeinsam „kaufen" können. Wenn durch Bündelung der Mittel doch so eine Anforderung „gekauft" wird, dann kennen Sie zumindest deren Bedeutung für die Stakeholder.

Wie viel Spielgeld bekommen nun die Stakeholder für den Kauf der Features?

Sie sollten jeder nur so viel Geld zur Verfügung haben, dass sie allein maximal zwei Drittel der Features erwerben könnten. Weitere Features könnten nur noch gemeinsam erworben werden, wenn andere dafür niedriger bezahlt werden.

Denken Sie daran: Auch hier ist nicht nur das absolute Ergebnis interessant, sondern auch der Austausch der Argumente!

Tab. 11.3 fasst wichtige Punkte zum Priorisierungsworkshop zusammen.

„Echte" Kunden und Personas
Was tun, wenn sich keine Kunden beteiligen wollen oder Sie diese aus irgendwelchen Gründen nicht ansprechen dürfen?

Tab. 11.3 "Buy a Feature"-Workshop

Ziel	Priorisieren von Features/Ideen durch den Kunden (ausgedrückt durch den „Kauf" von bepreisten Features mit Spielgeld)
Material	Spielgeld Liste der Anforderungen auf Flipchart oder auf Arbeitsblättern inklusive deren Preis Erläuterung der Anforderungen/Features
Vorbereitung	Aufbereiten der Anforderungen auf Arbeitsblättern inklusive Festlegen der Preise sowie die Erläuterung dazu
Schritte	Vorlesen/Erklären der Anforderungen Kauf der Features zu vorher definierten Preisen mit Spielgeld Austausch von Argumenten bei kontroversen Einschätzungen

Denken Sie an die Personas, die Sie als archetypische Vertreter Ihrer Kunden definiert haben. Bitten Sie z. B. ein Teammitglied, sich in dessen „Schuhe zu stellen" und diese Persona quasi im Workshop zu vertreten.

11.4.4 Planning Poker® mit Business Value Points

Planning Poker® ist eine beliebte Schätzmethode im agilen Umfeld. Sie wurde 2002 durch James W. Grenning entwickelt, aber vor allem durch Mike Cohn von Mountain Goat Software populär und als Begriff geschützt.

Beim Schätzen kann durch psychologische Effekte leicht eine Verzerrung eintreten: Orientieren an der Mehrheit, HIPPO-Entscheidungen (HIhest Paid Person's Opinion) usw.

In der Vergangenheit wurde diese Problematik bereits mit der Delphi-Methode adressiert: Dabei schätzen Experten anonym, um sich nicht gegenseitig beeinflussen zu können.

Planning Poker® greift diese Idee auf und setzt sie als kollaboratives Spiel mit Planning Poker®-Karten um.

Machen Sie einen Versuch: Diese Art des Schätzens macht den meisten Menschen Spaß, geht relativ schnell und ist wertvoll durch den Austausch untereinander.

Die Planning Poker®-Karten

Sie benötigen dafür spezielle Karten mit Punktewerten, überwiegend nach der Fibonacci-Folge:

- 0 Punkte
- 0,5 Punkte
- 1 Punkt

- 2 Punkte
- 3 Punkte (1+2 der vorherigen Karten)
- 5 Punkte (2+3 der vorherigen Karten)
- 8 Punkte (3+5 der vorherigen Karten)
- 13 Punkte (5+8 der vorherigen Karten)
- 20 Punkte – jetzt beginnen wieder die Ausnahmen der Fibonacci-Folge
- 40 Punkte
- 100 Punkte

Abb. 11.3 zeigt schematisch die Karten.

Diese Karten können einfach selbst gefertigt werden. Sie können aber auch im Internet individuell angefertigt bestellt werden. Vielfach lassen Unternehmen inzwischen auch Karten mit ihrem Logo anfertigen.

Meist gibt es in diesen Sets noch zwei Zusatzkarten:

- Ein Fragezeichen, wenn noch weitere Informationen zum Schätzen benötigt werden und
- eine „Kaffeetasse" als Pausenzeichen, denn Schätzen ist anstrengend!

Einsatz der Karten
Die Karten können auf zwei verschiedene Arten eingesetzt werden:

- Zum Schätzen von Aufwand/Komplexität mit sogenannten Story Points. Dabei wird die Umsetzung der To-dos durch das Umsetzungsteam betrachtet. Dies ist ein gängiges Schätzverfahren vor allem in Scrum, einer der agilen Methoden, die mit festen Timeboxen in der Umsetzung arbeitet.
- Zum Schätzen des Businesswertes von Anforderungen, um diese besser priorisieren zu können. Dies ist die Anwendung, die im Folgenden näher betrachtet werden wird.

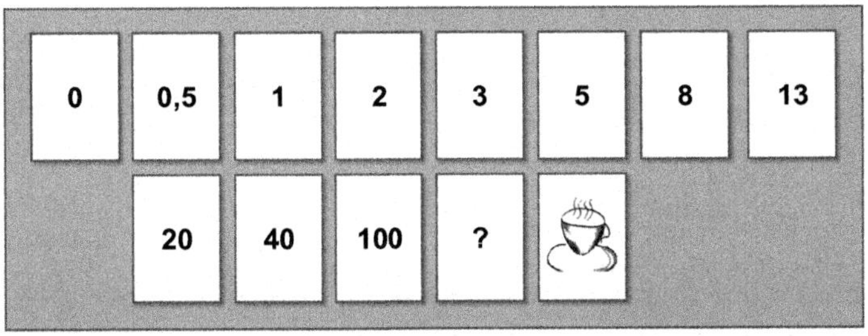

Abb. 11.3 Planning Poker®-Karten

In beiden Fällen braucht man eine sog. Referenzstory (User Story als Referenz) oder Referenzanforderung, die allen Beteiligten bekannt ist und mit einer Anzahl Punkte versehen ist (siehe Beschreibung zum Ablauf des Schätzens weiter unten). Somit können beim Schätzen neue To-dos oder Anforderungen in Relation zu bekannten geschätzt werden.

Ziel des Schätzens mit Business Value Points
Alle beteiligten Stakeholder haben ein gemeinsames Verständnis erzielt über die Prioritäten aus Unternehmenssicht, und nicht nur aus der Perspektive einer Abteilung oder eines Bereichs heraus. Gleichzeitig wird Wissen zu den Anforderungen und den Hintergründen aufgebaut.

Der Nutzen des Planning Poker® liegt also nicht nur im notierten Schätzwert, sondern auch im Austausch und dem Erzielen einer gemeinsamen Sichtweise.

Ablauf des Schätzens (unabhängig davon, ob Sie Komplexität/Aufwand oder Business Value Points schätzen)
Zusatz beim ersten gemeinsamen Schätzen
Wenn zum ersten Mal das Schätzen ansteht, benötigt dies einen separaten ersten Schritt: Das Festlegen eines Referenzwertes, mit dem beim Schätzen jeweils verglichen werden kann. Dazu wählt das Team eine Anforderung, die sie sehr gut kennt und von der sie ein gemeinsames Verständnis hat. Gibt es so etwas beispielsweise aus früheren Projekten des Teams noch nicht, muss eine der neuen Anforderungen ausgewählt und sehr detailliert besprochen werden, um die gemeinsame Sichtweise zu erzeugen.

Für diese Referenzanforderung wird ein Schätzwert als Zahl aus dem Kartenset festgelegt. Dabei wird ein mittlerer Wert gewählt, sodass es deutlich Spielraum nach oben, aber auch nach unten gibt.

Alle weiteren Anforderungen werden in Relation zu dieser Referenz geschätzt.

Das weitere Schätzen
Alle Schätzer halten das Kartenset verdeckt auf der Hand.

Nun liest der Product Owner (oder wer derzeit das meiste Wissen zu den To-dos hat) eine Anforderung vor und erläutert sie.

Dann legen alle Schätzer ihre Schätzkarte verdeckt ab.

Wenn alle Schätzer abgelegt haben und sich daher nicht mehr gegenseitig beeinflussen können, werden die Karten umgedreht.

Nun kann es sein, dass die Schätzungen abweichen. Nehmen wir beispielsweise an, jemand schätzt den Wert auf „5" und ein anderer auf „20", während die anderen Schätzungen dazwischen liegen. Dann tauschen die Schätzer mit den Extremwerten ihre Meinungen und Überlegungen bei der Schätzung aus.

Alle Teilnehmer nehmen ihre abgelegten Karten wieder auf und schätzen erneut - vor dem Hintergrund des Austausches eben.

Weichen die Schätzungen immer noch ab, dann kann entweder nochmals diskutiert werden oder die Gruppe hat eine Regel, wie sie mit dieser Situation umgehen möchte. Diese Regel könnte beispielsweise auch in der Team-Charter als Teil der Teamregeln niedergelegt sein.

Der Schätzwert wird notiert, und es kann mit der nächsten Anforderung weitergehen.

Abb. 11.4 fasst die Regeln nochmals zusammen.

11.5 Kombinierte Betrachtung von Komplexität und Wert – Wall Estimation

Sie kennen nun schon verschiedene Ansätze, wie priorisiert oder geschätzt werden kann.

Bei der Wall Estimation werden zwei Aspekte miteinander kombiniert:

- Priorisieren und
- Schätzen der Komplexität/Größe der Product Backlog Items.

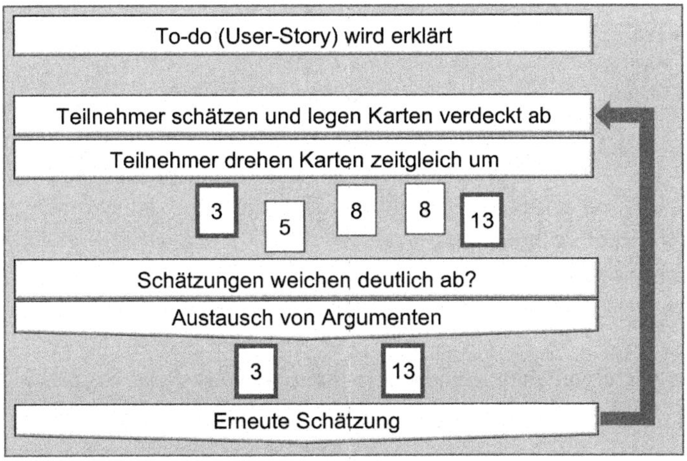

Abb. 11.4 Planning Poker® - Regeln

Dafür wird ein Koordinatensystem gezeichnet:

- Auf der x-Achse wird die „Größe“ abgetragen,
- Auf der y-Achse die Priorität.

Erinnern Sie sich an das Schätzen der Komplexität mit T-Shirt-Größen (Abschn. 11.3)?

Damit können Sie die Größen auf der x-Achse markieren.

Für die Unterteilung der y-Achse können Sie die einfache Priorisierung (Abschn. 11.4.1) oder MuSCoW (Abschn. 11.4.2) verwenden.

Ordnen Sie nun in einem Workshop die Anforderungen in das Koordinatensystem ein.

Große Product Backlog Items, die gleichzeitig wichtig sind, werden oben rechts platziert, kleine wichtige oben links, große Items mit geringer Priorität landen rechts unten, kleine Items mit geringer Priorität links unten.

Betrachten Sie nun die eingeordneten Anforderungen. Passt alles? Wenn nicht, dann korrigieren Sie entsprechend nach.

Wenn im Workshop noch Zeit ist, können Sie eventuell noch große Product Backlog Items, die gleichzeitig eine hohe Priorität haben, noch in kleinere Items oder User Stories unterteilen. Dabei kann es durchaus passieren, dass nicht alle daraus entstehenden Einheiten mit gleich hoher Priorität eingeordnet werden. Vielmehr könnten einzelne Teile der ursprünglichen Anforderung nun als weniger wichtig bewertet werden.

Abb. 11.5 zeigt das Wall Estimating nochmals schematisch.

Am Ende des Wall Estimating haben Sie gleichzeitig auch schon eine erste Reihenfolge für die Umsetzung:

I. Kleine To-dos von hoher Priorität (oben links) sind Kandidaten, um mit ihnen zu beginnen.
II. Große To-dos mit hoher Priorität (oben rechts) werden zeitnah noch weiter in kleinere Items heruntergebrochen
(siehe nächstes Kapitel).
III. Anforderungen mit geringer Priorität (unten links und rechts) können noch warten.

Tab. 11.4 fasst wichtige Punkte zum Wall Estimating-Workshop zusammen.

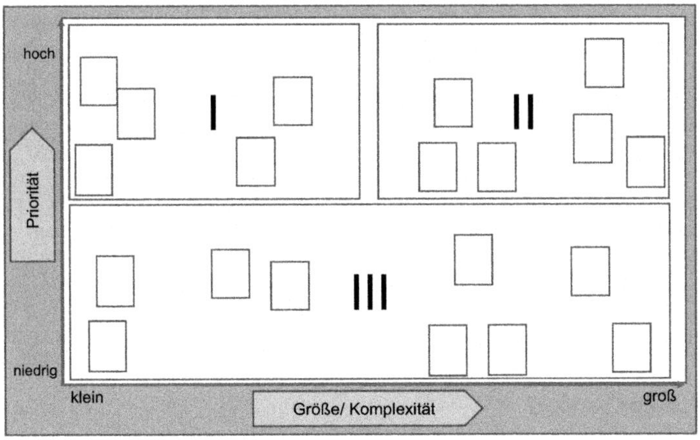

Abb. 11.5 Wall Estimating

Tab. 11.4 Wall Estimating - Workshop

Ziel	Priorisieren von Features/Ideen nach Aufwand und Wert
Material	Pinnwand mit Pinnwandpapier oder andere große Fläche Karten oder Haftnotizen
Vorbereitung	Aufzeichnen der Matrix (x-Achse = Aufwand y-Achse = Priorität (freie Definition) Beschriften der Karten mit Features/Ideen
Schritte	Besprechen der Achsen der Matrix Einordnen der Features in der Matrix

Essentials der Priorisierung und Ausblick

Es gibt vier große Einflussfaktoren auf die Reihenfolge:

- Geschäftswert und
- Kundennutzen, den die Umsetzung einer Anforderung bietet,
- Komplexität/Aufwand sowie Kosten in der Umsetzung und der späteren Pflege oder Wartung,
- Mit der Anforderung verbundene Risiken.

Sie alle haben Einfluss auf die Reihenfolge der Umsetzung.

Die Einschätzung des Kundennutzens erfolgt am besten durch Kunden direkt.

Dafür eignen sich Workshopformate wie „Monopoly Money" oder "Buy a Feature".

Eine einfache Einteilung der Anforderungen ist nach MuSCoW möglich, von Muss- bis derzeit nur notierten Anforderungen.

Bei umfangreichen und strittigen Bewertungen des Geschäftswertes eignen sich:

- Zum Schätzen des Geschäftswertes selbst die Business Value Points.
- Zum Einbringen einer weiteren Perspektive die Verzögerungskosten.

Bei kleinen Projekten kann es reichen, die Einflussfaktoren auf die Reihenfolge im Gedächtnis zu haben und dann direkt mit den folgenden Überlegungen weiterzumachen:

Minimum Viable Product
- Was ist das minimale Produkt, mit dem man bereits Feedback einholen kann und das gleichzeitig dafür den geringsten Aufwand bedeutet, Kap. 14?

Roadmap/Story Map:
- In welchen „Wellen" wollen Sie vorgehen? Was ist die Kombination von Anforderungen, die jeweils umgesetzt und mit der Erfahrung gesammelt und Feedback eingeholt werden kann? Dies wird erarbeitet und visuell abgebildet auf der Roadmap/ Story Map in Kap. 15.

  Für die zeitliche Meilensteinplanung bietet Kap. 16 Informationen.

Literatur

1. Anders-Sixtensson in Lean Magazin Issue #8, Cost of delay – Interview with Don Reinertsen. http://leanmagazine.net/lean/cost-of-delay-don-reinertsen/. Zugegriffen: 13. Sept. 2017
2. Cohn M (2005) Agile Estimating and planning. Prentice Hall. https://www.safaribooksonline.com/library/view/agile-estimating-and/9780137126347/ch09.html. Zugegriffen: 18. Jan. 2018
3. Leffingwell D, Widrig D (2003) Managing software requirements: a use case approach. https://www.safaribooksonline.com/library/view/managing-software-requirements/032112247X/ch13.html. Zugegriffen: 18. Jan. 2018

Weiterführende Literatur

Ambler SW (2005–2014) Agile best practice: prioritized requirements. http://www.agilemodeling.com/essays/prioritizedRequirements.htm. Zugegriffen: 11. Sept. 2017

Cohn M Agile Estimating and Planning, Videokurs. Zugegriffen: Dez. 2017

Griffiths M (2015) PMI-ACP Exam Prep, 2. Aufl., RMC, Minnetonka

Lacey M (2012) Prioritization. https://msdn.microsoft.com/en-us/library/hh765981(d=printer,-v=vs.120).aspx. Zugegriffen: 11. Sept. 2017

Patil S C (2014) https://www.scrumalliance.org/community/articles/2014/december/order-your-product-backlog. Zugegriffen: 17. Dez. 2017

Sliger M, Broderick S (2008) The software project manager's bridge to agility, Addison-Wesley "The Agile Software Development Series"

Wirdemann R, Mainusch J (2017) Scrum mit User Stories, Hanser, München

12 Themes, Epics, Features, User Stories, Tasks – To-dos in unterschiedlicher Granularität

Zusammenfassung

Im agilen Umfeld werden die To-dos mit unterschiedlichen Namen belegt, je nachdem, ob es sich noch um ein grobes Thema handelt oder ob es eine kleine Aufgabe, ein Task, ist.

Leider ist der Sprachgebrauch nicht ganz standardisiert. In jedem Fall bilden die Begriffe eine Art Hierarchie der Anforderungen ab. An der Basis stehen die großen Themes und in der Spitze die kleinen Tasks zur konkreten Umsetzung.

Ein Theme ist wirklich nur ein Thema oder eine Idee, quasi eine Überschrift. Es ist damit die gröbste Form einer Anforderung und bildet in der Hierarchie der Anforderungen die Basis.

Meistens wird unter einer Epic ein Teil eines Themas verstanden. Damit ist zum Abarbeiten eines Themas die Umsetzung mehrerer Epics notwendig.

Ein Feature kann entweder synonym zu Epic verwandt sein, eine kleinere Einheit als eine Epic bezeichnen oder eine größere als eine Epic.

Dieses Buch nutzt einfach nur den Begriff Feature.

Der Begriff „User Story" ist am wenigsten eindeutig:

- Er bezeichnet zum einen die Art, wie eine Anforderung formuliert wird. Damit können User Stories auf der Ebene der Epics oder Features stehen.

U. Kusay-Merkle, *Agiles Projektmanagement im Berufsalltag*,
https://doi.org/10.1007/978-3-662-56800-2_12

Tab. 12.1 Die Hierarchie der Anforderungen – Verwendung der Begriffe im Buch

Theme:	Sehr grobe Idee im Sinne einer „Überschrift" für mehrere Features
Feature:	Eine noch grobe Anforderung, ein grobes To-do
User Story:	Eine kleinere, detailliertere Anforderung, kleineres To-do, unabhängig davon, ob nach dem User-Story-Template formuliert oder nicht
Task:	Kleine Einheit, ein Arbeitsschritt oder eine Aufgabe; Für die Umsetzung einer User Story können mehrere Tasks notwendig sein

- Er kann gleichzeitig eine Untermenge von Features sein, sodass durch die Umsetzung mehrerer User Stories wiederum ein Feature oder eine Epic abgearbeitet werden kann.

Ein Task ist dann ein Schritt zur Umsetzung einer User Story. Tasks werden erst sehr zeitnah vor der Umsetzung einer User Story erfasst.

Für Sie ist diese Begriffswelt vor allem dann wichtig, wenn Sie sich mit agilen Methoden und Tools weiter beschäftigen wollen, denn dann werden Sie Ihnen immer wieder begegnen.

Für dieses Buch werden Theme, Feature und User Story definiert und näher beschrieben werden. Der Schwerpunkt liegt dabei auf den User Stories.

▶ **Klärung der Wortbedeutungen** Tab. 12.1 zeigt die in diesem Buch verwendeten Bezeichnungen für To-dos unterschiedlicher Feinheit:

12.1 Auf den zeitlichen Horizont kommt es an

Erinnern Sie sich an die Eigenschaften des Product Backlogs?

Das Product Backlog ist DEEP:

D – Detailed appropriately
E – Emergent
E – Estimated
P – Prioritized (Abschn. 9.2)

Der zeitliche Horizont und der Detaillierungsgrad der Anforderungen hängen zusammen.

Lassen Sie uns grafisch in Abb. 12.1 eine einfache Hierarchie der Anforderungen abbilden und dann zu den Überlegungen zum Detaillierungsgrad zurückkommen.

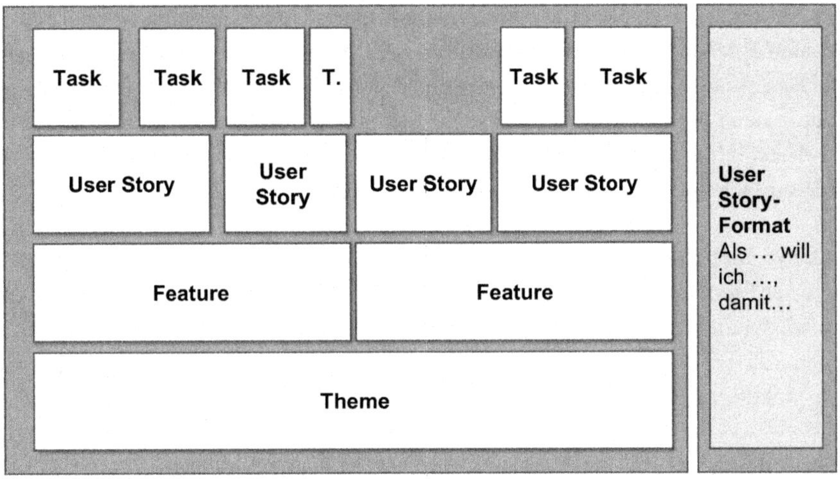

Abb. 12.1 Die Hierarchie der Anforderungen

Warum gibt es so eine Hierarchie?
Zu Beginn sind die gesammelten Anforderungen noch grob. Sie entsprechen eher Themes.

Nach und nach werden diese groben Anforderungen näher betrachtet und dabei heruntergebrochen: Dann sind sie Features.

Wenn die Anforderungen klein genug sind, um sie in begrenzter Zeit umsetzen zu können, dann bezeichnet man sie als User Story. Gleichzeitig ist User Story aber auch eine Art, eine Anforderung zu formulieren, unabhängig von ihrer Größe (Abschn. 12.2). Somit können auch aus einer großen User Story oder aus einem Feature mehrere kleinere User Stories entstehen.

Das beantwortet aber noch nicht richtig die Frage nach dem Warum.

Im agilen Umfeld versucht man, Verschwendung und Extraarbeit zu vermeiden. Somit werden jeweils nur die hoch priorisierten Anforderungen weiter heruntergebrochen und betrachtet, während weniger wichtige nur als Features oder Themes im Product Backlog stehen bleiben. Sie sind notiert – das ist wichtig, damit sie nicht in Vergessenheit geraten. Mehr wäre Verschwendung, denn man weiß ja noch nicht, ob und wann diese zur Umsetzung kommen würden.

Lassen Sie uns das nochmals auf das Akronym DEEP anwenden, wenn auch nicht ganz vollständig und der Reihenfolge nach:

E = Das Product Backlog ist emergent:
Es können neue Anforderungen hinzukommen, andere entfallen, es wird wieder neu priorisiert...

Denken Sie an das Beispiel mit dem Webshop eines Unternehmens: Neben Seminaren sollten auch Bücher und Software bestellbar sein. In einer ersten kleinen Lösung wurde nur die Bestellung auf Rechnung realisiert. Alternative Bezahlwege waren angedacht. Aber durch neue Prioritäten wie Mehrsprachigkeit wurden diese Alternativen viel niedriger priorisiert. Und wenn dies bis heute nicht umgesetzt wäre, wäre dies schlimm? Nein, es wurde einfach auf neue wichtigere Anforderungen reagiert.

D = Das Product Backlog ist „detailed appropriately":
Für die User Stories oder To-dos, die hochpriorisiert sind und damit bald umgesetzt werden sollen, werden mehr Details benötigt wie beispielsweise Akzeptanzkriterien, Businessregeln, die zu berücksichtigen sind usw. Für die To-dos, die weiter unten im Product Backlog stehen, wird dies noch nicht gemacht.

Zurück zum Beispiel mit den verschiedenen Zahlungsmethoden: Was hätte es also für einen Sinn gemacht, sich mit Kreditkartenzahlungen etc. bereits näher zu beschäftigen? Dazu war diese Anforderung zu niedrig priorisiert.

P = Das Product Backlog ist priorisiert:
Die wichtigen User Stories steigen immer wie Blasen nach oben.

Verantwortlich für das Priorisieren ist die Rolle des Product Owner. Sie müssen wissen, wer bei Ihnen diesen „Hut" trägt oder tragen darf (Abschn. 9.3).

12.2 User Stories – eine Art, Anforderungen zu formulieren und kleinere Anforderungen zu bezeichnen

Kümmern wir uns nun zuerst um die Art, wie Anforderungen als User Stories formuliert werden können.

Für User Stories gibt es eine Art „Schablone":

Als <<Rolle>>
will ich <<Funktionalität>>,
damit <<Business-Begründung>>.

Diese Art der Beschreibung stellt eine Anforderung in Beziehung zum Nutzer und in einen Kontext. Dies ist der große Vorteil, der zur Popularität der User Stories geführt hat.

Lassen Sie uns ein Beispiel formulieren:

Beispiel für eine User Story

Als Paula-Perso

will ich Produkte auf Rechnung bestellen,

damit ich zu den Seminaren direkt die ergänzenden Produkte bekomme.

Nun ist die Beschreibung der Funktionalität auf diese Art denkbar knapp.

Tab. 12.2 zeigt die ergänzende Regel zu den User Stories: die „3C".

Warum „C" für Card?

Zum einen ist die Beschränkung des Platzes vielleicht ganz hilfreich, um nicht in das herkömmliche Verschriftlichen zu verfallen.

Aber es gibt noch einen ganz pragmatischen Grund. Lassen Sie uns kurz an die Durchführung des Projektes denken:

Die User Stories werden auf Kärtchen oder Haftnotizen zusammen mit den wichtigsten Informationen dazu geschrieben. Diese Kärtchen werden untereinander an ein Kanban-Board gehängt. Stellen Sie sich dies derzeit einfach als ein White Board mit darauf markierten Spalten vor. Ganz links stehen im Backlog die gesammelten To-dos. In der Spalte „Next" sind diejenigen, die so hoch priorisiert sind, dass sie als nächstes drankommen werden. „In Arbeit" und „Fertig" sind selbsterklärend.

Abb. 12.2 zeigt ein vereinfachtes Beispiel eines Task-Boards, eines einfachen Kanban-Boards. Mehr dazu erfahren Sie in Teil III Projektdurchführung und Steuerung.

In der Projektdurchführung und Steuerung kann damit jederzeit verfolgt werden, welche Arbeit ansteht, welche User Stories derzeit in Arbeit sind usw.

Was ist mit Conversation in den „3 C" gemeint?

Agile Methoden haben in der IT starke Verbreitung gefunden. Herkömmlich werden die Anforderungen von einem Business Analysten „unter die Lupe genommen" und detailliert

Tab. 12.2 Die „3 C" der User Stories

Card	Karte, auf die die User Story geschrieben werden kann
Conversation	Unterhaltung und Erklärung zur User Story: Nicht alles soll verschriftlicht werden
Confirmation	Bestätigung – Akzeptanzkriterien: Wie kann geprüft werden, ob die User Story richtig umgesetzt worden ist?

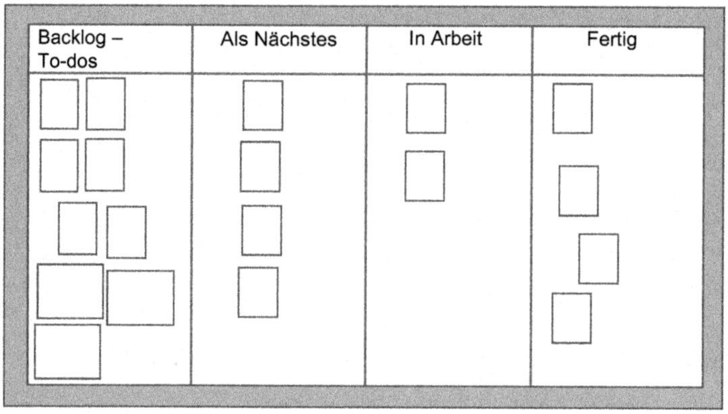

Abb. 12.2 Projektdurchführung mit einem Task-Board/Kanban-Board

die gedachte Umsetzung beschrieben, sodass dies ein Entwickler im Anschluss programmieren kann. Dazu gehören beispielsweise Bildschirmentwurf, Beschreibung der Felder auf dem Bildschirm, der Ablauf der Eingabe mit der Prüfung der Inhalte, welche Daten in welcher Form gespeichert werden sollen, Beschreibung eventueller Fehlermeldungen usw. Im Extremfall also alles, damit beispielsweise ein Entwickler in Übersee diese Anforderungen umsetzen kann.

Dabei ergeben sich die folgenden Probleme:

- Es gibt einen Zeitverzug zwischen dem genauen Analysieren und Aufschreiben und der Umsetzung. Meist werden erst „alle" Anforderungen so aufbereitet und dann erst wird programmiert.
- Die Beschreibung ist abstrakt; Fehlinterpretationen beim Aufbereiten sind nicht so leicht erkennbar.
- Der Entwickler selbst setzt um, was er schriftlich vorgelegt bekommen hat. Nicht jeder hinterfragt gezielt. Oft kennt er das Umfeld und die Fachlichkeit gar nicht, sodass ihm Lücken oder Fehlinterpretationen nicht auffallen können.

Agile Methoden setzen dagegen auf eine enge Zusammenarbeit und das gemeinsame Gespräch.

Der Product Owner erläutert und erklärt jede einzelne User Story. Dabei kann das Umsetzungsteam auch direkt Fragen stellen. Gemeinsam lassen sich so Fehler vermeiden und eine höhere Qualität erzielen.

Nun zur Confirmation in den „3 C"
Hier werden die sogenannten Akzeptanzkriterien beschreiben. Wann ist eine User Story korrekt umgesetzt? Woran kann das festgestellt und getestet werden?

Wann wird diese Information benötigt? Kurz bevor das Team oder derjenige, der dieses To-do umsetzen soll, mit der Arbeit beginnt. Dann muss klar sein, was das Ergebnis dieses To-dos sein soll.

Das Beispiel beinhaltet bereits die Beschreibung der User Story nach einer sehr gebräuchlichen Schablone, die auch in der Folge näher erläutert werden wird.

User Story mit Akzeptanzkriterien

Als Paula-Perso

will ich Bücher auf Rechnung bestellen,

damit ich zu den Seminaren direkt die ergänzende Literatur bekomme.

Akzeptanzkriterium:

Beim Check-out und auf der Rechnung wird die korrekte niedrigere Mehrwertsteuer ausgewiesen (derzeit 7 %).

Die Schablone zum Scheiben der User Stories

Die nachfolgende Schablone wird sehr häufig eingesetzt.

Als ≪Rolle≫

Wer benötigt die gewünschte Funktionalität?

Hier kommen nun Ihre Personas zum Einsatz.

Denken Sie aber auch an Ihr Stakeholder Register. Personas werden meist für Kunden formuliert.

Gibt es Stakeholder, für die Sie keine Persona aufbereitet haben, die aber auch Anforderungen haben? Das ist der Reminder, abzugleichen, damit keine Anforderungen vergessen werden!

will ich ≪Funktionalität≫,

damit ≪Business-Begründung≫

Was ist der Nutzen der gewünschten Funktionalität?

Dieser Teil ist auch interessant. Er gibt einen Hinweis auf die Bedeutung und damit die Priorität der User Story. Gleichzeitig beschreibt er etwas aus dem Kontext. Dies kann helfen, Fehlinterpretationen zu vermeiden.

Wenn dieser Teil wirklich nur banal ausfällt und sich bei Dutzenden von User Stories wiederholt, dann bietet er in diesem konkreten Fall keinen Mehrwert und kann weggelassen werden.

Wo stehen Sie derzeit in Ihrem Projekt?
Sie hatten bereits Anforderungen gesammelt. Vermutlich sind dies Themes und Features. In Vorbereitung auf die Umsetzung werden sie noch weiter detailliert werden müssen. Dies bedeutet meist auch ein „Schneiden", also ein Unterteilen in kleinere To-dos. Meist werden diese kleineren To-dos User Stories genannt.

Sehen Sie: User Stories ist damit ein ambivalenter Begriff, der immer wieder Verwirrung stiftet.

> **Wichtiger Hinweis zum Begriff „User Story"** Der Begriff User Story ist nicht eindeutig definiert:
> - Er beschreibt zum einen kleinere Einheiten von Anforderungen oder To-dos.
> - Gleichzeitig ist eine bestimmte Art Anforderungen, mithilfe der Schablone zu beschreiben: „Als…will ich…, damit…" – egal auf welcher Ebene der Granularität man sich gerade befindet.
>
>   Treffen Sie für Ihr Projekt eine Vereinbarung für eine stringente Verwendung des Begriffs.

Aber nun sind Sie dran:

Formulieren Sie zur Übung ein paar Features als User Stories gemäß Schablone.

Sie können sich dabei am folgenden Beispiel orientieren:

User Story auf Featureebene

Als Paula-Perso will ich Produkte auf Rechnung bestellen, damit ich zu den Seminaren direkt die passenden Produkte bekomme.

„Paula-Perso" ist eine Persona. Sie steht für eine Mitarbeiterin in einer Personalabteilung, die als Kunde Seminare und weitere Produkte im Webshop bestellt.

Auf der Ebene eines Features ist hier noch von „Produkten“ die Rede. Es wird noch nicht unterschieden zwischen Büchern und Software, weil dafür andere Regeln gelten werden. Das heißt, dass die User Story dann nochmals unterteilt wird. Darum werden wir uns im Anschluss gleich kümmern.

Mit dem Schreiben auf eine Karte hätten Sie das erste „C“ der User Story erfüllt. Conversation folgt vermutlich später. Was ist mit Confirmation? Die Frage ist, ob wir auf einer gröberen Ebene bereits sinnvoll Akzeptanzkriterien schreiben können oder die Arbeit derzeit lieber sparen.

Da im konkreten Beispiel beim Kauf von Büchern und von Software unterschiedliche Regeln gelten sollten, wurden Akzeptanzkriterien erst formuliert, als es konkret um die Bestellung von Büchern ging.

Dies führt direkt zum nächsten Thema, dem Splitten oder Schneiden von User Stories.

12.3 Große User Stories in kleinere unterteilen

Unter Splitten oder Schneiden versteht man das Unterteilen größerer Anforderungen in kleinere Häppchen.

Aus einem Feature können mehrere User Stories werden. Oder aus einer großen User Story mehrere kleinere.

Lassen Sie uns dies gleich am vorherigen Beispiel nochmals ansehen:

Das war das Feature: „… will ich **Produkte** auf Rechnung bestellen…“

Produkte können nun Bücher oder Software sein. Somit können aus diesem Feature oder der großen User Story mindestens zwei kleinere User Stories entstehen:

User Story „Bücher“ mit Akzeptanzkriterien

Als Paula-Perso

will ich **Bücher** auf Rechnung bestellen,

damit ich zu den Seminaren direkt die ergänzenden Bücher bekomme.

Akzeptanzkriterium:

Beim Check-out und auf der Rechnung wird die korrekte niedrigere Mehrwertsteuer ausgewiesen (derzeit 7 %).

User Story „Software" mit Akzeptanzkriterien

Als Paula-Perso

will ich **Software** auf Rechnung bestellen,

damit ich für Teilnehmer im Selbststudium die Prüfungssimulationssoftware bekomme.

Akzeptanzkriterien:

Beim Check-out muss den Lizenzbedingungen der Software und dem Privacy Statement zugestimmt werden.

Beim Check-out und auf der Rechnung wird die korrekte Mehrwertsteuer ausgewiesen (derzeit 19 %).

Wichtig ist beim Schneiden der User Stories vor allem, dass die verschiedenen Teile möglichst voneinander unabhängig sind. Nur so kann jede Story für sich priorisiert und umgesetzt werden. So auch in dem Beispiel: Es ist von der Reihenfolge her im Prinzip egal, ob die User Story „Bücher" oder „Software" zuerst umgesetzt wird.

Auch hierfür gibt es ein Akronym, um sich die Eigenschaften der User Stories besser merken zu können: INVEST.

Tab. 12.3 erläutert das Akronym INVEST.

Tab. 12.3 INVEST – Kriterien für gute User Stories

Independent	Die User Stories sollen möglichst voneinander unabhängig sein; nur so können sie frei priorisiert werden
Negotiable	Nicht alles wird schriftlich vorgegeben: Der Kunde oder der Product Owner beschreibt grob, was er inhaltlich möchte und diskutiert die konkrete Umsetzung mit dem Team
Valuable	User Stories sollen einen konkreten Mehrwert bieten
Estimatable	Die User Story soll so überschaubar sein, dass ihre Komplexität in der Umsetzung vom Team geschätzt werden kann (Kap. 11) Wenn das Team dabei Schwierigkeiten hat, ist dies ein Indiz dafür, dass die User Story noch in kleinere „Häppchen" heruntergebrochen werden muss
Small	Klein genug, um mehrere in einem Sprint (bei Scrum) umsetzen oder den Fortschritt von Bearbeitungsschritt zu Bearbeitungsschritt auf dem Kanban-Board gut verfolgen zu können
Testable	Durch das Testen kann erkannt werden, ob eine User Story richtig verstanden und umgesetzt worden ist. Dafür müssen entsprechend klare Akzeptanzkriterien vorhanden sein

Nun aber zurück zum Schneiden der User Stories.

Dafür gibt es verschiedene Ansätze:

- **Splitten nach Workflow:**
  Dabei wird nach den verschiedenen Schritten im Workflow aufgeteilt. Dadurch läuft man allerdings Gefahr, eine Abhängigkeit dieser User Stories zu erhalten.
- **Splitten nach Geschäftsregeln:**
  Wenn bei verschiedenen Auftragsgrößen unterschiedliche Regeln gelten, können diese getrennt umgesetzt werden.
- **Splitten nach Aufwand:**
  Zuerst Bezahlen auf Rechnung, dann Bezahlung mit der meistgenutzten Kreditkarte, dann mit den restlichen Kreditkarten…
- **Variationen in den Daten:**
  Erfassung beispielsweise in verschiedenen Sprachen
- **Nach der Eingabe der Daten:**
  Über das Einlesen einer Liste oder über eine grafische Oberfläche
- **Nach Operationen wie Lesen, Neuerfassen, Ändern, Löschen.**

Ziel des Splittens ist immer, kleine, unabhängige, gut testbare User Stories zu erhalten: Stories mit den INVEST-Eigenschaften.

Und nun ist wieder Ihr Projekt dran!
Schneiden Sie einige der größeren User-Stories (Features) in kleinere User Stories, für die Sie dann auch die Akzeptanzkriterien formulieren können. Nehmen Sie Features heraus, die Ihnen wichtig erscheinen oder zumindest User Stories enthalten, die vermutlich weit oben im Product Backlog stehen werden.

Warum ist das wichtig?

Am Ende der Planung stehen zwei Ergebnisse:

- eine Story Map als Roadmap, die eine Übersicht bildet (Kap. 15),
- das Product Backlog mit den priorisierten User Stories.

Weiterführende Literatur

Cohn M (2017) Better user stories- discover and deliver what customers really want. https://learn.mountaingoatsoftware.com/better-user-stories/, Video-Kurs. Zugegriffen: Nov. 2017
Griffiths M (2015) PMI-ACP exam prep, 2. Aufl. RMC Publications, Minnetonka
Pichler R (2008) Scrum – Agiles projektmanagement erfolgreich einsetzen. dpunkt, Heidelberg
Project Management Institute (2017) Agile practice guide. Project Management Institute, PA
Wirdemann R, Mainusch J (2017) Scrum mit user stories. Hanser, München

Risiken und Nebenwirkungen 13

Zusammenfassung

Was sind Risiken?

Risiken sind Unwägbarkeiten, die im Falle des Eintretens den Projektverlauf oder das Ergebnis positiv oder negativ beeinflussen können.

Dies ist eine interessante Definition, denn Risiken sind im Sprachgebrauch negativ belegt. Es werden Bedrohungen darunter verstanden. Unwägbarkeiten können aber auch positive Auswirkungen haben und sind damit Chancen. Beide Varianten werden unter dem Begriff „Risiko" verstanden.

Agile Methoden bieten viele Möglichkeiten, Risiken zu adressieren. Dadurch gibt es immer wieder Diskussionen, ob man in agilen Projekten überhaupt „Risikomanagement" braucht. Dwight D. Eisenhower, der amerikanische General und Präsident, soll gesagt haben: „In preparing for battle I have always found that plans are useless, but planning is indispensable." Auch wenn es sich bei Projekten selten um Schlachten handelt, das Vorausdenken und Planen ist genauso unabdingbar.

Die Begriffe des Risikomanagements werden anhand eines alltäglichen Beispiels herausgearbeitet.

Im Anschluss werden die Prozesse des Risikomanagements erläutert. Zum Identifizieren der Risiken werden zwei Techniken vorgestellt: Das „Sailboat" (Segelschiff) und eine Ursache-Risiko-Tabelle. Nach dem Brainstorming zum Identifizieren von Risiken werden sie bewertet und priorisiert. Als letzter Schritt folgt in der Planung noch das Festlegen von Risikobewältigungsmaßnahmen.

U. Kusay-Merkle, *Agiles Projektmanagement im Berufsalltag*,
https://doi.org/10.1007/978-3-662-56800-2_13

Ich habe Seminare für angehende Fachinformatiker gegeben: Sie bekamen jeweils ein Projektmanagementseminar, darauf ausgerichtet, dass sie in Projekten gut mitarbeiten können und verstehen, was ein Projektleiter sich von ihnen an Informationen, aber auch von der Haltung her wünscht. Dazu gehörten auch Projektsimulationen.

Wir begannen früher ganz klassisch:

- Was sind Risiken?
- Wie funktioniert Risikomanagement im Projekt?

Irgendwann die Trainerfrage: „Was für Risiken in eurem Projekt könnt ihr euch vorstellen?"

– Schweigen –

Zaghafte Meldung: „Das Büro brennt ab???"

Das ist das Problem des Risikomanagements: Es kommt meist abstrakt daher. Dabei praktizieren wir es alle auch im Alltag. Wir nennen es nur nicht so. Lassen Sie uns also ganz praktisch beginnen.

13.1 Praktisches Risikomanagement – Projekt „Urlaub am Gardasee"

Das nachfolgende Beispiel ist so schön, dass ich so wiedergeben möchte, wie es ein früherer Kollege erzählt hat:

Er wollte mit seiner Partnerin an den Gardasee in den Urlaub fahren. Dort hatten sie eine Ferienwohnung gemietet. Die Vermieterin konnte ihnen bis 18 Uhr am Anreisetag die Wohnung übergeben. Wenn sie später ankämen, müssten sie sich für die erste Nacht ein Alternativquartier suchen. Also Deadline für die Ankunft 18 Uhr. Das führt zur Frage: Wann müssen wir spätestens in Wiesbaden losfahren, um rechtzeitig dort zu sein?

Was würden Sie nun tun?

Gehen Sie kurz ruhig Ihren Ansatz durch, bevor Sie weiterlesen.

Eine App wegen der Fahrtzeit konsultieren?

So hat es der Kollege gehalten und sich gleichzeitig auch die Strecke in der Karte angesehen. Manche Teilstrecken kamen ihm verdächtig bekannt vor, weil er sie von Staumeldungen her kannte.

Was ist nun das Risiko?
Wegen Staus zu spät anzukommen, um die Ferienwohnung noch übernehmen zu können.

Wie relevant ist das Risiko? Was ist seine Eintrittswahrscheinlichkeit und die Auswirkung?
Eintrittswahrscheinlichkeit hoch, weil sie an die Schulferien gebunden sind und der Bettenwechsel an einem Samstag stattfindet. Mithin der Klassiker, wenn die Straßen voll sein werden. Auswirkung: keine Unterkunft für die erste Nacht.

Was würde das Eintreten des Risikos finanziell bedeuten?
Sie müssten sich unterwegs oder am Gardasee für eine Nacht in der Hochsaison ein Zimmer suchen. Kosten voraussichtlich rund 120 € mit Frühstück zusätzlich zum Preis der Ferienwohnung. In Relation zu deren Preis für eine Woche wäre dies überproportional viel.

Was könnte der Kollege nun tun, um das Risiko zu vermeiden oder abzuschwächen?
Schneller fahren, aber wegen der vielen Geschwindigkeitsbegrenzungen oder bei Stau nicht möglich.

Eine andere Idee wäre natürlich, früher loszufahren und damit Puffer bei der Fahrt einzubauen.

Was wäre, wenn dies nicht reichen würde? Auf der Strecke liegt der St. Bernardino. Und dieser ist ihm von diversen Verkehrsmeldungen her bekannt. Gibt es nicht vielleicht eine andere Route? Ja, es gibt noch alternativ eine Route über die Schweiz und den Reschenpass.

Somit wurde seine Risk Response: zwei Stunden Puffer bei der Fahrtzeit einbauen und die Route über die Schweiz und den Reschenpass wählen.

Das Ende des Projekts „Ferien am Gardasee“: Sie sind gut und rechtzeitig angekommen, der Urlaub war wunderbar!

Sind Sie nun auch überzeugt, dass Risikomanagement etwas ganz Praktisches und Wichtiges ist und dass Sie dies vielfach intuitiv schon machen?

13.2 Die Schritte im Risikomanagement

Hier nochmals die Schritte, die Sie in dieser Beispielplanung mit durchlaufen (in Anlehnung an PMI [5] und an ISO 21500 [3]).

Abb. 13.1 zeigt Ihnen die Planungsschritte des Risikomanagements mit einer kurzen Erklärung.

Wie werden wir im Risikomanagement vorgehen?	Standards des Unternehmens suchen, Vorgehen festlegen
Welche Risiken gibt es?	Brainstorming von Risiken ohne Bewertung der Ideen
Was bedeuten die Risiken für das Projekt?	Risiken priorisieren nach Eintrittswahrscheinlichkeit und Auswirkung Bei Bedarf auch finanzielle Bedeutung analysieren
Wie lassen sich die Risiken beeinflussen?	Eintrittswahrscheinlichkeit und/oder Schwere des Risikos durch Maßnahmen beeinflussen; Maßnahmen bei Eintritt des Risikos überlegen

Abb. 13.1 Planungsschritte im Risikomanagement. (in Anlehnung an PMI und ISO 21500)

13.2.1 Welche Risiken gibt es?

Im Folgenden sehen wir uns zwei sich durchaus auch ergänzende Methoden an, um Risiken zu identifizieren und zu sammeln.

Bitte bedenken Sie bei der Sammlung der Risiken auch, dass es zwei prinzipielle Risikoarten gibt:

- solche, die durch Ereignisse ausgelöst werden,
- solche, die immanent sind und damit nicht durch einzelne Ereignisse ausgelöst werden.

Ihr Projekt als Reise mit einem Segelschiff
Das Spiel „Speed Boat" ist vielfältig einsetzbar. Es ist in verschiedenen Quellen zu finden: [1, 2].

Ich zeichne es gerne als Segelboot und verwende es im Risikomanagement wie Mike Griffiths [2].

Stellen Sie sich vor, Ihr Projekt ist wie eine Reise von A nach B auf dem Meer mit eben diesem Segelschiff.

Was kann unterwegs passieren?

- Wo und wann könnte es Gegenwind geben? Gefährliche Klippen oder Riffe? Ungünstige Strömungen? Probleme bei der Mannschaft?
  - Das sind Ihre negativen Risiken oder Bedrohungen.
- Was könnte Ihre Reise beschleunigen? Leichter machen? Wo und wann gibt es Rückenwind? Hilfreiche Strömungen? Gute Laune und Zusammenarbeit an Bord?
  - Das sind Ihre positiven Risiken oder Chancen.

Abb. 13.2 zeigt als Metapher das Projekt als Reise mit einem Segelschiff von Hafen A nach B als Bild.

Machen Sie dies direkt für Ihr Projekt!
Nutzen Sie das Segelschiffbild, um in einem ersten Schritt einfach zu sammeln!

Bewerten Sie noch nicht. Es dürfen auch gerne verrückte oder unwahrscheinliche Risiken sein. Denken Sie an die Schritte oben: Das Sichten der Risiken passiert mit der Analyse. Jetzt ist Brainstorming angesagt.

Tab. 13.1 fasst wichtige Punkte für den Risikoworkshop zusammen.

Was beim Identifizieren von Risiken auch hilft, ist eine ganz einfache Tabelle, in der Risiken und deren Ursachen gesammelt werden (Tab. 13.2).

Versuchen Sie dies gleich für Ihr Projekt!

Was ist Ihre Erfahrung mit dieser Tabelle? Ist es vielleicht gar nicht so einfach, Ursache und Risiko selbst auseinander zu halten? Haben Sie das Gefühl, Sie könnten die Spalteninhalte mitunter genauso gut herumdrehen, also aus dem Risiko eine Ursache machen?

Abb. 13.2 Ihr Projekt als Reise mit dem Segelschiff von A nach B

Tab. 13.1 Segelschiffworkshop

Ziel	Brainstorming von Chancen und Bedrohungen
Dauer	30 min, bei mehreren Gruppen mehr Zeit ohne nachfolgende Schritte
Material	Flipchart
Vorbereitung	Segelschiff aufmalen
Schritte	Keine bestimmte Reihenfolge von Schritten: Bedrohungen identifizieren: Felsen, Brandung, Gegenwind, Schleppanker, kreuzende Schiffe… Chancen identifizieren: hilfreiche Winde, Abkürzungen…
Nachfolgend	Qualifizieren/Priorisieren und eventuell Quantifizieren/Bewerten in Euro der Risiken Antworten auf Chancen und Bedrohungen suchen

Tab. 13.2 Beispiel: Risiken im Seminarprojekt (Ausschnitt)

Ursache	Risiko
Die Inhalte entsprechen nicht den Erwartungen der Teilnehmer	Die Teilnehmer sind unzufrieden
Die Anmeldezahlen sind zu gering für die Durchführung	Das Seminarangebot ist nicht bekannt
Die Buchungen kommen erst kurzfristig	Das Seminar wird trotz Interesse abgesagt
…	…

Das macht überhaupt nichts! Entscheidend ist, dass dadurch mitunter neue Risiken „auftauchen", die man vorher noch nicht so gesehen hatte. Und darum geht es ja erst mal: Die Ungewissheiten des Projektes zu benennen, um sie anschließend priorisieren und überlegen zu können, wie man mit ihnen umgehen möchte.

Wann können Risiken identifiziert werden?
Denken Sie wieder zurück an die Metapher der Reise mit dem Segelschiff. Der Wind kann sich drehen, Sie müssen kreuzen, vielleicht ein Unwetter umfahren…

Neue Risiken können jederzeit auftreten! Denken Sie daher auch während der Projektdurchführung daran. Gerade beim Standup Meeting oder in Retrospektiven können solche Themen hochkommen (Abschn. 19.5, 19.6).

13.2.2 Was bedeuten die Risiken für das Projekt? Welche sind besonders wichtig?

Sie haben nun eine Liste der identifizierten Risiken mit Chancen und Bedrohungen.

Nun geht es darum, diese zu qualifizieren und eventuell auch zu quantifizieren.

Was steckt dahinter?

Beim Brainstorming geht es primär um die Menge der Gedanken; Sie sind aber noch nicht bewertet. Das folgt erst jetzt.

Der erste Schritt beim Bewerten der Risiken versucht eine Einschätzung über Eintrittswahrscheinlichkeit und Auswirkung zu treffen. Dafür müssen alle Beteiligten an so einem Workshop das gleiche Verständnis der Skala haben.

- Was bedeutet eine mittlere Eintrittswahrscheinlichkeit?
- Was bedeutet geringe Auswirkung?

Vielfach gibt es in den Unternehmen Vorgaben für die Stufen. Wenn dies nicht der Fall ist, stimmen Sie sich im Team ab, bevor Sie die identifizierten Risiken einordnen.

Damit lässt sich nun eine Probability-Impact-Matrix (auf Deutsch: Wahrscheinlichkeits- und Auswirkungsmatrix) zeichnen, die die Risiken in Auswirkung und Eintrittswahrscheinlichkeit einordnet (Abb. 13.3).

Machen Sie dies im Team: Die Diskussion und der Austausch untereinander ist vielleicht wichtiger als die absolute Eingruppierung der Risiken!

Sie haben nun ein Bild vor Augen, was Ihre wichtigsten Unwägbarkeiten in Ihrem Projekt sind.

Mögliche weitere Schritte

Kombinierte Betrachtung von Risiko und Qualität

In manchen Branchen ist es üblich, in die Betrachtung sowohl Risikomanagement als auch potenzielle Qualitätsprobleme einzubeziehen. Das Verfahren wird FMEA genannt für „Failure Mode and Effect Analysis", auf Deutsch auch kurz Auswirkungsanalyse. Dabei wird für jedes Qualitätsrisiko wiederum die Eintrittswahrscheinlichkeit und die Auswirkung betrachtet. Diese werden mit Zahlen belegt. Zusätzlich wird abgeschätzt und mit einer Zahl belegt, wie wahrscheinlich es ist, dass das Qualitätsproblem entdeckt wird. Diese Zahlen werden multipliziert und ergeben die Risk Priority Number.

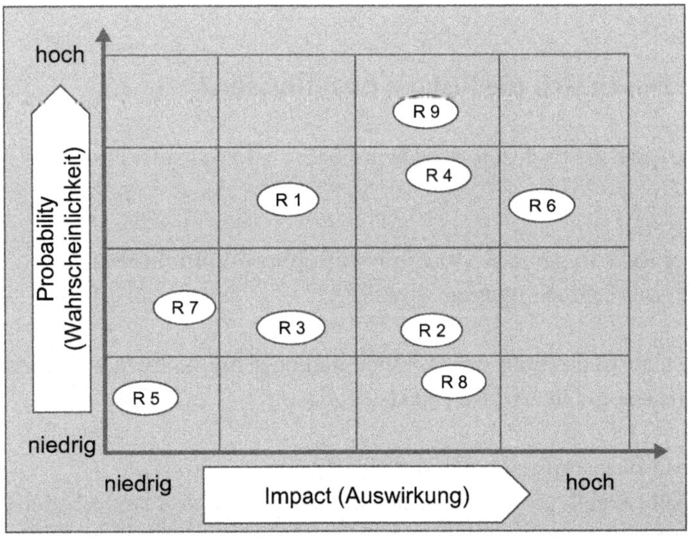

Abb. 13.3 Probability-Impact-Matrix. (Wahrscheinlichkeits- und Auswirkungsmatrix)

Wenn nun im Anschluss – so wie wir es auch gleich tun werden – Risikobewältigungsmaßnahmen definiert werden, dann sollte aufgrund der Maßnahmen bei einer erneuten Bewertung die Risk Priority Number geringer sein.

Quantifizierung der Risiken – Die Bewertung in Euro
Bisher haben wir die Risiken rein von der „Qualität" her betrachtet und uns gefragt, was sie für unser Projekt bedeuten. Im klassischen Projektmanagement werden nun zumindest die wichtigsten Risiken auch noch quantitativ analysiert. Dies bedeutet, dass ihnen ein Geldbetrag (in Euro) zugeordnet wird, der sich wie folgt errechnet:

Eintrittswahrscheinlichkeit (in %) multipliziert mit dem Impact bei Eintreten des Risikos (in Euro).

Diese Berechnung ist interessant, um in der Folge abschätzen zu können:

- Wie groß finanzielle Reserven dimensioniert sein müssten
- Welche Auswirkung die gewählte Risk Response haben wird und ob sich diese lohnt.

Abgrenzung
Mit Themen wie FMEA oder quantitativer Analyse werden wir uns hier nicht detaillierter beschäftigen. Bitte fragen Sie nach, welche Anforderungen ihr Unternehmen an das Risikomanagement stellt. Gleichzeitig spielt eine Rolle, wie Ihr Projekt von seiner Bedeutung her eingestuft ist. Risikomanagement ist immer wichtig, aber die konkrete Ausprägung und Nutzung verschiedener Tools kann sich mit der Bedeutung des Projekts ändern.

13.2.3 Wie lassen sich die Risiken beeinflussen?

Nun überlegen Sie im nächsten Schritt im Team, wie Sie mit diesen Risiken umgehen wollen.

Strategien bei Risk Responses (Risikobewältigungsmaßnahmen)
Dabei gibt es nach PMI [5] mehrere Strategien:

Eskalieren, wenn Bedrohung oder Chance und/oder die möglichen Maßnahmen außerhalb der Einflussmöglichkeit des Projekts liegen.

Vermeiden von Bedrohungen, Nutzen von Chancen:
Bei sehr großen negativen Risiken kann die Vermeidungsstrategie bedeuten, dass beispielsweise ein gefährdetes Ziel angepasst wird. Oder man versucht die Ursache des negativen Risikos auszuräumen, den Scope des Projekts anzupassen, usw.

Bei der Nutzung von Chancen wird versucht, durch Maßnahmen die Eintrittswahrscheinlichkeit möglichst den hundert Prozent anzunähern: Einsatz der besten Ressourcen im Projekt, bessere Technologien, Änderung der Reihenfolge der geplanten To-dos, usw.

Übertragen von Bedrohungen, Teilen von Chancen:
Übertragen bedeutet, die Verantwortung für das negative Risiko an einen Dritten weiter zu geben. Dazu gehört z. B. der Kauf von Versicherungen, Gewährleistungen, Outsourcing.

Chancen können z. B. durch die Bildung von Partnerschaften oder Joint Ventures geteilt werden.

Mindern von Bedrohungen, Verbessern von Chancen:
Welche Maßnahmen könnten die Eintrittswahrscheinlichkeit oder die Auswirkung beeinflussen? Welchen Einfluss hat beispielsweise die Sortierung im Product Backlog? Könnten Sie eine Chance besser nutzen, wenn Sie dafür einige User Stories anders schneiden und teilweise höher priorisieren?

Akzeptieren:
Nichts unternehmen. Das Risiko ist identifiziert, aber es wird keine Aktion abgeleitet. Entweder wird dem Risiko nur eine geringe Bedeutung beigemessen, oder es ist nicht möglich oder sinnvoll, Eintrittswahrscheinlichkeit oder Auswirkung beeinflussen zu wollen.

Tab. 13.3 fasst die Strategien zur Risikobewältigung nochmals zusammen.

Aber: keine Wirkung ohne Nebenwirkung! Auch Ihre Risk Responses können neue Risiken beinhalten. Dann stellt sich die Frage, ob es die richtigen Antworten sind oder wie Sie mit den neu entstandenen Risiken umgehen wollen.

Beispiel: Sie entscheiden sich, eine Leistung extern einzukaufen, weil die Expertise oder Zeit dafür nicht vorhanden ist. Diese Lösung birgt in sich aber andere Risiken, wie die Termintreue oder Solvenz des gewählten Partners.

Tab. 13.3 Risikobewältigungsmaßnahmen im Überblick

Für Bedrohungen:	Für Chancen:
Eskalieren	Eskalieren
Vermeiden	Nutzen
Übertragen an Dritte	Teilen mit Dritten
Mindern von Eintrittswahrscheinlichkeit oder Auswirkung	Verbessern von Eintrittswahrscheinlichkeit oder Auswirkung
Akzeptieren	Akzeptieren

Planen und Vorausdenken ist unabdingbar; Es bringt Ihnen und Ihrem Team gedankliche Klarheit!

Auswirkung der Risk Responses auf das Product Backlog
Am Ende können Ihre Überlegungen zu Anpassungen im Product Backlog führen:

- Haben Sie vielleicht neue zusätzliche User Stories?
- Wird aufgrund dessen anders sortiert werden?
- Entfällt ein Feature oder eine User Story?

Literatur

1. Conteneo, Inc (2017) http://www.innovationgames.com/the-innovation-games/. Zugegriffen: 27. Nov. 2017
2. Griffiths M (2015) PMI-ACP exam prep, 2. Aufl. RMC, Minnetonka
3. ISO 21500:2012 International Standard (2012) Guidance on project management
4. Pichler R (2008) Scrum – Agiles Projektmanagement erfolgreich einsetzen. dpunkt, Heidelberg
5. Project Management Institute (2017) A Guide to the Project Management Body of Knowledge (PMBOK Guide), 6. Aufl. Project Management Institute, Inc., Newtown Square

Weiterführende Literatur

Fairbanks G (2010) A risk-driven model for agile software architecture. http://www.methodsandtools.com/archive/agilesoftwarearchitecture.php. Zugegriffen: 15. Sept. 2017

Gray D, Sunni B, James M, Eike N (2011) Gamestorming: Ein Praxisbuch für Querdenken, Moderatoren und Innovatoren. O'Reilly Verlang GmbH & Co. KG, Köln

Yegi SB (2014) Risk and issue management in the scrum process. https://www.scrumalliance.org/community/articles/2014/april/risk-and-issue-management-in-scrum-process. Zugegriffen: 15. Sept. 2017

14 Minimum Viable Product & Minimum Marketable Features – Warum es so wichtig ist, in „Wellen" oder „Häppchen" zu denken

Zusammenfassung

Sie haben nun die Anforderungen gesammelt, geschnitten, Sie können sie priorisieren und schätzen.

Im Prinzip gibt die Priorisierung bereits die Reihenfolge der Umsetzung vor.

Nun kommen aber zwei interessante Konzepte aus der Produktentwicklung: Minimum Viable Product (MVP) und Minimum Marketable Feature (MMF).

Beim MVP wird die Frage gestellt: Was ist das „kleinste Produkt", mit dem ein Maximum an Feedback bei möglichst geringem Aufwand möglich ist?

Beim MMF geht es um die Bündelung von Funktionalitäten, die einen Teil der Kundenanforderungen erfüllen und gleichzeitig einen Wert für den Kunden bieten.

Diese beiden Begriffe werden in der Praxis nicht trennscharf genutzt. Entscheidend ist die Idee dahinter:

Jede Entwicklung birgt als Kernrisiko, dass das Produkt von Kunden nicht angenommen wird. Mit dem MVP wird genau dieses Risiko adressiert. Die Produktidee wird mit möglichst kleinem Aufwand getestet. Dieses Konzept wird analog auf weitere MVPs oder MMFs angewandt.

Dies ist ein fundamentaler Unterschied zum häufigen Vorgehen. Es wird nicht der „große Wurf" angestrebt, sondern ein erster Test mit einem „richtigen" Produkt gemacht.

U. Kusay-Merkle, *Agiles Projektmanagement im Berufsalltag*,
https://doi.org/10.1007/978-3-662-56800-2_14

Inspect and Adapt: Durch das Aufteilen in „Häppchen“ werden zwei wichtige Leitgedanken adressiert:

Nie zu lange am Stück am Projektergebnis arbeiten, ohne Feedback einzuholen und Feedback am besten immer zu Konkretem, zu etwas Anwendbarem, nicht nur zu Ideen oder abstrakten Konzepten geben.

Roman Pichler bezeichnet das Minimum Viable Product als „Learning Tool“ und als „Risk Reduction Tool“ [2]. Damit bildet er begrifflich genau den Kerngedanken agilen Vorgehens ab.

Was ist also nun das Minimum Viable Product, was sind die Minimum Marketable Feature?
Eine kleine Vorwarnung vorab: Die Begriffe werden in der Literatur und in der Praxis nicht ganz trennscharf benutzt. Insofern sollten Sie diese auch nicht überbetonen, sondern sich auf die Grundgedanken darin konzentrieren.

Der Begriff Minimum Viable Product oder MVP wurde durch das Buch „Lean StartUp“ von Eric Ries bekannt.

▶ **Minimum Viable Product (MVP)** Minimum Viable Product (MVP) beschreibt die Version eines neuen Produktes, mit dem ein Maximum an Information und Feedback bei geringst möglichem Aufwand ermöglicht wird.

Vom Begriff her ist damit „eigentlich“ nur ein MVP pro Produkt möglich.

Wie lange es dauert, ein MVP zu erzeugen und wie viele Features es benötigt, um aussagekräftig zu sein, hängt vom Produkt und vom Markt ab. Ziel ist es, Kosten- und Zeitaufwand möglichst gering zu halten. Das MVP muss aber noch nicht dem letztlich vermarktbaren Produkt entsprechen.

Für einen Seminaranbieter könnte das MVP für ein neues Seminar die Veröffentlichung der Seminarbeschreibung sein, um zu erfahren, ob sich dafür potenzielle Teilnehmer finden. Dafür gibt es zusätzlich ein Konzept, sodass bei entsprechender Nachfrage relativ schnell aus dem MVP ein „fertiges“ Seminar entwickelt werden kann. So ähnlich ist übrigens das Buch entstanden. Es gab ein Seminarkonzept, das für einen Kunden interessant wurde. Das war das ursprüngliche MVP. Dieses Seminar lief mehrfach. Auf der Basis von Feedback erfolgten Klärungen, kleinere Anpassungen. Dann kamen Gespräche mit Kunden über die Buchidee und das „Probelesen“ einzelner Kapitel und schließlich das, was Sie jetzt in Händen halten.

Lassen Sie uns das weitere Lernen und Risikominimieren nochmals betrachten. Wir wollen die Möglichkeit nutzen, immer wieder Feedback zu erhalten, um sicher zu stellen, dass wir auf dem richtigen Weg sind und mit unserem Projekt Nutzen bieten.

Daher folgt gleich eine weitere Definition:

▶ **Minimum Marketable Feature** Minimum Marketable Feature (MMF) bezeichnet das Bündel an Funktionalität, das einen Teil der Kundenanforderungen erfüllt und gleichzeitig einen Wert für den Kunden bietet, wenn es als separate Einheit zur Verfügung gestellt wird.

Agile Begriffsnutzung

Die Begriffswelt und -verwendung ist leider im agilen Umfeld selbst „agil", also beweglich. Lassen Sie sich nicht von der mangelnden Trennschärfe der Begriffe irritieren. Hier die zwei unterschiedlichen Nutzungen des Begriffs MVP:

Alternative 1:

- Zuerst ein MVP,
- dann immer wieder MMFs.

Alternative 2:

- Ein MVP und dann weitere MVPs. Es wird von mehreren MVPs gesprochen, auch wenn das gleiche Produkt immer weiterentwickelt wird [2]. Die Kombination von mehreren MVPs ergibt dann ein MMP, ein Minimum Marketable Product.

Mike Cohn nutzt daher den übergeordneten Begriff eines Significant Objectives also eines wesentlichen Ziels, das jeweils mit einem „Häppchen" oder einer Auslieferung erzielt werden soll [1].

Dieser Begriff hat gleichzeitig den Charme, dass er beschreibt, worum es bei der „Häppchenbildung" geht: sich zu überlegen, welches Ziel jeweils erreicht werden soll. Ziel ist dabei zum einen ein Geschäftsziel zu erreichen, zum anderen aber auch einen Nutzen aus Kundensicht zu bieten.

Die Formulierung des Ziels pro „Welle" hat noch weitere Vorteile:

- Sie ist motivierend.
- Sie gibt Diskussionen eine Richtung und ermöglicht gleichzeitig eine Begrenzung durch den gesetzten Fokus.

Die Quintessenz daraus
Egal ob MVPs, MMFs oder MMPs – der gemeinsame Nenner ist das „Minimum“ im Begriff.

▶ **Wichtige Hinweise für die Planung** Beachten Sie die folgenden Tipps:

- Zielen Sie nie auf den „großen Wurf" ab, sondern auf kleinere Einheiten.
- Arbeiten Sie nie zu lange in eine Richtung, ohne sich Feedback einzuholen.
- Unterteilen Sie Ihr Projekt so in Teilschritte, dass Sie über kleinere Produkteinheiten „echtes" Feedback erhalten können, das qualifizierter ausfallen wird als auf der Basis von Konzepten.
- Stellen Sie sich die folgende Frage: Mit welchen Einheiten können Sie bereits Nutzen stiften für das Unternehmen und den Kunden?
  Was könnten „Quick Wins" sein?
- Denken Sie daher in „Wellen" oder „Häppchen"!

Derzeit kennen wir nur ein zweidimensionales Product Backlog als Inventar aller angedachten Arbeiten.

Wir kennen die Liste der Features, die durch Anforderungsworkshops mit den Collaboration Games wie „Prune the Product Tree“ oder „Remember the Future“ entstanden ist.

Damit lassen sich die „Häppchen“ nicht gut ableiten und definieren.

Abb. 14.1 zeigt Ihnen das Product Backlog und die Frage nach MVP und MMFs. Sie lassen sich aus einer sich immer wieder ändernden Liste schlecht ableiten.

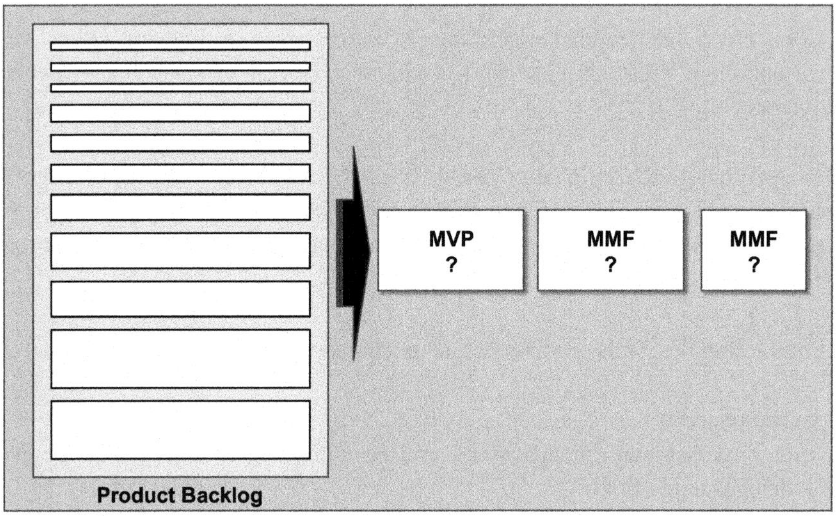

Abb. 14.1 Gesammelte Anforderungen und MVP bzw. MMFs

Das führt uns direkt zur Frage, wie sich die Reihenfolgen und Zusammenhänge visuell besser darstellen lassen.

Literatur

1. Cohn M (2017) Better User Stories- Discover and Deliver What Customers Really Want. https://learn.mountaingoatsoftware.com/better-user-stories/, Videokurs. Zugegriffen: Nov. 2017
2. Pichler R (2013) The Minimum Viable Product and the Minimal Marketable Product. https://dzone.com/articles/minimum-viable-product-and. Zugegriffen: 26. Nov. 2017

Weiterführende Literatur

Griffiths M (2015) PMI-ACP Exam Prep, 2. Aufl. RMC Publications, Minnetonka

McDonald KJ (2016) Beyond requirements, analysis with an Agile Mindset. Addison-Wesley, Pearson Education Inc, Boston

Pfleger S (2015) Minimum Viable Product https://www.openpm.info/display/openPM/Minimum+-Viable+Product. Zugegriffen: 16. Sept. 2017

Wirdemann R, Mainusch J (2017) Scrum mit User Stories. Hanser, München

15 Die Roadmap – Die Zuordnung der To-dos zu den „Häppchen“

Zusammenfassung

Wenn wir die bisherige agile Planung mit der traditionellen plangetriebenen Methode vergleichen, dann scheint das Thema „Scope“ im Vordergrund zu stehen: To-dos mit unterschiedlichen Detaillierungsgraden: Themes, Features, User Stories.

Dann wurden auch die Risiken betrachtet.

Für die zeitliche Abfolge kennen wir bisher nur die Sortierung des Product Backlogs: Was weiter oben steht, kommt schneller dran als die To-dos, die weiter unten einsortiert sind.

Das Product Backlog ist aber nur eine eindimensionale Liste, sodass Zusammenhänge, Alternativen usw. nicht dargestellt werden können und dadurch auch Funktionalitäten oder To-dos leicht übersehen werden können.

Wir benötigen also eine Roadmap, die uns etwas mehr die zeitliche Reihenfolge der Umsetzung zeigt.

Als Tool dafür wird das Story Mapping vorgestellt.

Sie ist kein Ersatz für das Product Backlog, sondern bietet einen Überblick über das Produkt. Sie ist damit eher breit angelegt und dient der Kommunikation und dem Aufbau gleichen Verständnisses bei allen Stakeholdern.

U. Kusay-Merkle, *Agiles Projektmanagement im Berufsalltag*,
https://doi.org/10.1007/978-3-662-56800-2_15

15.1 Einführung ins Story Mapping

Eine Möglichkeit der Darstellung ist die Story Map von Jeff Patton, die durch sein Buch „Story Mapping" bekannt wurde. Er beschreibt darin, wie er mit einem Kunden zusammen ein IT-System entwirft: Der Kunde erzählt, Jeff Patton schreibt Karten dazu. Die Karten spiegeln die Interaktion zwischen dem späteren Anwender und dem IT-System wider. Sie werden einfach der Reihe nach auf den Boden gelegt. Nach und nach werden Details notiert und unter die entsprechenden Oberpunkte gelegt. So entsteht eine „Map", eine Landkarte der Anwendung.

Vielleicht arbeiten Sie nicht an einem IT-System, sondern erstellen einen neuen Prozess oder ein anderes Produkt. Auch dafür kann die Darstellung als Story Map genutzt werden.

▶ **Story Map** Sie zeigt eine ganzheitliche Sicht auf das Produkt: horizontal den Fluss oder die zeitliche Abfolge, vertikal die Detaillierung mit Alternativen.

Wie sieht eine Story Map im Prinzip aus?
Es ist eine zweidimensionale Darstellung:

- In der Waagrechten zeigt sie die Reihenfolge der To-dos,
- in der Senkrechten die Alternativen bzw. Ergänzungen und Erweiterungen, sortiert nach Priorität.

Dabei lässt sich das Konzept sehr leicht verstehen, wenn Sie beim Lesen ergänzen:

- In der Waagrechten jeweils mit „und dann". Dies gilt nicht nur für die primären Schritte ganz oben in der Story Map. Dies gilt auch dann, wenn Sie mehrere Karten nebeneinander bei einer Alternative haben. Dann werden auch für diese Alternative die angegebenen Schritte durchlaufen.
- In der Senkrechten mit „oder".

Abb. 15.1 zeigt das Grundprinzip einer Story Map.

Diese Art der Darstellung bietet den Vorteil, dass sie sehr gut mit Stakeholdern gemeinsam aufgebaut werden kann. Sie können die darin abgebildeten Schritte oder Sachbehalte gemeinsam durchgehen. Dabei werden unter Umständen auch noch Lücken und fehlende Funktionalität entdeckt.

Beispiel einer Story Map
Lassen Sie uns das direkt auf das Beispiel anwenden:

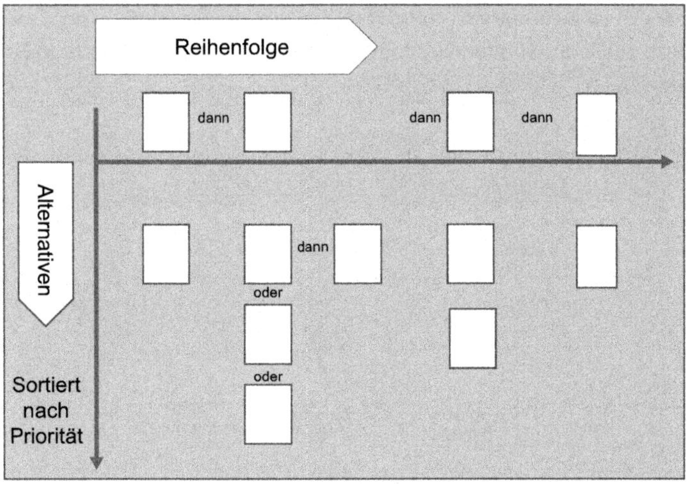

Abb. 15.1 Das Grundprinzip der Story Map

Wenn die Trainingsarchitektur mit der Anzahl der Workshops festgelegt ist, folgt die genaue Seminarbeschreibung, die technischen und räumlichen Anforderungen können definiert und das Angebot kann veröffentlicht werden…

Dies ergibt quasi eine Reihenfolge von Schritten, die horizontal angeordnet werden. Im Prinzip kann man diese gedanklich mit „und dann“ verbinden.

Gleichzeitig kann auch erkennbar gemacht werden, wer den jeweiligen Schritt durchführt; diese Rolle wird einfach auch als Karte über den Schritt gelegt.

Scheint es zu einem Punkt zwei Teilschritte zu geben, wie z. B. technische und räumliche Anforderungen, so sucht man dafür einen Oberbegriff.

Wenn in diesem Schritt bereits weitere Details auftauchen: Einfach notieren und auf der Story Map „parken“.

Abb. 15.2 zeigt einen Ausschnitt einer Story Map mit den Schritten.

Mitunter gibt es bei einzelnen Schritten Alternativen.

Beispielsweise könnte ein Teil des Seminars bei Bedarf auch virtuell stattfinden. Oder es gibt unterschiedliche Lokationen mit unterschiedlichen Möglichkeiten.

Diese Alternativen werden unter dem jeweiligen Schritt vertikal angeordnet. Gleichzeitig werden dabei diese Alternativschritte nach ihrer Priorität sortiert: die wichtigen Alternativen stehen weiter oben, die weniger wichtigen weiter unten.

Gibt es bei den Alternativen wiederum Detaillierungen, die gleichwertig nebeneinanderstehen, so liegen diese auch nebeneinander in der Story Map (siehe räumliche und technische Anforderungen).

Die vorherige Abbildung wird nun in Abb. 15.3 um einige beispielhafte Alternativen ergänzt.

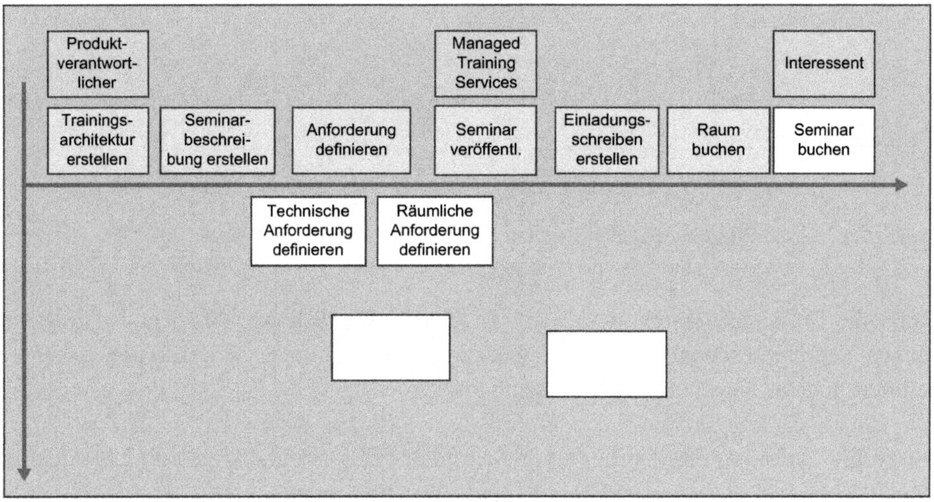

Abb. 15.2 Einfügen der Schritte in die Story Map (Ausschnitt)

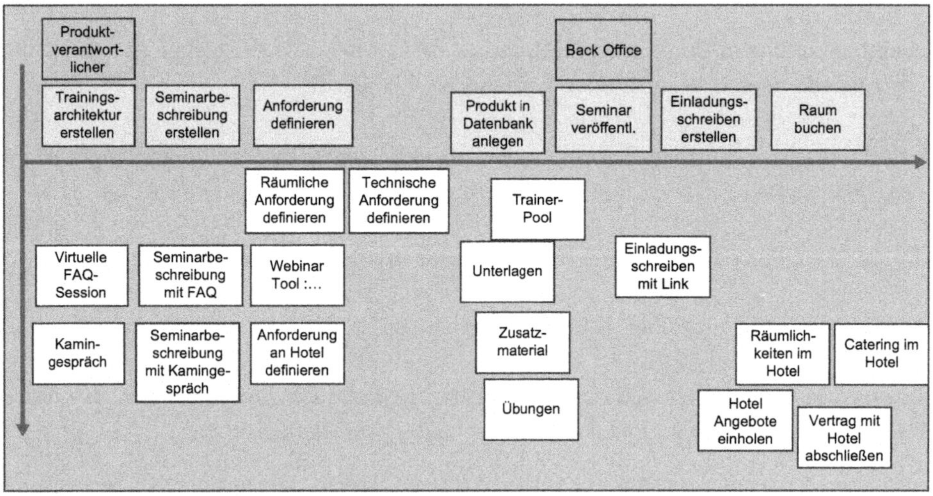

Abb. 15.3 Story Map Beispiel mit Alternativen (Ausschnitt)

Es bietet sich an, die Story Map mit den beteiligten Stakeholdern zu erstellen. Hier im Beispiel wäre dies mit dem Trainer und einem Kollegen des Back Office, die die administrative Unterstützung geben. Bei der Neugestaltung des gesamten Prozesses könnte man vielleicht auch Kunden zu Ihrem Buchungserlebnis befragen. Oder ein Kollege schlüpft in die Persona „Paula-Perso" (die Mitarbeiterin der Personalabteilung, die die Buchungen vornimmt) und geht für sie den Buchungsablauf durch.

Der gemeinsame Blick auf die gesammelten To-dos, das Arrangieren der Karten und das Durchsprechen der dahinterliegenden Story führt schnell dazu, dass weitere Alternativen oder fehlende Karten entdeckt werden!

Sie werden auch im Beispiel sehen, dass bei der Arbeit mit der Story Map neue Karten hinzukommen!

Übertragung auf Ihr Projekt

Wenn Sie beim Lesen bereits an Ihrem Projekt gearbeitet haben, dann haben Sie bereits eine initiale Befüllung des Product Backlogs.

Damit haben Sie bereits Kandidaten für die obere Reihenfolge. Lässt sich damit bereits eine „Story" erzählen oder fehlen Schritte?

Sind bereits Alternativen darunter?

Agieren verschiedene Stakeholder? Sind deren Schritte abgebildet? Haben Sie vielleicht noch einen Akteur vergessen?

Story Map und User Stories

Wenn Sie in der Grafik nur Stichworte sehen und keine ausformulierten User Stories gemäß User-Story-Template, dann hat dies mehrere Gründe:

- Der Platz in der Grafik ist begrenzt. Mit dieser Begründung haben Sie mit Sicherheit gerechnet. Aber es gibt noch weitere Ursachen.
- Wie bereits gesagt, ist das Template für User Stories nicht verpflichtend. Es macht nur oftmals sehr viel Sinn, die Rolle und den Businessnutzen mit anzugeben.
- Am meisten wiegt hier aber, dass beim gemeinsamen Sammeln der Schritte und der Alternativen das Ausformulieren den Prozess verlangsamen und sogar stören könnte. Wenn Sie also beim Mapping neue User Stories entdecken, an die bisher nicht gedacht worden war, notieren Sie einfach Stichworte.
- Mitunter ergeben die einzelnen Karten aber nicht nur eine User Story, sondern vielleicht sogar mehrere. Dies heißt, dass die Ebene der User Stories im Sinne der nahe an der Umsetzung befindlichen ausformulierten Stories noch nicht erreicht ist.
- Auch denkbar, aber nicht so häufig vorkommend: Aus mehreren Karten wird in der Folge eine User Story.

Kleine Problemzonen bei der Story Map
Es gibt spezielle Konstellationen, bei denen die Story Map an Grenzen stößt und man sich behelfen muss.

- Mitunter kann sich die Reihenfolge der Schritte situativ ändern oder es gibt von vornherein mehrere Möglichkeiten. Visualisieren Sie die am meisten genutzte Variante. Markieren Sie Alternativen einfach auf den Karten, damit diese Information nicht verloren geht. Oder nutzen Sie unterschiedliche Farben/Formen der Karten oder Haftzettel.
- Es kann Karten geben, die sich wiederholende Schritte zeigen. Auch dies können Sie auf den Karten markieren.
- Mitunter gibt es Teilaspekte, die nicht wirklich Alternativen darstellen, sondern eher Ergänzungen. Sie könnten diese auf andersfarbigen Karten darstellen oder auf die Rückseite der zu ergänzenden Karte schreiben oder in der Story Map einrücken.

Diese kleinen Ecken sollen aber den Nutzen als solchen nicht schmälern! Story Maps sind wirklich eine hervorragende Darstellung und gleichzeitig ein Kommunikationsmittel.

Das ist auch das Schöne am Arbeiten mit agilen Tools: Sie müssen nicht „päpstlicher als der Papst" sein. Es kommt nicht auf die exakt eingehaltene Notation ein, sondern auf die Inhalte und deren Kommunikation.

Dies gilt auch für Story Maps: Sie sollen die Vorstellung der Schritte und der Alternativen ergeben und ein Kommunikationsmittel sein!

15.2 Die Planung eines Produktes mit der Story Map

Nun kommen wir zurück zum Minimum Viable Product.

Was ist als erstes unbedingt notwendig, um erste Erfahrungen machen zu können? Um Feedback von Kunden erhalten zu können?

Diese Karten werden nun oberhalb einer Linie angeordnet, sodass die „erste Welle" sichtbar wird. Diese Linie bezeichnet Mike Cohn als Milestone Line, also Meilensteinlinie [1].

Genauso geht man mit den weiteren „Wellen" vor, wie dies Abb. 15.4 zeigt.

Das Minimum Viable Product (MVP)
Damit ist auch das Minimum Viable Product ganz deutlich herausgearbeitet:

Im Beispiel aus Abb. 15.4:

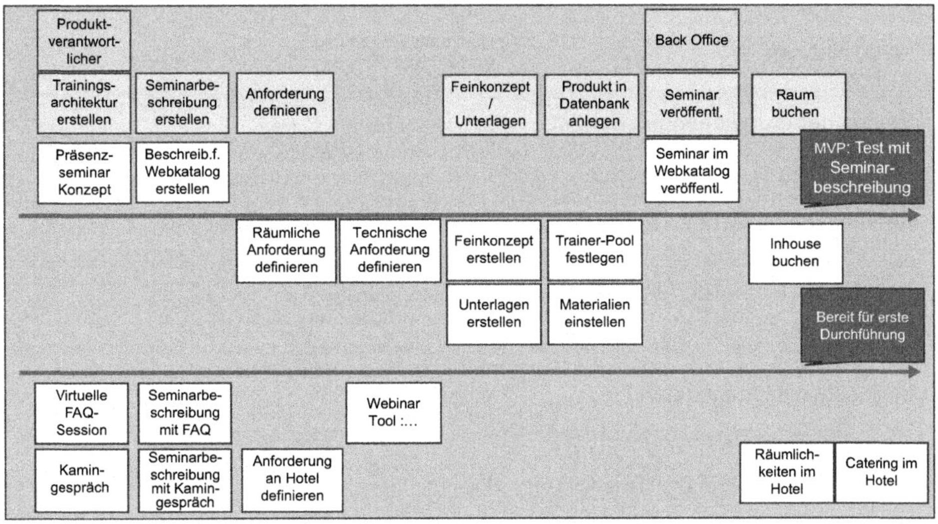

Abb. 15.4 Story Map mit Meilensteinlinien

Es gibt ein Konzept und eine Seminarbeschreibung, die veröffentlicht wird. Damit kann Feedback von Interessenten zur Seminarbeschreibung eingeholt werden. Besteht kein Interesse, hätte auch das Ausarbeiten des Seminars mit Unterlagen usw. daran nichts geändert.

Ein weiteres Beispiel für ein MVP:

In einem Projekt sollten Kunden eines Logistikunternehmens die Möglichkeit bekommen, Mitarbeitern für ihre Leistung „Danke" zu sagen. Dafür waren verschiedene Alternativen geplant und eine Kampagne, um diese Alternativen bekannt zu machen. Nur was, wenn die Kunden sich nicht die Mühe machen? Oder es einfach zu wenige sind, die dies tun? So wurde entschieden, als MVP eine kleine Webseite zu erstellen, auf der Kunden „Danke" sagen können. Je nach Erfahrung sollten dann Postkarten und weitere Alternativen ergänzt werden.

Auch hier ließ sich das MVP mithilfe der Story Map sehr gut herausarbeiten.

Die Schritte beim Erstellen der Story Map im Überblick
Zusammenfassend zeigt Abb. 15.5 nochmals die Schritte beim Erstellen einer Story Map.

Map zeichnen	Horizontal Reihenfolge Vertikal Alternativen
To-dos der grundlegenden Schritte sammeln	Schritte horizontal anordnen (lassen sich gedanklich mit „und dann" verbinden)
Alternativen für Schritte aufführen	Alternativen unter dem jeweiligen Schritt platzieren
Priorität bei mehreren Alternativen festlegen	Wichtigere Alternativen stehen oben, Weniger wichtige weiter unten
Meilensteinlinien einfügen	To-dos anordnen, wie sie in einer „Welle" gemeinsam umgesetzt werden Meilensteinlinien einzeichnen

Abb. 15.5 Schritte beim Erstellen der Story Map

Im Ergebnis haben Sie nun

- einen Überblick über die derzeit bekannten To-dos,
- eine Reihenfolge, in der Sie vorgehen wollen.

Behalten Sie diese Übersicht; Sie wird ihnen immer wieder gute Dienste leisten, wenn beispielsweise neue Anforderungen oder Ideen hinzukommen oder Feedback eingearbeitet wird.

Wie genau wird so eine Story Map?
Wir hatten uns bereits mit der unterschiedlich genauen Planung je nach zeitlichem Horizont beschäftigt (Kap. 12).

Nun stellt sich natürlich die Frage, auf welcher Ebene eine Story Map angefertigt wird: eher auf Featureebene grob oder feiner auf Use-Story-Ebene?

Dies hängt einfach davon ab, inwieweit Sie sich auf bekanntem oder unbekannterem Terrain bewegen. Je größer die Unsicherheiten, desto weniger detailliert sollten Sie weiter in die Zukunft planen, desto wichtiger ist auch das Feedback.

Somit kann die erste Welle noch etwas detaillierter sein, während die weiteren geplanten Wellen gröber geplant werden.

Story Map oder Product Backlog – wo liegen die Unterschiede?
Sie kennen nun zwei Artefakte, die Anforderungen aufnehmen: Story Map und Product Backlog. Damit stellt sich nun die Frage: Ersetzt die Story Map das Product Backlog oder wie verhalten sich die beiden zueinander?

Story Map und Product Backlog stehen nebeneinander und ergänzen einander.

Diese Sichtweise stellt Tab. 15.1 genauer dar.

Tab. 15.1 Story Map und Product Backlog

Story Map	Product Backlog
Dient dem Überblick über ein Produkt oder einen Prozess	Ist ein „Inventory of things to be done", die Liste aller anstehenden Arbeiten
Ist gröber gefasst und noch nicht im User-Story-Format	Die nahe an der Umsetzung befindlichen To-dos werden i. d. R. als User Stories formuliert. Die weiter in der Zukunft liegenden Items sind gröber (Features oder Themes)
Dient dem Entdecken des Produktes	Bildet mehr das Ergebnis des Entdeckens ab
Dient der Kommunikation mit den Stakeholdern	Die Kommunikation im Gesamtkontext ist nicht gut unterstützt; eher der Blick auf Details der hoch priorisierten User Stories
Priorisieren mit Blick auf das Gesamtprodukt	Priorisieren mit Hinblick auf das Gesamtprodukt schwieriger; Einsortierung pro Product Backlog Item
Hilft Meilensteine zu definieren und kleine Releases zu bilden – Umsetzung der MVP/MMF-Gedanken	In der Listenform mangels Übersicht nicht einfach
Hilft beim Entdecken von Lücken	Lücken nur schwer erkennbar
Bildet Sicht verschiedener Benutzer ab; die jeweiligen Benutzer können auch angegeben werden	Benutzersicht nicht deutlich erkennbar, nur über Angabe der Rolle in der User Story

15.3 Die Ergänzung eines Produktes: Story-Writing-Workshop und Story Mapping

Wir beschäftigen uns in diesem Teil des Buches mit der Projektplanung. Dabei sind wir meist von einem neuen Produkt ausgegangen. Wie könnte sich aber die Arbeit gestalten, wenn ein vorhandenes Produkt ergänzt werden soll?

Für diese Arbeit eignet sich eine Kombination verschiedener Schritte, die Sie bereits kennen.

Schritt 1
Wählen Sie das Significant Objective, das wesentliche Ziel, das Sie in der nächsten Zeit erreichen wollen.

Schritt 2
Identifizieren Sie die Nutzerrollen/Personas, die darin involviert sind (Abschn. 8.3).

Schritt 3
Identifizieren Sie nun die wesentlichen Schritte der Nutzer, um das Ziel zu erreichen. Platzieren Sie diese ganz oben in der Story Map. In der horizontalen Richtung werden die Karten jeweils mit „und dann" gelesen, da sie eine Reihenfolge abbilden.

Schritt 4
Notieren Sie dann die Alternativen, wie diese Schritte umgesetzt werden könnten. Platzieren Sie diese Karten vertikal unterhalb des jeweiligen Schritts. Erinnern Sie sich: Die vertikale Anordnung der Karten wird mit „oder" gelesen. Dabei spielt die Priorität derzeit noch keine Rolle.

Umfasst eine Alternative wiederum mehrere Teilschritte, platzieren Sie diese horizontal nebeneinander. Erinnern Sie sich: Die horizontale Richtung wird immer mit „und dann" gelesen.

Schritt 5
Sortieren Sie jetzt die Alternativen nach ihrer Priorität. Die oberste Karte ist die wichtigste Alternative usw.

Schritt 6
Wählen Sie jetzt die Kombination aus, mit der Sie jeweils in einer „Welle" oder einem „Häppchen" bereits Nutzen stiften können. Setzen Sie dafür jeweils eine horizontale Trennlinie.

Als Format eignet sich wieder ein Workshop mit Stakeholdern, den Sie entsprechend vorbereiten.

Sie können dabei bereits die Schritte 1 und 2 vorbereiten. Oder auch alle Schritte, um sie dann nochmals mit dem Team zu durchlaufen und die User Stories anschließend entsprechend zu formulieren.

Wir hatten oben bereits festgestellt, dass in der Story Map nicht unbedingt bereits User Stories enthalten sein müssen. Was vielleicht als einzelne Karte auftaucht, mag in Wirklichkeit ein Feature sein, das noch weiter heruntergebrochen werden muss. Umgekehrt könnte das Team in selteneren Fällen auch einzelne Karten zu einer User Story zusammenfassen wollen.

15.4 Die Umsetzung der Story Map ins Product Backlog

Sie haben anhand der Story Map jetzt einen Überblick über die anstehende Arbeit und auch über die geplanten „Wellen" oder Releases.

Im Prinzip gibt es nun zwei Alternativen:

- Sie übertragen alle Einträge ins Product Backlog.
- Sie übertragen jeweils die Einträge pro „Welle", bevor die Arbeit an diesen Inhalten beginnt.

Die zweite Variante hat einen grundlegenden Vorteil: Es wird jeweils nur zeitnah das übertragen und weiter ausgearbeitet, was in der nächsten „Welle" dran ist. Da aufgrund von Feedback Anpassungen erfolgen könnten, wird nicht zu weit in die Zukunft auf Vorrat gearbeitet.

Nun kann auch das bereits vorgestellte Template zum Einsatz kommen:

Als ≪Rolle≫

will ich ≪Funktionalität≫,

damit ≪Geschäftsziel≫ (Kap. 12).

Abb. 15.6 zeigt den Übergang von der Story Map zum Product Backlog. Die To-dos, mit denen das MVP hergestellt wird, werden übertragen.

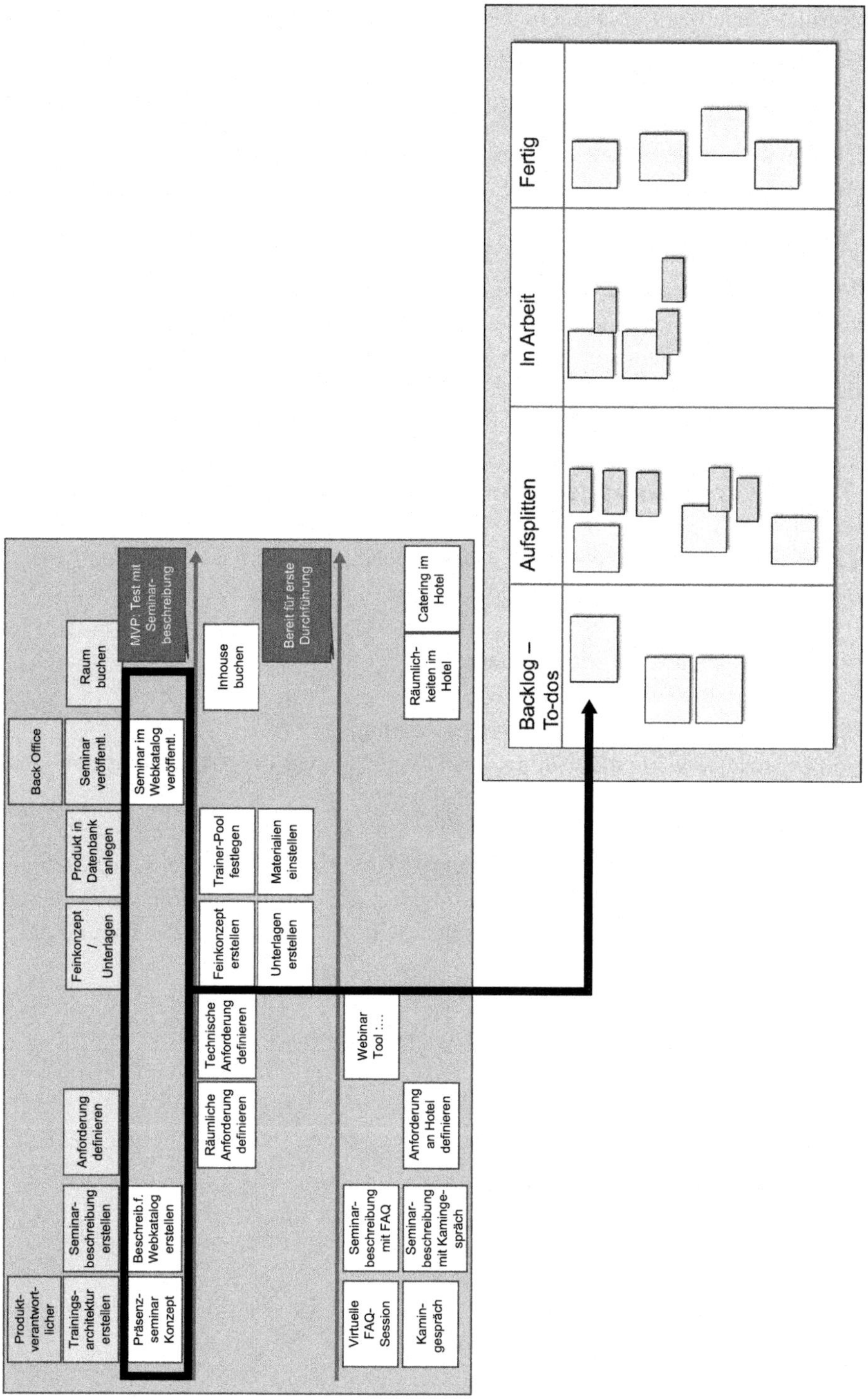

Abb. 15.6 Der Übergang von Story Map zu Product Backlog

Mitunter sehen Sie in Kanban-Boards, wie in der Abbildung, eine Spalte „Aufsplitten“ oder „Analyse“, wo die To-dos feiner in User Stories heruntergebrochen werden. Sie sehen dies auch in Abb. 15.6. Ein weiteres, verfeinertes Beispiel dafür ist Abb. 19.10, bei der Sie auch weitere Erläuterungen zur Gestaltung des Boards finden werden.

Literatur

1. Cohn M (2017) Better user stories – discover and deliver what customers really want. https://learn.mountaingoatsoftware.com/better-user-stories/, Video-Kurs. Zugegriffen: Nov. 2017

Weiterführende Literatur

Griffiths M (2015) PMI-ACP exam prep, 2. Aufl. RMC Publications, Minnetonka

McDonald KJ (2016) Beyond requirements, analysis with an agile mindset. Addison-Wesley, Pearson Education, Boston

Patton J (2014) User story mapping: discover the whole story, build the right product, O'Reilly, Köln

Wirdemann R, Mainusch J (2017) Scrum mit user stories. Hanser, München

16 Schätzen der Dauer und Meilensteinplanung

Zusammenfassung

Bisher wurde in der Planung der Scope betrachtet. Durch die Story Map ist das Minimum Viable Product definiert. Die Story Map zeigt auch, was von Inhalt und Umfang her jeweils zwischen zwei Meilensteinlinien getan werden soll.

Somit gibt es bereits eine grobe Übersicht über die Reihenfolge, in der Scope voraussichtlich umgesetzt werden wird. Aber nach jedem Meilenstein kann und sollen bei neuen Erkenntnissen der Scope und die Reihenfolge des Vorgehens überprüft werden. Es kann zu neuen Priorisierungen kommen, es könnten neue To-dos aufgenommen werden, bei anderen könnte die Entscheidung lauten, sie zu ändern oder gar entfallen zu lassen.

Somit steht gerade die zeitliche Planung unter dem Vorbehalt des „Dazulernens“.

Dieses Kapitel geht von der Story Map aus. Im Anschluss wird – so weit noch nicht geschehen – die Komplexität der Arbeiten geschätzt. Die Meilensteinlinien der Story Map führen zu den Meilensteinen der zeitlichen Planung.

Agile Methoden arbeiten empirisch und damit mit Erfahrungswerten.

Mit Erfahrungswerten kann aus der Schätzung der Komplexität heraus eine erste zeitliche Prognose abgegeben werden.

Mit wechselnden Teamzusammensetzungen und bei neuartigen Projekten gibt es diese Erfahrungswerte zum Zeitpunkt der Planung noch nicht. Dieses Kapitel zeigt für diesen Fall kurz Wege auf, wie mit dieser Problematik umgegangen werden kann.

U. Kusay-Merkle, *Agiles Projektmanagement im Berufsalltag*,
https://doi.org/10.1007/978-3-662-56800-2_16

Als ich dachte, das Buch sei fertig und es für die letzte Kontrolle durchgegangen bin, las ich nochmals die Schritte in der klassischen Projektplanung. Die Terminplanung fehlte beim Agilen Projektmanagement. So ganz übergehen wollte ich das Thema jedoch nicht.

Wie konnte das passieren?

Der Hintergrund ist vermutlich einfach darin zu sehen, dass in vielen kleinen Projekten keine „echte" Terminplanung gemacht wird. Wenn die Projekte neben dem Alltagsgeschäft laufen müssen, ist jede genauere Terminplanung sehr volatil. Kunden haben immer Vorrang.

Wie hilft bei so einer Ausgangslage agiles Vorgehen?

Bildlich gesprochen: Die „großen" (sprich: wichtigen) Steine müssen immer zuerst ins Glas, die kleineren passten als Lückenfüller immer wieder dazwischen.

Im Product Backlog oder auf der Story Map stehen die wichtigsten To-dos oben. Somit ist dies schon mal eine ideale Ausgangslage.

Noch ein Bild: Stellen Sie sich vor, Sie sind mit dem Auto unterwegs und kommen an einem Schild mit der Entfernungsangabe vorbei – wie in Abb. 16.1.

Wenn Sie Ihre Durchschnittsgeschwindigkeit und die Strecke kennen, können Sie abschätzen, wann Sie in etwa ankommen werden, oder?

In der Story Map haben wir bereits Meilensteinlinien gezogen. Nun stellt sich also die Frage, wie „weit" ist es bis zum nächsten Meilenstein? Wann werden wir ankommen, sprich fertig werden?

Dies zeigt schematisch Abb. 16.2

Abb. 16.1 Entfernung zum Ziel

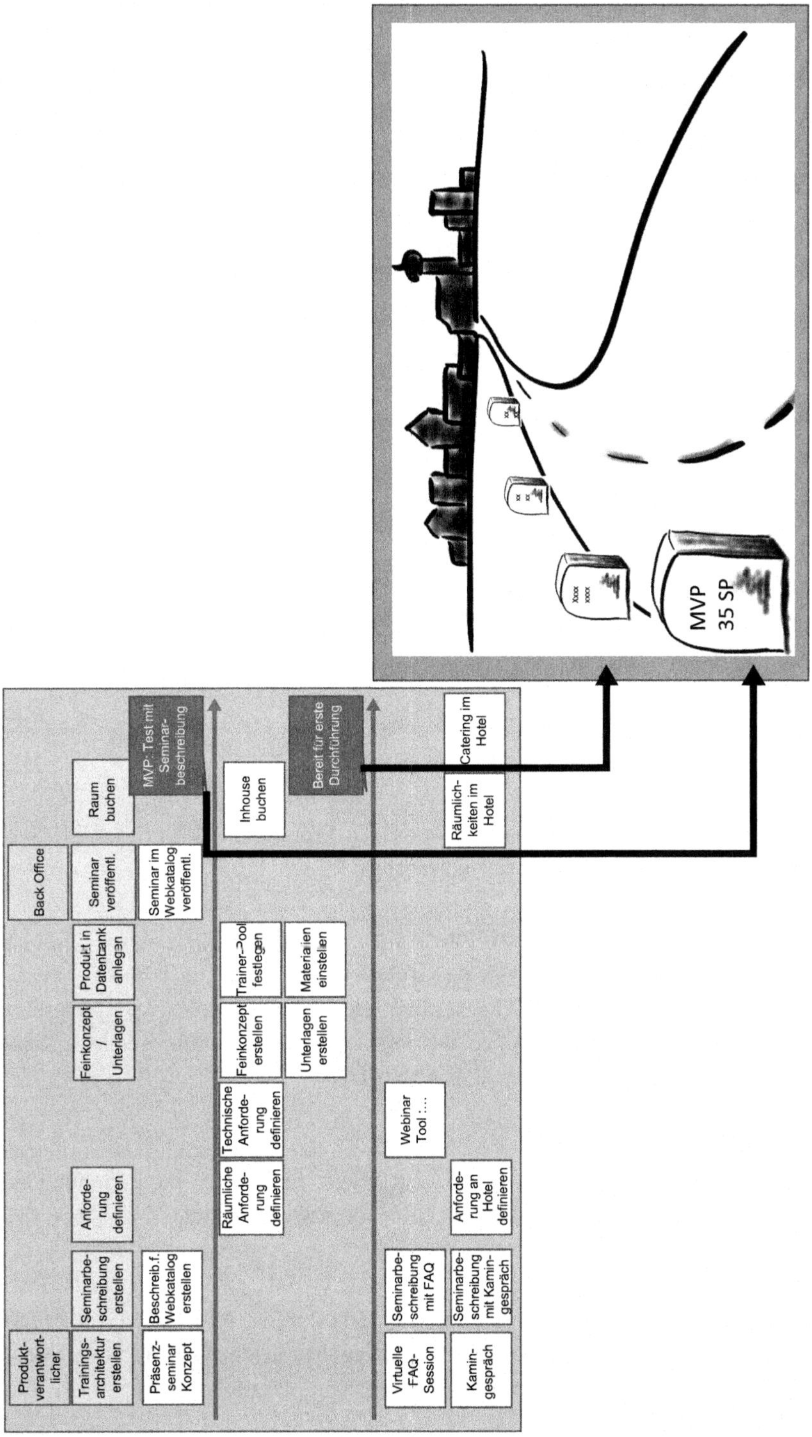

Abb. 16.2 Meilensteine

Was können wir demnach für die „agile Terminplanung" nutzen?

- Wir kennen bereits die „Strecke" durch die Story Map.
- Wir müssen jetzt noch die „Entfernung" in Erfahrung bringen, also die Komplexität der anstehenden Arbeiten auf der Strecke ermitteln.
- Dann benötigen wir unsere durchschnittliche Geschwindigkeit.

Mit diesen Informationen können wir abschätzen, wann wir ankommen werden.

16.1 Schätzen der Komplexität

Erinnern Sie sich an das Thema Priorisieren nach Einschätzen der Komplexität (Abschn. 11.3).

Das Schätzen der Komplexität ist einfacher als das des Aufwandes.

Bei der Komplexität muss man sich nicht festlegen auf Stunden oder Tage. Es ist auch unerheblich, wer am Ende ein To-do umsetzt. Es wird relativ geschätzt und verschiedene To-dos im Vergleich betrachtet: Welches ist komplexer, welches weniger komplex?

Zur Erinnerung nochmals kurz das relative Schätzen mit T-Shirt-Größen und als kleine Ergänzung die Magic Estimation mit Story Points.

Ziel ist dabei, alle derzeit bekannten To-dos aus Product Backlog oder Story Map zu schätzen und damit die „Entfernung" zu ermitteln.

Relatives Schätzen mit T-Shirt-Größen
Eines der Tools in Abschn. 11.3 war das Relative Schätzen mit T-Shirt-Größen. Dabei werden die To-dos in Gruppen eingeordnet, die eine ähnliche Komplexität bei der Umsetzung darstellen. Diese Gruppen werden beispielsweise mit T-Shirt-Größen überschrieben. Damit entsteht ein Bild wie in Abb. 11.2.

Schätzen mit Story Points
Weitere sehr populäre Arten zu schätzen sind Magic Estimation oder Planungspoker. In beiden Fällen werden für die Komplexität Story Points verwendet.

Planning Poker®
Der Einsatz der Planning Poker®-Karten wurde bereits in Abschn. 11.4.4 beschrieben. Mit den Karten kann nach den gleichen Regeln nicht nur der Geschäftswert von Anforderungen geschätzt werden, sondern auch deren Komplexität. Die Regeln für Planungspoker zeigte Abb. 11.4.

Magic Estimation

Magic Estimation verwendet auch Story Points. Allerdings werden dabei nicht alle Anforderungen (Stories) einzeln besprochen und mithilfe der Karten im Team geschätzt. Das Schätzen erfolgt schweigend durch Gruppieren der Anforderungen. Damit ist der Schätzvorgang schneller. Diese Art zu schätzen eignet sich vor allem bei größeren Mengen an zu schätzenden Anforderungen.

So ist der Ablauf:

Schritt 1 – Auslegen und Informieren:

Die zu schätzenden Anforderungen werden beispielsweise auf einem Tisch ausgebreitet. Die Skala wie bei den Planning Poker®-Karten wird auf einer Wand oder auf dem Boden markiert.

Schritt 2 – Erstes Einordnen:

Das Team sieht sich gemeinsam alle Anforderungen (auf Karten notiert) schweigend durch. Jeder kann sich Anforderungen nehmen und nach seiner Einschätzung der Story Points in der entsprechenden Spalte ablegen.

Schritt 3 – Überblick und Korrekturen:

Wenn alle Anforderungen einsortiert sind, verschafft sich das Team einen Überblick über die getroffenen Einordnungen. Jeder kann nun nach Karten greifen und sie anders als bisher einsortieren. Am Ende wird der geschätzte Komplexitätsgrad auf der jeweiligen Karte notiert.

Abb. 16.3 zeigt schematisch die Skala mit den einsortierten Stories.

So könnten nun das ganze initiale Product Backlog oder alle To-dos der Story Map geschätzt werden.

> **Wichtig** Die Darstellung in der Story Map ist für den gesamten Überblick so wertvoll, dass sie nicht aufgegeben werden sollte!
> Nehmen Sie daher die einsortierten Stories nicht aus der Story Map heraus, sondern duplizieren Sie die Karten. Alternativ können Sie die Einordnung in die Map so notieren, dass sie diese nach dem Schätzen leicht wiederherstellen können.

Das Problem des Schätzens auf dieser Ebene

Das Product Backlog ist initial befüllt oder die Story Map erstellt.

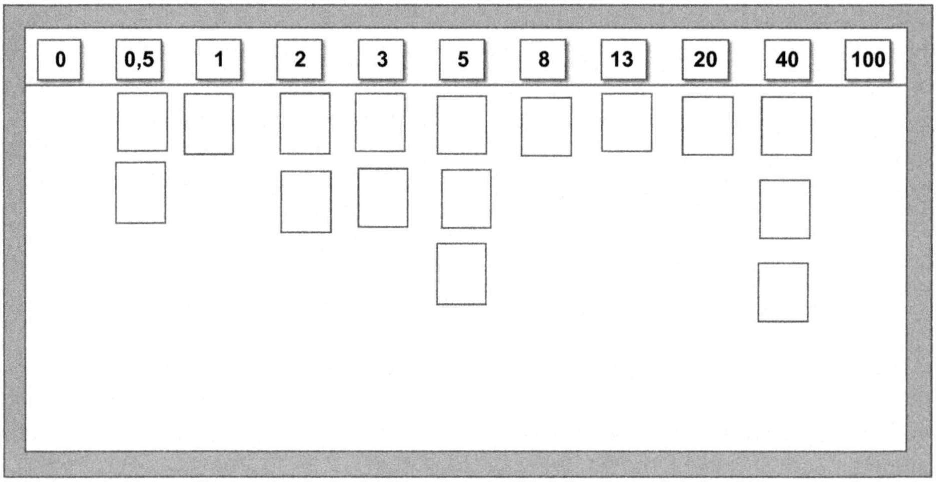

Abb. 16.3 Magic Estimation

Die darin enthaltenen Anforderungen sind bisher noch relativ grob. Es fehlen vielfach noch Details und Akzeptanzkriterien.

Weniger Details heißt auch immer weniger Schätzgenauigkeit.

16.2 Abschätzen der Durchschnittsgeschwindigkeit

Diese Geschwindigkeit müssen wir kennen, um Prognosen für den zeitlichen Ablauf erstellen zu können.

Was ist die Durchschnittsgeschwindigkeit eines Teams?
Als Durchschnittsgeschwindigkeit könnten wir die Anzahl Story Points verwenden, die das Team in einem bestimmten Zeitrahmen üblicherweise schafft.

In Scrum würde man dies als die Velocity des Teams bezeichnen.

In Kanban kann die Durchlaufzeit gemessen werden: Wie lange dauert es, bis eine Arbeitseinheit fertig ist (Abschn. 19.2)? Dieser Wert ist natürlich umso aussagekräftiger, je ähnlicher sich die Arbeitseinheiten in Umfang und Komplexität sind.

Nachfolgend wird der Einfachheit halber immer von der Durchschnittsgeschwindigkeit gesprochen.

Messung der Durchschnittsgeschwindigkeit in Scrum oder Kanban

Velocity	Dies ist der Ausdruck für die Geschwindigkeit eines Scrum-Teams. Sie errechnet sich aus der durchschnittlichen Anzahl Story Points, die ein Team pro Sprint schafft. Die Velocity ist teamspezifisch.
Durchlaufzeit	Die Zeit, die Arbeitseinheiten benötigen, bis sie fertig werden Durchlaufzeit = WIP/Durchsatz.
Work in Progress (WIP)	Dies gibt die Arbeitsmenge im System an (Anzahl Tickets).
Durchsatz	Er gibt an, wie viele Arbeitseinheiten in einem bestimmten Zeitraum fertig werden.

Daraus ergeben sich die folgenden Fragen:

- Was ist in der Durchschnittsgeschwindigkeit bereits alles ausgedrückt oder was muss noch gegebenenfalls hinzugerechnet werden?
- Woher kenne ich die Durchschnittsgeschwindigkeit eines Teams?

Was ist in der Velocity oder Durchschnittsgeschwindigkeit bereits alles ausgedrückt?
Wir kennen derzeit zwei Artefakte, in denen die anstehende Arbeit gesammelt werden kann:

Das **Product Backlog** ist ein „Inventory of things to be done". Ist alles darin enthalten?

Nicht ganz, denn Meetings (Daily Scrum, Review, Retrospektive) werden beispielsweise meist nicht als Items eingestellt.

Wie sieht es mit der **Story Map** aus? Was ist da drin?

Anforderungen, meist auf der Ebene von Features, also noch nicht ganz fein heruntergebrochen. Fehlerbehebungen, Nachbesserungen etc. würden sich hier nicht niederschlagen. Sie kämen erst im Product Backlog oder direkt auf dem Kanban-Board in Form von Tickets dazu. Für Meetings oder Projektmanagementtätigkeiten wie die meist üblichen Statusberichte gilt das genauso.

Damit stellt sich die Frage: **Sind To-dos außerhalb der Umsetzung von Anforderungen in der Durchschnittsgeschwindigkeit bereits enthalten?** Was meinen Sie?

Sie sind „eingepreist". Die Velocity oder die Durchlaufzeit sind Erfahrungswerte. Die Velocity sagt aus, was ein Team üblicherweise in einem Zeitraum schafft. Zum

„Üblichen" gehören die genannten Dinge alle mit dazu. Die Durchlaufzeit sagt, wie lange eine Arbeitseinheit im Durchschnitt benötigt, bis sie fertiggestellt ist.

Das macht das Planen jetzt einfacher. Wir hatten für die Ermittlung der Ankunftszeit im Beispiel oben folgende Parameter definiert:

- Wir kennen die „Strecke" durch die Story Map.
- Wir müssen jetzt noch die „Entfernung" in Erfahrung bringen, also die Komplexität der anstehenden Arbeiten auf der Strecke ermitteln. Inzwischen ist die Anzahl der Story Points oder Komplexität in T-Shirt-Größen durch das Schätzen bekannt.
- Dann benötigen wir unsere durchschnittliche Geschwindigkeit.

Mit diesen Informationen können wir abschätzen, wann wir ankommen werden.

Das Team hat eine bekannte Durchschnittsgeschwindigkeit
Egal, auf welche Weise Sie die Komplexität schätzen: Wenn Sie ein Team haben, das bereits in ähnlichen Projekten zusammengearbeitet hat, dann gibt es Erfahrungswerte zur Durchschnittsgeschwindigkeit.

Damit können Sie die voraussichtliche Ankunftszeit abschätzen.

Die Durchschnittsgeschwindigkeit des Teams ist nicht bekannt
Anders sieht es natürlich aus, wenn eine Durchschnittsgeschwindigkeit nicht bekannt ist.

Hier gibt es die folgenden Alternativen:

1. Sie nutzen eine traditionelle Schätzmethode und schätzen den Aufwand, um die notwendige Anzahl Stunden oder Personentage zu ermitteln.
2. Sie sammeln erst Erfahrungswerte und erhalten so eine erste Durchschnittsgeschwindigkeit, mit der Sie dann die „Ankunft" prognostizieren können.
3. Sie schätzen den Aufwand anhand der bisherigen relativen Schätzung.

Der traditionelle Ansatz in Alternative 1:

Die Frage ist, wann er zum Einsatz kommt.

Mitunter muss ja in den Unternehmen der Aufwand für die Genehmigung des Projekts abgeschätzt werden, um eine Kosten-Nutzen-Betrachtung machen zu können.

Dann gibt es jetzt bereits so eine Schätzung und Sie versuchen nun, durch die agile Vorgehensweise in diesem zeitlichen Rahmen den maximalen Nutzen und Wert zu generieren. In diesem Fall entfiele Alternative 1 und Sie können sich Alternative 2 zuwenden.

Erfahrungswerte sammeln und Durchschnittsgeschwindigkeit ermitteln aus Alternative 2:
In Scrum (Abschn. 3.3.2.1) würde das Team jetzt rund drei Sprints lang arbeiten. Auf der Basis der daraus gewonnenen Erfahrungswerte könnten Sie eine erste Velocity ermitteln und mit dieser die Ankunft prognostizieren.

Nur: Wenn Sie mit Kanban arbeiten, haben Sie keine Sprints, also auch keine feste Taktung.

Gegebenenfalls müssen Sie hier einen Weg suchen. Von einem Team habe ich bereits berichtet: Sie haben einen festen Tag pro Woche, an dem sie am Projekt arbeiten. Vier dieser „Projektarbeitstage" sind für sie ein Sprint. Darüber können Sie auch die Durchschnittsgeschwindigkeit abschätzen.

Wenn Sie mit Ihrem Team relativ konstant am Projekt arbeiten können, auch wenn es nicht 100 % Ihrer Arbeitszeit sind, sondern vielleicht nur 25 %, dann können Sie auch über eine Zeitspanne den Fortschritt beobachten und hochrechnen.

Bei stark schwankenden Arbeiten am Projekt klappt es mit diesem Ansatz allerdings nicht so gut.

Den Aufwand aufgrund der bisherigen relativen Schätzung hochrechnen (Alternative 3):

Die ersten beiden Alternativen gehen nicht. Ihr Unternehmen will aber wissen, wann Sie welchen Meilenstein erreichen werden.

Dann können Sie wie folgt verfahren:

Nehmen wir an, Sie hätten in T-Shirt-Größen geschätzt. Sie kennen damit die Anzahl Stories, die Sie als „XS", „S" usw. geschätzt haben. Oder Sie können einfach die Anzahl der geschätzten Story Points zusammenzählen.

Diese Werte geben aber die Komplexität an und nicht den Aufwand.

In dem Fall, dass Sie überhaupt keine Erfahrungswerte haben, aber Ihre Meilensteine terminlich setzen müssen, können Sie „umrechnen". Was schätzen Sie, ist im Durchschnitt der Aufwand für das Umsetzen einer „XS-Story"? Oder für eine Story von 5 Story Points?

Denken Sie an Abb. 11.3 und 16.3. Schreiben Sie über die Spalten nun den Aufwand in Stunden oder Personentagen, den Sie durchschnittlich bei der jeweiligen Komplexität erwarten würden.

Die Summe der so ermittelten Tage wird für die Umsetzung der bisher bekannten Anforderungen voraussichtlich benötigt werden.

Was fehlt aber noch bei dieser Abschätzung des Zeitbedarfs? Beispielsweise eventuelle Nachbesserungen, Tests, Meetings, Statusberichte – das ganze „Drumherum“, was nicht als Anforderung in der Story Map erfasst ist! Dies müssen Sie zum geschätzten Aufwand zur Umsetzung der Anforderungen hinzuaddieren, denn diese Zeit muss immer aufgebracht werden.

Damit kennen Sie nun grob den Gesamtaufwand, der durch die Umsetzung aller To-dos voraussichtlich entstehen wird.

Je nach Verfügbarkeit der Teammitglieder und Ihrer eigenen können Sie nun daraus grob die Dauer ermitteln.

Sie können im Anschluss den Zeitbedarf von Meilenstein zu Meilenstein abschätzen.

Sobald Sie Erfahrungswerte haben, können Sie anhand der Durchschnittsgeschwindigkeit besser den Zeitbedarf prognostizieren. Dies ist der schnellere, elegantere und aussagekräftigere Weg.

Agile Projektplanung

Wir haben gemeinsam eine Projektplanung durchlaufen.

Wir fassen an dieser Stelle nochmals einige Punkte zur agilen Planung zusammen:

- Die Planung wird nicht im „stillen Kämmerlein“ gemacht (das sollte im Übrigen auch in der klassischen Vorgehensweise nicht der Fall sein), vielmehr werden viele Ergebnisse in Workshops erarbeitet.
  Wie Mike Cohn in einem Video sagt: Es ist der Shift vom „Dokument“ zur „Diskussion“.
- Für die Gestaltung der Workshops gibt es teilweise Formate in Form von „Collaboration Games“.
- Bei der Planung zählt nicht nur das reine Ergebnis und schon gar nicht dessen „Schönheit“, sondern vor allem auch der Meinungsaustausch und das dabei ausgetauschte Wissen. Denken Sie an das gemeinsame Schätzen oder Priorisieren: Ja, am Ende gibt es eine Reihenfolge. Gleichzeitig haben aber alle Beteiligten dazugelernt.

- Die Planung zielt auf häufiges Feedback ab. Es wird nie zu lange in eine Richtung gearbeitet ohne Rückkopplungsmöglichkeit.
- Feedback erfolgt möglichst nicht auf der Basis von abstrakten Konzepten, sondern konkreten, einsatzfähigen (Zwischen-)Ergebnissen. Nur dadurch ist ein Validated Learning möglich: Lernen auf der Basis einer echten Validierung von Ergebnissen.
- „Earn or Learn". Nutzen kann auf unterschiedliche Weise entstehen: durch die Chance zum Lernen (und damit Anpassen) oder bereits beim Verwenden (Verdienen).

Der nächste Teil beschäftigt sich mit der Projektdurchführung und Steuerung. Wir werden uns dabei mit der Methode Kanban beschäftigen.

Wenn Sie sich noch Tipps und Hinweise für die Gestaltung der gemeinsamen Workshops wünschen, dann werden Sie diese im Teil IV finden.

Weiterführende Literatur

Foegen, M et al (2015) Der Ultimative Scrum Guide. wibas GmbH, Darmstadt
Leopold, K Dr (2016) Kanban in der Praxis. Hanser, München
Wirdemann, R Mainusch, J (2017) Scrum mit User Stories. Hanser, München

Teil III
Projektdurchführung und Steuerung

Zusammenfassung
Der Schwerpunkt dieses Teil werden Gestaltung und Nutzung eines Kanban Systems sein.

Sie werden bei den Kanban-Praktiken viele Ideen für die Visualisierung der Arbeit und die Steuerung des Arbeitsflusses erhalten. Es geht um Fragen wie: Wie kann die Arbeit auf dem Kanban-Board visualisiert werden? Welche unterschiedlichen Arbeiten fallen an? Wie können diese auf dem Board abgebildet werden? Welche Einflussmöglichkeiten auf den Arbeitsfluss gibt es?

Persönlich könnten Sie in diesen Teil mit unterschiedlichen Motivationen einsteigen:

- Einsatz für Ihr persönliches Task- und Zeitmanagement,
- Einsatz für ein Projekt,
- Gestaltung und Arbeit mit dem Board, auch wenn Sie ansonsten Scrum nutzen.

Bei allen drei Motivationen sind Sie hier richtig!

Im ersten Kapitel erhalten Sie wieder einen Überblick über die Begriffswelt und den „roten Faden".

Bevor bei den Kanban-Praktiken die einzelnen Teilaspekte intensiv besprochen werden, beleuchtet die Einführung die Kanban-Prinzipien und setzt sie in Bezug zu den Werten von Kanban.

Den Schwerpunkt dieses Teils bilden die Kanban-Praktiken von der Visualisierung der Arbeit bis hin zur kontinuierlichen Verbesserung. Jeder Praktik ist ein eigenes Kapitel gewidmet:

- Mach Arbeit sichtbar.
- Limitiere die Menge begonnener Arbeit.
- Manage Flow.
- Mach Prozessregeln explizit.
- Implementiere häufige Feedbackmechanismen.
- Führe gemeinschaftlich Verbesserungen durch.

Der rote Faden: Von der Gestaltung eines Kanban-Boards bis zur praktischen Arbeit mit dem Board

17

Zusammenfassung

Das Projekt ist geplant: Sie haben eine Roadmap erarbeitet, überlegt, mit welchen Lieferungen im Sinne von „Häppchen“ Sie bereits Nutzen stiften können und sich für die erste Welle bereits etwas mehr mit den To-dos beschäftigt.

Nun kann die Durchführung starten. Wir beginnen wie bei der Projektplanung wieder mit dem „roten Faden“ und verschaffen uns einen ersten Überblick.

Nach Begriffsdefinitionen gibt ein kleines Beispielboard erste Orientierung.

Anschließend werden die sechs Kanban-Praktiken im Überblick vorgestellt, bevor sie in den nachfolgenden Kapiteln jeweils im Detail besprochen werden.

Einführung in Kanban
Warum Kanban?

Kanban kann eingesetzt werden:

- Als Personal Kanban im Selbstmanagement
- Als Kanban-System in Teams und für Projekte oder auch
- übergreifend auf Portfolioebene im Unternehmen.

Kanban-Methode, Kanban-System, Personal Kanban und Wissensarbeit

Kanban-Methode Ein evolutionärer Ansatz, der von David J. Anderson beschrieben wurde: mit sechs Praktiken und vier fundamentalen Prinzipien.

U. Kusay-Merkle, *Agiles Projektmanagement im Berufsalltag*,
https://doi.org/10.1007/978-3-662-56800-2_17

Kanban-System Ein Pull-System, das durch die Limitierung der Anzahl Signalkarten (Kanbans) implementiert wird.

Personal Kanban Darunter versteht man die Anwendung von Kanban auf Einzelpersonen oder kleine Teams, um die Arbeitsmenge zu steuern.

Wissensarbeit Arbeit, die primär das Nutzen und Weiterentwickeln von Wissen umfasst.

Kanban eignet sich immer dann besonders, wenn

- das Umfeld und die Arbeit von Unterbrechungen geprägt sind,
- nicht die Konzentration auf nur ein Projekt gegeben ist,
- nicht die Arbeit in festen Iterationen und Timeboxen möglich ist,
- kurzfristige Anforderungen hereinkommen und bearbeitet werden müssen und damit ein Verschieben der Prioritäten erfordern.

Vielen Menschen ist das Kanban-Board ein Begriff: Eine Tafel mit Spalten, auf der die Arbeit visualisiert wird. Zum Kanban-System gehört aber mehr, insbesondere die Begrenzung der parallelen Arbeit.

Als kleinen Reminder dient das Beispielboard in Abb. 17.1. Es zeigt bereits einige Regeln auf, ist aber noch nicht ein „richtiges" Kanban-Board, sondern eher ein Task-Board. Sie werden noch sehen, worin der feine Unterschied liegt.

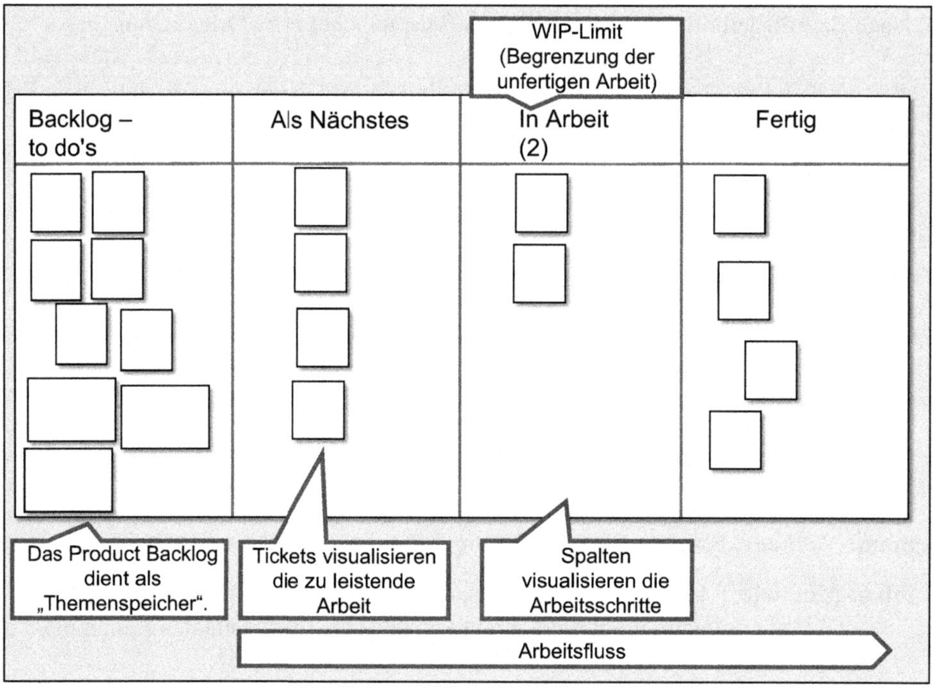

Abb. 17.1 Beispielboard (Task- Board)

Kanban-Praktiken
Kanban beruht auf sechs Praktiken: [1]

- Mach Arbeit sichtbar.
- Limitiere den Work in Progress, also die Menge an begonnener Arbeit.
- Manage Flow.
- Mach Prozessregeln explizit.
- Implementiere (häufige) Feedbackmechanismen.
- Führe gemeinschaftlich Verbesserungen durch.

Die Darstellung der Praktiken wird einen sehr großen Teil dieses Teils einnehmen.

Am besten haben Sie hier auch Papier und Stift bereit für Anregungen für Ihr Projekt.

Wenn Sie Kanban erst einmal für den persönlichen Gebrauch als Personal Kanban verwenden wollen, dann finden Sie die meisten Anregungen dafür in der Beschreibung der ersten beiden Praktiken.

Nun folgen einige Definitionen, bevor anschließend ein Überblick über die Praktiken gegeben wird.

Arbeitstyp, Ticket, Serviceklasse, Work-in-Progress, WIP

Arbeitstyp	Dies ist eine bestimmte Art oder Kategorie von Arbeitseinheiten. Arbeitstypen sind meist durch eine bestimmte Abfolge von Bearbeitungsschritten gekennzeichnet.
Ticket	Die visuelle Abbildung einer Arbeitseinheit auf dem Kanban-Board, alternativ als Karte oder Kanban bezeichnet.
Serviceklasse	Tickets werden definierten Kategorien, den Serviceklassen, zugeordnet. Die Einteilung erfolgt in Abhängigkeit von Risiken (Zeit bzw. Kosten), z. B. „Standard“, „Beschleunigt“.
Work-in-Progress (WIP)	Arbeit, die begonnen hat, aber noch nicht fertiggestellt ist.
WIP-Limit	Die Zahl im Spaltenkopf, die die maximal Anzahl Tickets in dieser Spalte angibt.

Praktik 1: Mach Arbeit sichtbar
Wissensarbeit ist unsichtbar. Wenn Sie am Schreibtisch scheinbar „nichts tun“, können Sie in Wirklichkeit intensiv arbeiten. Selbst in der Freizeit beim Spazierengehen. Die tatsächliche Belastung durch viele verschiedene Arbeiten ist genauso wenig transparent.

Daher ist ein erster Schritt, die im System befindliche Arbeit sichtbar werden zu lassen. Dazu gehören mehrere Aspekte:

- Die Arbeitstypen im System identifizieren:
  Von Notfall-Blitzaktionen über normale Linienarbeit, unterschiedliche Arbeiten im Rahmen eines Projektes, usw. – in Abhängigkeit davon, was alles auf dem Kanban-Board visualisiert werden soll. Unterschiedliche Dringlichkeiten und Service Level, abweichende Bearbeitungsschritte sind hier interessant.
- Auf dem Kanban-Board die Prozessschritte festlegen.
  Dabei wird vom Ist-Zustand ausgegangen und es werden Schritt-für-Schritt Verbesserungen angestrebt. Ein Kanban-Board kann und soll durchaus immer wieder modifiziert werden, um Erfahrungen abzubilden oder neue Erkenntnisse oder Anforderungen an die Prozesse mit aufzunehmen.
- Wie sollen die Tickets aussehen, die die Arbeit im System repräsentieren?
  Dabei können auch die unterschiedliche Art der Arbeit oder unterschiedliche Dringlichkeit sowie Endtermine dargestellt werden.

Kanban ist ein evolutionärer Ansatz. Sie müssen nicht den „großen Wurf" erarbeiten. Sie können experimentieren, Erfahrungen machen und diese immer wieder einarbeiten. Ein Kanban-System lebt. Viele empfinden dies als entlastend. Die Schwelle beim Einsatz ist niedriger. Wenn ein Kanban-System nicht „funktioniert", dann liegt es oft an dem „zu viel auf einmal Wollen".

Praktik 2: Limitiere den Work in Progress
Dies ist ein ganz mächtiger Aspekt. In Kanban gibt es das Mantra: „Stop starting, start finishing". Dies ist genau der Punkt, um den es bei Kanban in der Essenz geht.

Ein Teil des Erfolges agiler Ansätze liegt auf der Einführung von künstlichen Begrenzungen:

- Scrum als sehr populäre Methode begrenzt die im System befindliche Arbeit durch die Timebox der Iterationen. Es kann immer nur so viel Arbeit geplant und begonnen werden, wie in einen sog. Sprint von maximal vier Wochen passt.
- Kanban dagegen begrenzt die Arbeitsmenge künstlich durch ein Limit, das auf die einzelnen Spalten und damit Prozessschritte gelegt wird. Dies ist das sog. WIP-Limit (Work-in-Progress-Limit).
  In Abb. 17.1 ist ein WIP-Limit in der Spalte „In Arbeit" gesetzt. Die Ziffer gibt an, wie viele Tickets sich in dieser Spalte befinden dürfen.
  Weniger parallel begonnene Arbeit führt zum schnelleren Abschluss der einzelnen „Tickets". Ohne diese Begrenzung kann zwar die Arbeit an einem Kanban-Board visualisiert werden, es handelt sich dann aber noch nicht um ein Kanban-System. Eine ganz wesentliche Optimierungschance wird verschenkt (Abschn. 19.2).

Praktik 3: Manage Flow
Zu diesem Punkt gehören mehrere Aspekte:

- Woher kommen die Arbeitsaufträge?
- Wie wird der Zufluss an Arbeit ins System gesteuert?
- Wie werden Releases/Lieferungen geplant?
- Wie wird mit Arbeit aus unterschiedlichen Serviceklassen (wie unterschiedliche Dringlichkeiten) umgegangen?
- Gibt es zwischendurch Wartezeiten? Übergaben?

Durch das Visualisieren und Analysieren des Arbeitsflusses entstehen hier häufig genau die Überlegungen, die als Experiment eine Anpassung des Kanban-Boards bewirken: Ginge es nicht vielleicht anders besser? Und dann ausprobieren und wieder Erfahrungen sammeln.

Praktik 4: Mach Prozessregeln explizit
Wann ist „fertig" wirklich „fertig"?

Wann kann ein Ticket von einem Prozessschritt zu einem anderen weiterwandern?

Was muss qualitativ in der Arbeit passiert sein? Was muss alles erledigt sein, damit ein Ticket in der Spalte „Fertig" hängen darf?

Hier werden die Regeln deutlich gemacht, die vor allem auch in der Zusammenarbeit gelten und die gleichzeitig auch ein Qualitätsversprechen sind. Mitarbeiter und Kunden – intern wie extern – sollen sich darauf verlassen können, dass immer die entsprechenden Arbeiten gemacht wurden, die für einen Prozessschritt vorgesehen waren. Klare Regeln sind ein essenzieller Schritt dabei.

Praktik 5: Implementiere (häufige) Feedbackmechanismen
Diese Praktik beschäftigt sich mit den folgenden Fragen:

- Welche Feedbackmöglichkeiten und Meetings gibt es?
- Wie oft sollen sie stattfinden?
- Mit welchen Teilnehmern und welchem Ziel?

Dieser Punkt leitet direkt zur letzten Praktik über:

Praktik 6: Führe gemeinschaftlich Verbesserungen durch
„Kaizen" oder kontinuierliche Verbesserung lautet das Stichwort hier.

Mit dem Fokus auf kleine Projekte wird hier inhaltlich auf das Messen von Durchlaufzeiten und die Aufbereitung der Daten in Diagrammen wie dem Cumulative Flow Diagram verzichtet. Dafür sei auf weiterführende Literatur verwiesen.

Aus diesem Grund konzentriert sich Abschn. 19.6 auf die Reflexion im Team im Rahmen von sogenannten Retrospektiven.

Kanban Flight Level

Kanban kann von der persönlichen Ebene bis hinauf auf die Ebene des Unternehmens eingesetzt werden. Dieser unterschiedliche Einsatz wird mit den Flight Levels beschrieben [2]:

Flight Level 1:	Operative Ebene mit einem Projekt oder Team
Flight Level 2:	Koordinierung der Zusammenarbeit mehrerer Teams
Flight Level 3:	Strategisches Portfoliomanagement

Literatur

1. Burrows, M (2015) Kanban verstehen, einführen, anwenden. dpunkt, Heidelberg
2. Leopold, K (2017) Die Verbesserungsebenen der Organisation. www.leanability.com/de/flight-levels. Zugegriffen: 27. Dez. 2017

Einführung in Kanban

18

Zusammenfassung

Kanban wurde ursprünglich in der Produktion eingesetzt.

Heute wird es auch in der Wissensarbeit eingesetzt. Durch Kanban wird die Arbeitsmenge und der Fluss der Arbeit sichtbar und steuerbar gemacht. Gleichzeitig folgt Kanban einfachen Regeln und ist relativ einfach zu implementieren. Kanban kennt Werte wie Transparenz, Balance, Respekt usw. Es beruht auf vier Grundprinzipien:

- Starte mit dem, was du jetzt machst.
- Verfolge inkrementelle, evolutionäre Veränderung.
- Respektiere initial Prozesse, Rollen, Verantwortlichkeiten und Jobtitel.
- Fördere Leadership auf allen Ebenen in der Organisation.

Die sechs Praktiken wurden bereits im vorhergehenden Kapitel vorgestellt, wie z. B. „Mach Arbeit sichtbar".

Aber wie gehören Werte, Grundprinzipien und Praktiken zusammen? Dies will dieses Kapitel beleuchten. Bei einem Kanban-System geht es nicht nur um die Mechanik, sondern vor allem auch um eine Arbeitskultur.

Für die Steuerung der Durchführung wird hier Kanban vorgestellt. David J. Anderson und Andy Carmichael beschreiben Kanban so: Es beschäftigt sich mit dem Design, Management und der Verbesserung des Arbeitsflusses (Flow Systems) für die Wissensarbeit [1].

Für die Darstellung von Kanban in diesem Buch gibt es mehrere Gründe:

U. Kusay-Merkle, *Agiles Projektmanagement im Berufsalltag*,
https://doi.org/10.1007/978-3-662-56800-2_18

- Kanban arbeitet nicht mit einer festen Taktung und ist daher flexibler bei schwankendem Arbeitsvolumen oder sich rasch ändernden Prioritäten.
- Auf einem Kanban-Board kann nicht nur ein Projekt abgebildet werden, sondern beispielsweise auch andere Aufgaben. Dadurch kann die Gesamtbelastung sichtbar gemacht und damit besser gesteuert werden.
- Der Fokus liegt auf dem Fluss der Arbeit: „Stop starting, start finishing".
- Von der Begrenzung der angefangenen Arbeit mithilfe eines WIP-Limits profitiert die Produktivität. Der Kontextwechsel, das Context Switching von einem Thema zum anderen wird reduziert.
- Feedback und kontinuierliche Verbesserung stärken die Effizienz und reduzieren Verschwendung: vermeidbare (Doppel-)Arbeiten, unnötige Meetings, unnötige Übergaben, Wartezeiten usw.

18.1 Kanban in der Produktion

Kanban wurde ursprünglich im Toyota Production System eingesetzt, um Nachfrage und Kapazität zu steuern. Eine Signalkarte (Kanban) wird an die vorgelagerte Stelle geschickt, wenn Teile benötigt werden. Nur dann werden diese Teile auch her- oder bereitgestellt. Die Karte ist damit ein Signal, weitere Teile herzustellen oder damit aufzuhören, weil genug da ist.

Sie erleben dies aber auch in der Praxis selbst. Schauen Sie sich eines der Cafés einer Kette an: Sie geben Ihre Bestellung auf und bezahlen. Das Ticket mit Ihrer Bestellung wird zum Barista gegeben, der den Kaffee für Sie bereitet. Das Ticket ist eine Signalkarte. Es wird nie mehr produziert, als gebraucht wird. Also nicht wirklich „auf Vorrat". Noch für einen weiteren Vorgang gilt diese Signalkarte: Es muss auch immer wieder Kaffee nachgefüllt werden. Also wird definiert, dass beispielsweise nach einer gewissen Anzahl von Verkäufen der Hinweis kommt, dass in der Maschine nur noch eine Kaffeereserve für eine bestimmte Anzahl Portionen ist.

Wie in Abb. 18.1 gibt es damit zwei gegenläufige Ströme:

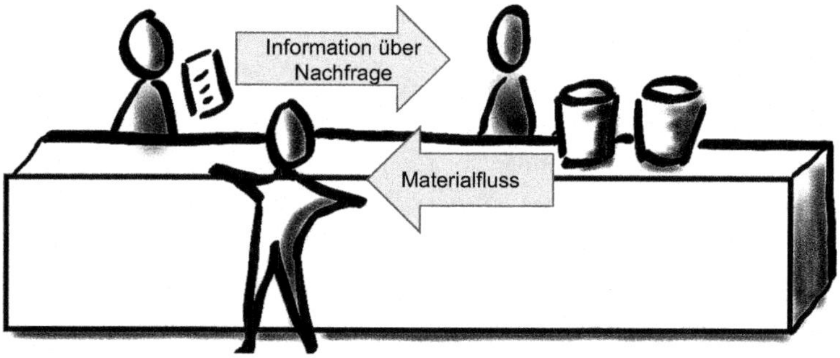

Abb. 18.1 Kanban im Café

- Die Information über die Nachfrage zur Produktion hin und
- einen Materialstrom zum Kunden hin.

Interessant sind noch einige Grundregeln aus der Produktion:

- Ein nachgelagerter Prozess sagt dem vorgelagerten, dass neue Teile benötigt werden. Normalerweise geht der Prozessfluss von der Produktion hin zum Verkauf. Der Auslöser für die Produktion weiterer Teile kommt aber aus dem „eigentlich“ nachgelagerten Verkauf an der Theke.
- Der vorgelagerte Prozess produziert nur das, was der nachgelagerte benötigt und nicht „auf Halde“.
- Es werden keine Teile hergestellt oder bewegt ohne Kanban-Signal.
- Fehlerhafte Teile werden nicht in die nächste Stufe oder den nächsten Prozessschritt weitergegeben.
- Die Anzahl der Signalkarten wird immer wieder nachjustiert, um Lagerbestände zu optimieren und Probleme sichtbar werden zu lassen. Nur dann können sie adressiert werden.

Uns interessiert aber die Anwendung von Kanban auf die Wissensarbeit.

18.2 Kanban in der Wissensarbeit

David J. Anderson stellte Kanban für die Informationstechnologie 2007 erstmals vor und veröffentlichte das grundlegende Buch dazu 2010 [1].

Darin wird von den Kaiserlichen Gärten in Tokio erzählt: Am Eingang zu den Kaiserlichen Gärten sitzt ein Wärter. Dieser hat eine bestimmte Anzahl Kärtchen. Jeder Besucher der Gärten bekommt so ein Kärtchen, das er beim Rausgehen wieder abgibt. Bei Neuankömmlingen schaut der Wärter nach, wie viele Personen es sind und wie viele Kärtchen er hat.

Er steuert damit die Anzahl der Besucher, die gleichzeitig die Kaiserlichen Gärten besichtigen können.

Mit Kanban in der Wissensarbeit steuern wir die Menge der Arbeit, die gleichzeitig im System in Bearbeitung ist.

Das spezielle Thema bei Wissensarbeit ist, dass sie unsichtbar ist. Durch Signalkarten kann sie sichtbar gemacht werden. Verschiedene Kartenformen, Farben oder Beschriftungen zeigen die verschiedenen Arten von Tätigkeiten oder deren Dringlichkeiten. Gleichzeitig wird auf einem Board der Weg visualisiert, den die Arbeit über verschiedene Arbeitsschritte hinweg nimmt.

Dies führt uns zu den grundlegenden Kanban-Praktiken, die bereits kurz in der Übersicht besprochen wurden (s. Abb. 18.2; Kap. 17).

Welche typischen Themen adressiert Kanban damit?

- Teams sind vielfach überlastet; es ist oftmals gar nicht transparent, was alles an Arbeit im System ist.
- Arbeiten dauern dadurch länger als gedacht.
- Teammitglieder arbeiten an zu vielen Dingen gleichzeitig und werden dadurch nicht fertig.
- Das Switchen zwischen verschiedenen Arbeiten macht im begrenzten Maße Spaß, aber ein Zuviel davon erhöht die Gefahr von Fehlern, kostet Zeit und Energie. Maschinen haben Rüstzeiten, Menschen aber auch, wenn sie von einer Tätigkeit zu einer anderen Aufgabe wechseln: „geistige Rüstzeiten“.
- Prioritäten sind mitunter unklar oder ändern sich. Wonach soll dann die Vielzahl der Arbeiten gesteuert werden?
- Eigentlich wichtige Dinge bleiben liegen.
- Fehlerhafte Dinge gehen in Produktion oder werden ausgeliefert.
- Die Behebung dieser Fehler kostet dann gleich wieder Extrazeit.
- Auftraggeber wie Fachbereiche, Kunden werden verärgert.
- Usw.

Die Vorteile von Kanban
Zeit, diese Dinge mit Kanban zu adressieren!

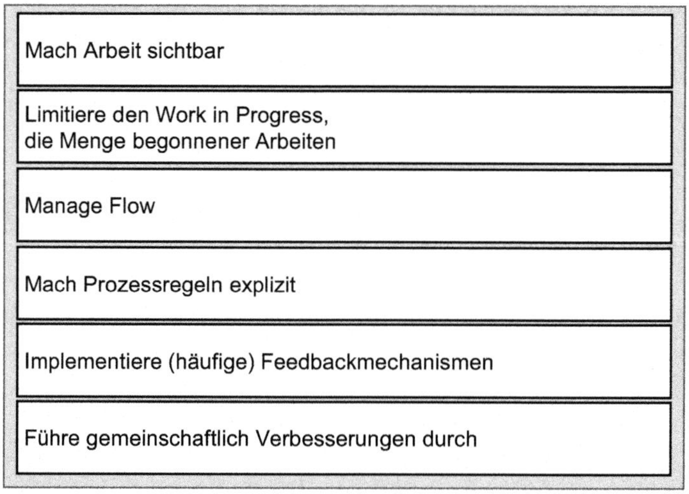

Abb. 18.2 Die Kanban-Praktiken

Kanban folgt einfachen Regeln. Es stützt sich auf leicht nachvollziehbare Techniken. Damit ist es leicht zu erlernen.

Es ist mit relativ wenig Aufwand zu implementieren.

Es kann in relativ kurzer Zeit zu deutlichen Verbesserungen im Kommunikations- und Arbeitsfluss, der Termintreue, der Qualität der Ergebnisse usw. führen.

18.3 Die Werte, Grundprinzipien und Praktiken von Kanban

Ich hoffe, Sie sind nun so neugierig, dass Sie noch einen Zwischenschritt mitgehen, bevor wir im Detail in die sechs Praktiken eintauchen und sie mit Leben füllen.

Kanban geht es stark um die Arbeitskultur. Es dreht sich um Menschen und nicht um Techniken. Übergeordnet sind die Werte von Kanban (wie auch das Agile Mindset ganz allgemein). Ohne sie wäre Kanban einfach nur mechanisch angewandt, aber nicht mit Leben gefüllt.

Wir haben bereits kurz die Praktiken besprochen, wie beispielsweise das Visualisieren der Arbeit.

In Abb. 18.3 sind die Werte und Grundprinzipien von Kanban zusammengefasst.

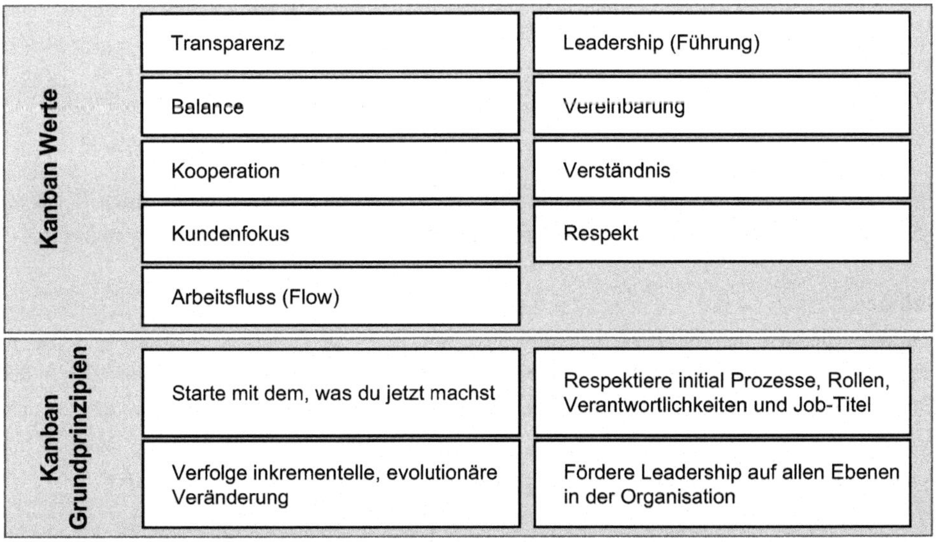

Abb. 18.3 Kanban-Werte und Grundprinzipien

Nun bringen wir diese drei Facetten zusammen: Werte, Grundprinzipien und Praktiken. Wir betrachten die Werte näher und sehen aus dieser Perspektive auf die Grundprinzipien und Praktiken. Mike Burrows [2] hat den Werten und deren Anwendung in Kanban-Systemen einen ganzen Teil eines Buches gewidmet.

Transparenz
Kanban arbeitet mit Boards, an denen die Arbeit visualisiert wird. Bevorzugt sind physische Boards, z. B. Whiteboards.

Dabei werden zuerst die Grenzen des zu betrachtenden Systems festgelegt: Was ist derzeit der erste Prozessschritt? Was ist der letzte, bevor vielleicht eine Übergabe an einen anderen Bereich stattfindet? Gibt es vielleicht zwischendurch auch Übergaben? Welche Schritte durchläuft die Arbeit innerhalb der Systemgrenzen?

Vielleicht werden diese Übergaben zum ersten Mal so richtig transparent.

Was sind die Regeln, nach denen die Arbeit abläuft? Wann kann ein Ticket in die nächste Spalte genommen werden?

Wenn nun die Arbeit mit Tickets visualisiert wird, die über das Board gezogen werden, dann werden auch eventuelle Wartezeiten sichtbar.

Wenn auf den Tickets steht, wer jeweils dran arbeitet, kann dies mehrere Effekte haben:

- Es erleichtert die Abstimmung und Kommunikation untereinander.
- Es werden Überlastungen erkennbarer.

Im gemeinsamen Feedback werden diese Dinge und Verbesserungsmöglichkeiten diskutiert.

Physische Boards erleichtern die Zusammenarbeit, in dem sie den gemeinsamen Blick auf die Situation unterstützen. Es gibt keine Schwelle wie Anmelden an einem System etc.

Balance
Erinnern Sie sich an die Praktik „Limitiere den Work in Progress"? Dahinter steht die Frage, an wie vielen Dingen parallel gearbeitet werden kann, ohne dass der Fluss der Arbeit darunter leidet. Gemeint ist hier nicht das persönliche Multitasking. Dieses ist erwiesenermaßen immer schädlich, zeit- und energieraubend. Aber es entstehen immer wieder mal Wartezeiten, die Bearbeitung von einzelnen Dingen dauert länger als gedacht usw.

Nutzen wir einfach nochmals die Schritte aus dem Lebenszyklus:

- Analyse
- Design
- Umsetzung
- Test
- Lieferung

Wenn verschiedene Teammitglieder mitarbeiten, kann die Situation eintreten, dass beispielsweise die Kollegen beim Ausprobieren/Testen noch nicht fertig sind, aber immer mehr Arbeit zum Testen bereitsteht. Damit steigt das Volumen an begonnener Arbeit im System an.

In Kanban liegt der Fokus aber auf dem Flow und auf dem Fertigwerden.

Für die Balance kann nun ein Limit auf die Spalte „Test" oder „Bereit für Test" gelegt werden. Dann darf sich nur die genannte Anzahl Tickets dort befinden. Stehen nun „eigentlich" weitere Tickets dafür bereit, muss sich das Team erst darum kümmern, dass der Stau in diesem Bereich abgebaut und der Fluss der Arbeit wiederhergestellt wird. Sprich: Nicht jeder macht an „seiner" Arbeit weiter, sondern man kümmert sich gemeinsam darum, dass es weitergeht. Der Fluss im System, durch den begonnene Arbeit fertig wird, ist wichtiger als die Auslastung der Mitarbeiter. Nur fertige Arbeit bietet einen Wert.

Umgekehrt bedeutet ein „freier Platz" auf dem Board, dass ein weiteres Arbeitspaket in diesem Bereich gezogen werden könnte.

Achtung: Gezogen und nicht geschoben! Kanban arbeitet mit dem Pull-Prinzip, d. h. diejenigen, die die Arbeit tun werden, ziehen sich das Arbeitspaket in den entsprechenden Bereich hinein. Also kann eine Spalte „Bereit für Test" die Tickets aufnehmen, aber derjenige, der den Test vornimmt, entscheidet darüber, wann er sich die entsprechende Arbeit holt und diese damit angeht.

Damit steuern die Mitarbeiter selbst ihre Arbeit. Es findet ein Ausbalancieren von Arbeitslast und Kapazität statt.

Dies hat nicht nur Auswirkungen auf die Balance, sondern steht auch in Verbindung mit anderen agilen Werten wie dem Fokus. Weniger Multitasking bedeutet mehr Fokus, mehr die Möglichkeit, sich auf eine bestimmte Arbeit konzentrieren zu können, höhere Produktivität und mehr Qualität.

Über Kanban-Boards kann die Gesamtbelastung im System durch verschiedene Projekte, Initiativen usw. sichtbar gemacht und damit auch besser gesteuert werden.

Diese Boards können sehr gut auf Whiteboards oder auf Pinnwänden abgebildet werden. Es muss nicht immer ein elektronisches Tool sein. Die Kollegen bekommen jeweils Sticker oder Magnete mit einem Symbol oder ihrem Namen oder Kürzel, sodass sie jeweils markieren können, wenn sie sich ein Ticket vornehmen. Aber an wie vielen der Tickets darf nun ein Name sein? Kennen Sie vielleicht auch Kollegen, die sehr engagiert sind und gerne „mitmischen"? Vielleicht tut es Ihnen durchaus gut, wenn Sie beispielsweise nur zwei Markierungen anbringen und damit an zwei Dingen „parallel" arbeiten können? Es tut Ihnen vielleicht persönlich gut und auch dem Arbeitsfluss, weil Sie nicht so leicht zum Flaschenhals werden.

Kooperation
Denken Sie an die Praktik „Führe gemeinschaftlich Verbesserungen durch".

„Gemeinschaftlich" bedeutet, dass immer mehrere Menschen beteiligt sind und dabei zusammenarbeiten. Dies kann das Team selbst sein. Die Kooperation geht aber auch über die Teamgrenzen hinweg und betrifft beispielsweise auch diejenigen, die die Arbeitsergebnisse übernehmen. Dies könnten interne oder externe Kunden sein, die die Ergebnisse einsetzen. Es können aber auch andere Bereiche im Unternehmen sein, die diese noch weiterbearbeiten. Ausgehend vom Ist-Zustand mag es heute Übergaben an den Systemgrenzen geben, die aber vielleicht durch Feedback und die verstärkte Zusammenarbeit perspektivisch verschwinden könnten: Vielleicht durch die gemeinschaftliche Arbeit in einem gemeinsamen System. So könnte aus zwei Teams, die nacheinander mit jeweils eigenen Boards arbeiten, eines Tages ein Team mit einem gemeinsamen Board werden, das innerhalb des Systems mehr Schritte abbildet.

Kundenfokus
Wir hatten bereits über die Praktik „Manage den Arbeitsfluss" gesprochen. Mike Burrows gibt den Rat:

> Wissen Sie, was Sie liefern, an wen und warum
> [2, Pos. 954 Kindle-Edition].

Klingt trivial, ist es aber nicht. Davon sind viele andere Überlegungen letztlich abhängig.

Denken Sie an die Projektplanung, z. B. mit den Personas: Wer sind Kunden? Was sind deren Bedürfnisse? Wer und wem nutzt Ihre Arbeit am Ende? Wie zufrieden sind die Kunden damit?

Es geht nicht nur darum, Anforderungen zu erfüllen. Es ist unglaublich schwer, alle Anforderungen möglichst genau zu Beginn zu definieren. Daran krankt genau das plangetriebene Vorgehen. Wenn ein Prozess, ein Produkt noch nicht besteht, bezieht sich jede Anforderung und deren Beschreibung, egal wie detailliert, auf etwas Abstraktes. Es ist viel leichter, anhand erster konkreter Ergebnisse die Bedürfnisse zu beschreiben und weiter zu entdecken. Mike Burrows schreibt dazu:

> Kreative Wissensarbeit handelt nicht nur davon, was wir schon wissen. Es ist ein Prozess der Wissenserarbeitung. Benutzen Sie Ihr Kanban Board, um stets daran erinnert zu werden: „Was wissen wir noch nicht?"
> [2, Pos. 996 Kindle-Edition].

Vielleicht erkennen Sie eigene Anteile in der Problematik, die ich bei mir persönlich sehe: Ich habe meist mehr Ideen als Zeit. Wohin damit? Ich habe immer wieder mit der Art der Ideensammlung experimentiert, um sie nicht zu verlieren oder „untergehen" zu lassen. Sie geben mir Energie, wenn sie sich entwickeln. Andererseits geben sie ein schlechtes Gewissen, wenn sie unter „To do" stehen, aber vielleicht „nie" drankommen.

Auf meinem Board habe ich nun Ideenspalten dafür eingerichtet. Die Umsetzung der Ideen steht im Wettbewerb mit anderen Arbeiten, sodass dann die Schlüsselfrage lautet: Wem nutzt die Umsetzung? Wessen Bedürfnisse deckt sie ab? Aber sie sind notiert, und je nach Antwort auf die Frage landen sie in der Liste der Arbeiten der nächsten Woche (ich persönlich plane meine Arbeit wochenweise). Mitunter muss ich sie in einem Zwischenschritt vielleicht in kleinere Häppchen herunterbrechen, sodass vielleicht nur ein einzelnes „Häppchen" in der Wochenplanung steht. Nur: Wenn sie da drinstehen, gibt es einen Anlass, ein Bedürfnis zur Umsetzung. Das Aufnehmen in meine Wochenplanung ist mein Commitment, dass sie „dran" sind – zugunsten eines „Kunden" und zum Adressieren eines Bedürfnisses. Das gibt mir die Energie zurück, die ich beim Geistesblitz hatte.[1]

Aus diesem Kundenfokus heraus ist auch echte Innovation möglich: Was ist der „Job-to-be-done"[2] für den Kunden? Was hilft ihm oder ihr dabei? So können Sie auch Bedürfnisse entdecken und mitberücksichtigen.

Arbeitsfluss

Guter Arbeitsfluss zeichnet sich durch Gleichmäßigkeit und Vorhersagbarkeit aus. Dies führt zu mehr Pünktlichkeit und Zuverlässigkeit. Dazu passt natürlich wieder genau die Praktik „Manage Flow im System".

---

[1]Ich habe mich über Jahre immer wieder intensiv mit Selbstmanagement und verschiedenen Methoden beschäftigt. Ideen für den Einsatz von Kanban finden Sie bei „Personal Kanban: Mapping Work, Navigating Life" von Jim Benson and Tonianne DeMaria Barry.

[2]In Anlehnung an das gleichnamige Buch „Jobs-to-be-done"von Anthony W. Ulwick.

Bei einem Kanban-System wird immer mit dem aktuellen Ist-Zustand begonnen. Auf der Basis der gewonnenen Erfahrungen und Einsichten können dann gemeinschaftlich „Experimente“ gemacht werden, ob sich das System noch verbessern ließe. Ein Kanban-Board ist daher nie statisch.

Wenn Sie dies nicht gleich mit einem Team oder in einem Projekt „offiziell“ oder „öffentlich“ ausprobieren wollten, dann experimentieren Sie mit einem persönlichen Kanban-Board. Sie legen die Spalten fest, visualisieren Ihre Arbeit als Tickets und begrenzen die Menge der parallel begonnenen Arbeit. Jede Woche überlegen Sie kurz, ob das Board so für Sie gut funktioniert. Wenn nicht, passen Sie es an! Und streben Sie keinen Idealzustand an. Es wird sich immer wieder ändern. Wenn es sich über längere Zeit nicht mehr ändern sollte, noch nicht einmal mehr in Kleinigkeiten – Mal ganz ketzerisch gefragt: Arbeiten Sie noch wirklich damit? Ich spreche da leider aus Erfahrung. Aber ich kann Ihnen auch aus Erfahrung sagen, dass es sich immer wieder lohnt.

Große „Power“ entwickelt Kanban immer dann, wenn sich der Blick nicht nur auf das persönliche Selbstmanagement oder die Steuerung der Arbeit eines Teams richtet, sondern übergreifend über mehrere Teams bis hin zur Organisation als solcher. Die verschiedenen Stufen werden als sog. Flight Levels bezeichnet und später noch erläutert werden (Kap. 20).

Führung (Leadership)
Wie würden Sie Leadership definieren?

Der Begriff wird nicht einheitlich genutzt. Heute wird darunter unter anderem auch die Fähigkeit verstanden, andere zu motivieren und zu überzeugen. Die Macht der Leadership beruht auf „freiwilliger Selbstbindung, die auf der Basis von Akzeptanz, Identifikation und Motivation“ beruht (Gabler Wirtschaftslexikon [3]).

Leadership ist damit nicht das gleiche wie Management. Management wird als Macht interpretiert, die auf „Hierarchie und Kompetenz qua Amt zurückgeführt wird“ [3].

Selbst wenn Sie sich also nicht als Teil des Managements verstehen würden, können Sie oder auch jemand aus Ihrem Team sehr wohl ein Leader sein, der die Mitarbeiter inspiriert und mitnimmt.

Kanban ist ein Change-Management-Ansatz: Es werden gemeinsam Verbesserungen und Änderungen angestrebt. Dafür braucht es Leadership auf allen Ebenen der Organisation. Oder wie eines der vier Grundprinzipien einer Kanban-Change-Initiative lautet: Fördere Leadership auf allen Ebenen der Organisation.

Verständnis

Lassen Sie uns den Wert Verständnis und das Grundprinzip „Starte mit dem, was du jetzt machst“ zusammen betrachten. Bilden sie auf Ihrem Kanban-Board immer zuerst die Ist-Situation ab und nicht bereits einen Wunschzustand. Erzeugen Sie erst Verständnis für Stärken und Schwächen im Ist, verankern Sie damit auch die Veränderungen auf einem gemeinsamen Verständnis der Ausgangssituation.

Mike Burrows erweitert das Grundprinzip um den Wert „Verständnis“: „Starte mit dem, was du jetzt machst und verstehe“:

- Verstehe den Zweck des Systems und wie es dem Kunden dient,
- wie es gegebenenfalls Kunden unzufrieden macht und Mitarbeiter frustriert und
- in welche Richtung es verändert werden sollte.

Kennen Sie Formulierungen für Unternehmensvisionen der Art „Wir sind der bevorzugte Partner für…“. Prima – und warum? Bei welchem Job-to-be-done hilft das Unternehmen den Kunden? In diesem Verständnis für den Kunden und dessen Bedürfnisse liegt die eigentliche Macht. Das gilt auch für Projekte: Bei welchem Job helfen Sie Ihren Kunden?

Wenn Kunden und/oder Team unzufrieden sind, gehen Sie dies mit kleinen Schritten der Veränderung an. Dazu passt der nächste Wert: Vereinbarung.

Vereinbarung

Hier sei auf das Grundprinzip 2 verwiesen: Verfolge inkrementelle, evolutionäre Veränderung.

Verfolgen – nicht anwenden! Die Wortwahl erinnert daran, dass evolutionäre Veränderung ein andauernder Prozess ist und keine Einmalaktion.

Evolutionäre Veränderung geht immer vom Ist-Zustand aus. Ist kann auch der erreichte, neue Zustand sein, der bereits eine Zeit lang erprobt wurde. Zu Beginn fühlt sich jede veränderte Situation ungewohnt an. Erproben Sie diese erst und machen Sie Erfahrungen, bevor Sie Schlüsse ziehen.

Evolutionäre Veränderung ist ergebnisoffen. Auch wenn Sie ein gedankliches Bild von den Veränderungsschritten hatten, lohnt es sich, nach jedem Schritt innezuhalten und ein neues Verständnis aufzubauen. Vielleicht ist der nächste Schritt doch ein anderer als ursprünglich gedacht.

Indirekt geht es auch um die Anpassungsfähigkeit und die Fähigkeit zur Veränderung.

Veränderungen können auch mal nicht erfolgreich sein. Daher sollten sie immer so gestaltet werden, dass ein Fehlschlag keine bleibenden Schäden hinterlässt. Das spricht für kleine Schritte der Veränderungen.

Vereinbaren Sie dieses Vorgehen.

> Im Kontext der Organisation ist Vereinbarung eine nützliche Abkürzung für eine wertvolle Fähigkeit, das Change Management
> [2, Pos. 1563 Kindle Edition].

Respekt
Wir sprechen laufend von Veränderungen, von Change. Kanban ermuntert uns in seinen Praktiken, initial von bestehenden Prozessen Rollen, Verantwortlichkeiten und Jobtiteln auszugehen. Es gibt immer Gründe dafür, warum Dinge so sind, wie sie derzeit sind. Es ist ein Ausdruck von Respekt, von der derzeitigen Situation auszugehen, und nicht gleich alles über Bord zu werfen. Über das Visualisieren und das gemeinsame Gespräch entstehen die Ideen für die Veränderung aus dem Team heraus.

Respekt heißt aber auch, in der gemeinsamen Arbeit respektvoll miteinander umzugehen, gerade bei Diskussionen und Veränderungen.

Literatur

1. Anderson DJ (2010) Kanban: successful evolutionary change for your technology business. Blue Hole Press, Sequim
2. Burrows M (2015) Kanban verstehen, einführen, anwenden. dpunkt, Heidelberg
3. Springer Gabler Verlag (Hrsg) (2004) Gabler Wirtschaftslexikon, Stichwort: Leadership. http://wirtschaftslexikon.gabler.de/Archiv/-2046932901/leadership-v1.html.

Weiterführende Literatur

Anderson DJ, Carmichael A (2016) Essential Kanban condensed. Lean Kanban University Press. http://leankanban.com/guide/. Zugegriffen: 24. Febr. 2017

International Business and Quality Management Institute, LLC (2016) IBQMI® Certified Kanban Coach®, The Official Training Material

Kniberg H (2011) Lean from the Trenches: managing large-scale projects with Kanban. The Pragmatic Programmers, LLC, Raleigh

Kniberg H, Skarin M (2009) Kanban and Scrum: making the most of both. https://www.infoq.com/minibooks/kanban-scrum-minibook. Zugegriffen: 5. Okt. 2012

Leopold K (2016) Kanban in der Praxis. Hanser, München

Leopold K, Kaltenecker S (2013) Kanban in der IT. Hanser, München

Skarin M (2015) Real-world Kanban: do less, accomplish more with lean thinking. The Pragmatic Programmers, LLC, Raleigh

19 Die Kanban-Praktiken und was sie für die Projektarbeit bedeuten

Zusammenfassung

Kanban beruht auf sechs Praktiken:

- Mach Arbeit sichtbar.
- Limitiere den Work in Progress, also die Menge an begonnener Arbeit.
- Manage Flow.
- Mach Prozessregeln explizit.
- Implementiere (häufige) Feedbackmechanismen.
- Führe gemeinschaftlich Verbesserungen durch.

In diesem Kapitel werden diese Praktiken im Detail vorgestellt. Es führt schrittweise durch die Praktiken und hilft, diese im Selbstmanagement und der Projektarbeit praktisch anzuwenden.

Gerade bei der ersten Praktik, der Visualisierung der Arbeit, werden Beispiele verschiedener Möglichkeiten aufgezeigt. Frei nach Frank Sinatra geht es um „I do it my way". Es gibt kein Kanban-Board für „alle Fälle". Es ist immer speziell auf die Situation anzupassen und wird sich im Laufe der Zeit und mit der Erfahrung auch ändern. Das Kapitel will dazu einladen, dies direkt auszuprobieren.

Im Fokus des Buchs stehen Projekte, die neben dem Alltagsgeschäft gestemmt werden. Daher werden Messmethoden und Diagramme wie das Cumulative Flow Diagram hier nicht behandelt. Dafür sei auf weiterführende Literatur verwiesen.

Im Kap. 17 hatten Sie sich bereits einen Überblick über die Kanban-Praktiken verschafft. Nun wird jede Praktik detailliert vorgestellt.

U. Kusay-Merkle, *Agiles Projektmanagement im Berufsalltag*,
https://doi.org/10.1007/978-3-662-56800-2_19

Da nachfolgend immer wieder Fachtermini verwendet werden, lassen Sie uns diese bitte vorab kurz definieren.

Einige Kanban-Fachtermini

Kanban- Board	Eine visuelle Organisation von Karten (Kanban) in einem Kanban-System. Dabei weisen die Kanban-Boards im Regelfall vertikale Spalten auf, die eine Abfolge von Arbeitsschritten (meist von links nach rechts) abbilden. Zusätzlich sind horizontale Bereiche, sog. Swim Lanes möglich (siehe auch Abb. 19.6).
Kanban- System	Es bezeichnet ein Pull-System, mit dem der Arbeitsfluss visualisiert und die Menge der parallelen Arbeiten begrenzt wird (durch ein WIP-Limit = Work-in-Progress-Limit).
Ticket, Karte, Card	Die visuelle Abbildung einer Arbeitseinheit auf dem Kanban-Board.
Spalte	Vertikale Unterteilung des Kanban-Boards, die typischerweise einen Bearbeitungsschritt abbildet. Dabei kann eine Spalte auch in Unterspalten aufgeteilt werden, um Warteschlangen abzubilden (siehe auch Abb. 19.4)

19.1 Mach Arbeit sichtbar – Visualize Workflow

Für diesen Punkt ist Kanban bekannt geworden.

Die meisten von uns sind heute Wissensarbeiter. Wissensarbeit ist, wie bereits gesagt, unsichtbar. Damit ist auch nicht klar, wie viel Arbeit sich in einem System oder auf dem „Tablett" eines Einzelnen befindet. Dies hat zwei Effekte:

- Es lädt dazu ein, noch mehr Arbeit ins System zu geben.
- Es erzeugt auch beim Einzelnen leicht die Bereitschaft, noch zusätzliche Arbeit anzunehmen. Erst bei genauerem Hinsehen kommt dann das „Erwachen". Eine Führungskraft nannte dies scherzhaft den „Nachbrennereffekt". Das Extrem: Wegen eines wichtigen Projektes habe ich die ganzen To-dos aufgelistet und mit Aufwand beziffert, um mein ungutes „Bauchgefühl" mit Daten zu untermauern. Das Ergebnis: Ich hatte Negativtage – also mehr verplante Arbeitstage als der Rest des Jahres noch hatte. Solche Erfahrungen haben mich zu einem überzeugten Fan von Kanban auch im Selbstmanagement gemacht! Hätte ich zu dieser Zeit bereits für mich Kanban genutzt, hätte ein gemeinsamer Blick auf das Board genügt, um das Arbeitsvolumen zu erkennen und gemeinsam priorisieren zu können.

Das Sichtbarmachen der Arbeit umfasst bei Kanban mehrere Punkte, die Sie auch auf Abb. 19.1 sehen können:

- Zuerst beschäftigt man sich mit den verschiedenen Arbeitstypen, die anfallen, deren „Quellen" und die verschiedenen Bearbeitungsschritte, die für diese Arbeitstypen notwendig sind.
- Die einzelnen To-dos werden mit Tickets sichtbar gemacht. Damit wird zum einen die Menge an Arbeit sichtbar, zum anderen können aber auch verschiedene Arbeitstypen transparent dargestellt werden.
- Der Arbeitsprozess wird in Form von Spalten auf einem Kanban-Board dargestellt.
- Der Fluss der Arbeit wird sichtbar, wenn die Tickets von den Mitarbeitern jeweils weiterbewegt werden. Dabei gilt das Pull-Prinzip, d. h. die Arbeit wird nicht zugeteilt, sondern die Mitarbeiter ziehen sich ein Ticket und nehmen sich damit einen „Arbeitsauftrag".
- Auf den Tickets ist entsprechend vermerkt, wer daran arbeitet.

Allen diesen Punkten werden wir uns jetzt näher widmen.

Aber bevor wir damit beginnen, noch ein paar praktische Tipps zum Vorgehen.

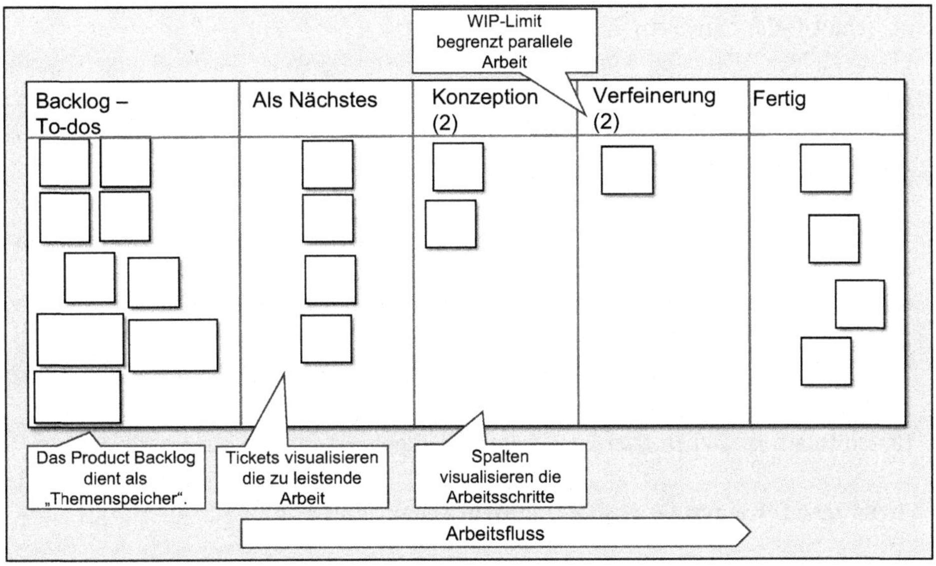

Abb. 19.1 Kanban-Board mit Erläuterungen

19.1.1 Praktische Tipps zum Erstellen Ihres ersten Kanban-Boards und der Arbeit damit

Die praktischen Tipps unterscheiden sich nun ein wenig, ob es ein Board für Sie allein oder für ein Team werden soll. Dabei gehen wir zuerst von einer rein manuellen Form aus, auch wenn es jeweils auch richtig gute elektronische Tools dafür gibt.

Nutzen Sie zu Beginn Papier- und Haftnotizen! So ist es gerade zu Beginn wichtig, Erfahrungen zu sammeln und zu experimentieren.

Ein elektronisches Tool würde in dieser Phase gleich weitere Fragen aufwerfen: Welches Tool überhaupt? Was ist im Unternehmen erlaubt? Wer könnte es installieren? Wie funktioniert es? Was ist der Preis? Sparen Sie sich diese zusätzliche Dimension für den Anfang und legen Sie einfach „traditionell" los.

Wenden wir uns erst dem Personal Kanban zu, in dem Sie für Ihr Selbstmanagement ein Kanban-Board nutzen wollen. Im Anschluss geht es um die Arbeit mit einem Team.

Sie benötigen für Personal Kanban als Material:

- mindestens ein großes Blatt Papier, auf dem Sie Ihr Board entwerfen können oder
- als schicke Alternative ein magnetisches Board,
- einen kleinen Vorrat an kleinen Haftnotizen, vorzugsweise auch in unterschiedlichen Farben; sie werden sie nutzen für die Spaltenüberschriften, beim Sammeln der Arbeitstypen und eventuell auch als Tickets, die Sie über das Board bewegen können,
- eventuell auch Indexstreifen: Wenn Sie feststellen, dass Sie nicht viele Informationen auf den Tickets unterbringen wollen, dann haben sich bei mir auch Indexstreifen bewährt. Dies sind Markierungen, um beispielsweise in Unterlagen bestimmte Stellen leichter auffindbar zu machen. Sie lassen sich auch beschriften, und es gibt sie in unterschiedlichen Farben. Sie sind deutlich kompakter als Haftnotizen und haften meist besser.
- Stifte zum Schreiben auf Papier oder auf dem magnetischen Board (falls Sie dieses direkt beschriften wollten),
- für ein Board zusätzlich Klebestreifen oder Kreppband zum Markieren der Spalten.

Sie benötigen für einen Workshop mit dem Team:

- ein Whiteboard, eine Pinnwand oder ein sehr großes Papier, das Sie auf einer Wand befestigen können (Achtung: Wenn Sie direkt an einer Wand arbeiten, empfiehlt es sich oft, zumindest zwei Blatt Papier übereinander zu kleben, da Flipchartmarker gerne ein wenig „durchschlagen"),
- verschiedenfarbige Haftnotizen oder alternativ bei einer Pinnwand Karten und Nadeln,

- eventuell verschiedenfarbige Aufkleber für Markierungen auf den Tickets,
- eventuell Magnete für ein Whiteboard, wobei mithilfe eines Magneten markiert werden kann, welcher Mitarbeiter an welchem Ticket arbeitet,
- Kreppband zum Markieren von Spalten,
- Flipchartmarker.

Sie benötigen dafür so viel Platz und Material, dass Sie mit dem Team gemeinsam das Kanban-System entwerfen können!

Versuchen Sie bitte nicht, schon mit „fertigen“ Vorschlägen zu kommen. Wenn das Team gemeinsam „sein“ Board gestalten kann und dabei auch die Praktiken verstehen lernt, dann werden sie auch besser damit arbeiten können und wollen. Holen Sie Ihre Leute mit ins Boot! Dieser Workshop ist dann ein Teil davon.

Für den Workshop hilft es, Flipcharts vorzubereiten, um die Schritte vor Augen zu haben, die Sie mit dem Team gemeinsam durchlaufen wollen. Abb. 19.2 ist als Anregung gedacht.

Und nun werden wir diese Schritte zum Gestalten Ihres Boards auch gemeinsam durchlaufen.

19.1.2 Welche Arbeitstypen haben Sie?

In einem ersten Schritt geht es darum, die verschiedenen Arten von Arbeit zu identifizieren, die auf dem Kanban-Board visualisiert werden sollen.

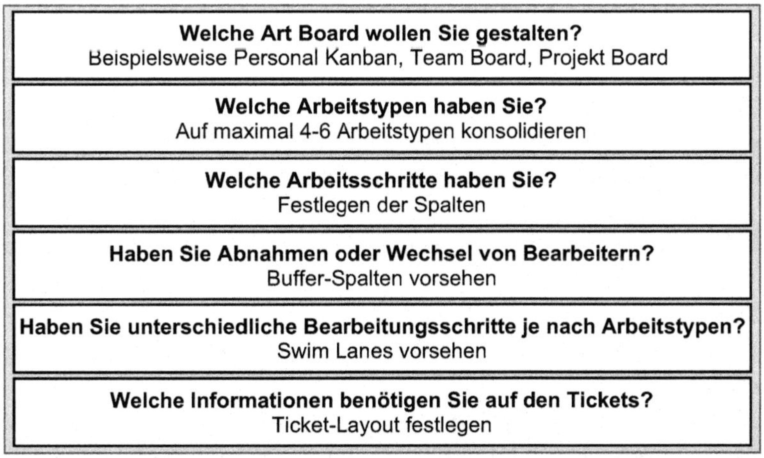

Abb. 19.2 Schritte beim Gestalten eines Kanban-Boards

Arbeitstyp Ein Arbeitstyp ist eine bestimmte Art oder Kategorie von Arbeitseinheiten. Arbeitstypen sind meist durch eine bestimmte Abfolge von Bearbeitungsschritten gekennzeichnet.

Dazu gehört auch eine grundlegende Entscheidung:

- Soll es ein Board nur für die Projektarbeit und damit für das Projektteam sein? Dann grenzt dies die Arbeitstypen ein wenig ein. Sie können sich auf die Arbeitstypen fokussieren, die mit dem Projekt in Verbindung stehen. Lassen Sie sich trotzdem bei den Fragen inspirieren. Gewisse Ad-hoc-Themen wie Spezialauswertungen, die unversehens „hereinschneien", kann es da auch geben.
- Wollen Sie zuerst eigene Erfahrungen sammeln, also Personal Kanban für das Selbstmanagement einsetzen? Dann können Sie auch noch anfallende Arbeiten außerhalb Ihrer beruflichen Tätigkeit mit aufnehmen. Auch dafür finden Sie ein paar Fragen als Anregung.
- Arbeiten Sie mit einem Team im Alltag und im Projekt zusammen, dann können sowohl die Alltagstätigkeiten (Prozess-/Linienarbeit) abgebildet werden als auch die Projektarbeit.

Lassen Sie sich nun einfach von den Fragen inspirieren.

Machen Sie ein Brainstorming und schreiben Sie die gefundenen Arbeitstypen auf Haftnotizen. So können Sie diese in einem nachfolgenden Schritt auch bei Bedarf clustern.

Hier nun einige Fragen als Anregung:

- Welche verschiedenen Arten von Arbeitsaufträgen bearbeiten Sie selbst oder Ihr Team?
- Unterscheiden sich die Arbeiten je nach Auftraggeber, beispielsweise in der Dringlichkeit?
- Gibt es bei verschiedenen Arbeiten auch unterschiedliche Bearbeitungsschritte?
- Benötigen Sie vielleicht für manche Dinge eine Freigabe durch eine andere Abteilung oder Führungskräfte?
- Haben Sie direkte Anfragen von Kunden, vielleicht sogar unter Umgehung einer Hotline?
- Geben Sie Unterstützung für Kollegen?
- Bekommen Sie Anfragen von anderen Projekten, Teams oder Initiativen, die Sie oder Ihr Team bearbeiten?
- Müssen Sie mitunter maschinelle Auswertungen oder manuelle Reports erstellen?
- Nehmen Sie Änderungen an technischen Komponenten etc. vor?
- Werden Sie als Experte zu Meetings hinzugezogen, z. B. um Schätzungen abzugeben?
- Usw.

Sie haben vermutlich derzeit zwei Kategorien von Arbeiten:

- solche, die „Arbeitsalltag" sind und
- solche, die zum Projekt gehören.

Was wollen Sie auf dem Kanban-Board sichtbar machen: Sollen auf dem Kanban-Board nur zum Projekt gehörende Dinge abgebildet werden oder auch „normale" Arbeiten?

Dies ist für die weitere Gestaltung eine ganz wichtige Entscheidung. Es lassen sich durchaus beide Dinge abbilden. Die Frage ist nur: Gestalten Sie das Board für sich persönlich oder wird es ein Team-oder Projektboard?

Wenn Sie mit Kanban auf der persönlichen Ebene Erfahrungen sammeln möchten, können noch weitere Dinge hinzukommen:

- ehrenamtliches Engagement in Vereinen, Kirchengemeinden oder Initiativen,
- private Projekte, wie die Renovierung einer Wohnung oder eines Hauses,
- Steuererklärung machen
- Usw.

Sie haben nun vermutlich im Team oder für sich einige Haftnotizen oder Karteikarten geschrieben. Nun geht es ans Clustern:

- Haben Sie ähnliche, aber unterschiedlich benannte Arbeitstypen identifiziert?
- Gibt es welche mit ähnlicher Priorität oder ähnlichen Bearbeitungsschritten?

Dann legen Sie diese Kärtchen zusammen.

Können Sie für die Arbeitstypen einen gemeinsamen Oberbegriff finden?

Sie sollten am Ende nicht mehr als vier bis sechs unterschiedliche Arbeitstypen haben, denn sonst wird es leicht unübersichtlich.

19.1.3 Welche Arbeitsschritte haben Sie? Die Visualisierung des Prozesses

Die Grenzen der Betrachtung auf dem Kanban-Board
Legen Sie nun zuerst die Grenzen des Kanban-Systems fest:

- Wo beginnt Ihre Arbeit? Woher kommt sie?
- An wen übergeben Sie am Ende? Liefern Sie Ihre Ergebnisse direkt an einen „End-Kunden" aus? Oder übergeben Sie an einen internen Kunden im Unternehmen, der dann mit Ihren Ergebnissen weiterarbeitet?

Die Beantwortung dieser Frage ist übrigens nicht nur interessant, wenn es ums Festlegen der Grenzen geht, sondern wie wir später sehen werden, beispielsweise auch für den Verbesserungsprozess.

Die Spalten des Boards

Legen Sie nun die Bearbeitungsschritte fest. Welche Schritte durchläuft Ihre Arbeit innerhalb der betrachteten Grenzen? Diese Schritte werden als Spalten visualisiert.

In der einfachsten Form könnte ein Board einfach nur die nachfolgenden Spalten haben:

- To do
- In Arbeit
- Fertig

Interessanter und aussagekräftiger können echte Bearbeitungsschritte sein.

Dazu ein persönliches Beispiel:

Ich war in einer Akademie für die Akquise und die Kundenprojekte zu zwei Themenbereichen verantwortlich. Zwischen einem Auftrag und der Abwicklung verging teilweise einige Zeit. Somit war für mich interessant, in welchem Stadium sich ein Kundenprojekt jeweils befindet. Mein Board bekam Spalten wie: Akquise, Angebot, Vorbereitung, Durchführung, Nachbereitung. Für die verschiedenen Kunden verwendete ich Tickets mit unterschiedlichen Farben.

Damit sah mein persönliches Überblicksboard in etwa wie in Abb. 19.3 aus:

Dieses Überblicksboard bildet nun gleich eine Ausnahme: Es dient mehr der Orientierung über die laufenden Projekte als der Steuerung des Arbeitsflusses in einem speziellen Projekt. Aber auch so etwas geht mit einem Board.

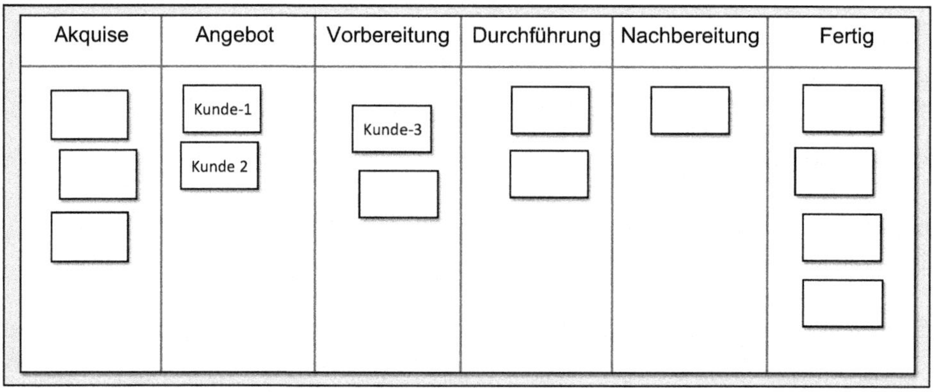

Abb. 19.3 Kanban-Board: Übersicht Kundenprojekte

Vielfach gibt es bei den Bearbeitungsschritten so etwas wie:

- Entwurf
- Abnahme
- Umsetzung
- Einsatz

Wie ist es in Ihrem Projekt? Wie könnten da die Bearbeitungsschritte heißen?

Diese Bearbeitungsschritte sind jetzt Kandidaten für Spalten.

Unterspalten

Mitunter werden Spalten aber noch unterteilt. Damit werden „Wartezustände" abgebildet. Dazu kann es kommen:

- wenn sich der Bearbeiter ändert,
- wenn Übergaben in andere Bereiche oder Abnahmen von Zwischenergebnissen stattfinden sollen. Das mag so nicht ideal sein, aber Kanban geht immer vom Status-Quo und nicht von einer Idealsituation aus.

Nun wird also eine Spalte weiter unterteilt, um die Tickets aufzunehmen, die „fertig" bzw. „bereit" für den nächsten Bearbeitungsschritt sind.

Nehmen wir im Beispiel an, dass noch eine Abnahme und Freigabe erfolgen muss. Wenn demnach der Entwurf fertig ist, ist er „bereit für die Abnahme". Könnte man das Ticket dann nicht einfach in die Spalte „Abnahme" stellen? Dann wäre ja klar, was zu tun ist. Sie sehen diese Unterspalten in Abb. 19.4.

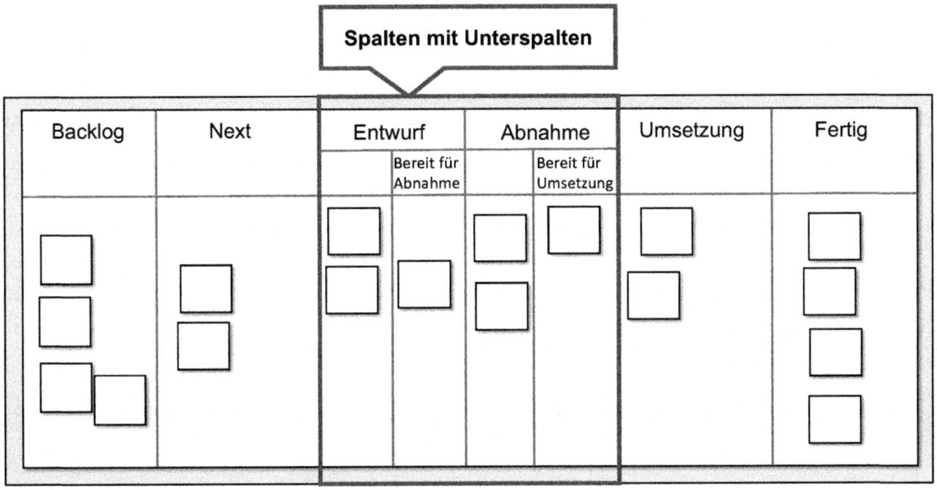

Abb. 19.4 Kanban-Board mit Unterspalte

Im Kanban-System wird nach dem Pull-System gearbeitet. Die Mitarbeiter „ziehen“ sich die Arbeit; sie wird ihnen nicht zugeteilt. Denken Sie zurück an die Kanban-Werte wie „Balance“ oder „Respekt“. Der Mitarbeiter entscheidet, wann er sich die Arbeit vornimmt. Und gleichzeitig bietet das Kanban-Board die nötige Transparenz. Denn nun werden Wartezeiten sichtbar – aus welchem Grund auch immer sie entstehen mögen.

Die Spalten an den Grenzen des Systems

Sind Ihnen die zusätzlichen Spalten aufgefallen, die bisher nicht besprochen worden waren:

- Backlog
- „Fertig“?

Die Spalte „Fertig“ als Output-Queue

Die Spalte „Fertig“ oder „Done“, wie sie oft bezeichnet wird, nimmt alle Tickets auf, die aus der Sicht des abgebildeten Systems fertig sind. Was dann mit ihnen passiert, hängt von den gewählten Grenzen des Systems ab: Sie könnten damit bereits an einen Kunden geliefert werden oder sie werden an eine andere interne Abteilung, also interne Kunden, übergeben, wo weitere Bearbeitungsschritte anfallen. Ein typisches Beispiel dafür ist traditionell in der Informationstechnologie die Übergabe von der Entwicklung in eine Produktionsvorbereitung.

Das Backlog und Input Queue

Meist haben die Kanban-Boards ganz links eine Spalte, in der die anstehenden oder möglichen Arbeiten stehen.

Warum „möglichen“? Denken Sie an das beim Product Backlog Gesagte: Es ist die Liste aller gewünschten Arbeiten, ohne Versprechen, dass diese auch wirklich drankommen. Es könnte sein, dass einzelne Dinge immer wieder beim Sortieren des Backlogs nach unten rutschen. Irgendwann wird diesen To-dos einfach nicht mehr ausreichend Wert beigemessen und sie entfallen. Oder sie kommen einfach vor Ablauf der Zeit oder des Budgets nicht mehr zur Umsetzung. Da immer nach dem Nutzen der Product Backlog Items gefragt wird, ist dies nicht weiter schlimm.

Aber wie könnte sich dies nun im Kanban-Board niederschlagen?

Wie im vorherigen Beispiel könnten Sie einfach eine Spalte für das Backlog vorsehen. Damit dort nicht immer wieder neu sortiert werden muss, kann eine weitere Spalte die nächsten, hochpriorisierten Tickets aufnehmen: „Next“ oder „als Nächstes“.

Dies lässt sich auch wunderbar im Personal Kanban nutzen:

Ich persönlich nutze Backlogs zum Sammeln von Ideen, aber auch für anstehende größere Arbeiten. Eventuell müssen größere Arbeiten erst noch in kleinere „Häppchen" unterteilt werden, da ich jeweils eine Wochenplanung mache. Somit sollten die „Häppchen" jeweils locker in die Woche passen – in Kombination mit dem üblichen Alltagsgeschäft. Damit ein Backlog nicht zu einem Sammelsurium von Ideen usw. entartet, verwende ich getrennte Backlogs für große Bereiche. Bei mir waren es beispielsweise lange die beiden Verantwortungsbereiche „PMI" und „Agile Methoden" in einer Akademie. Mein berufliches „Steckenpferd" waren die Agilen Methoden. Durch die getrennten Backlogs ging aber auch das andere Thema nicht unter. Ein drittes Backlog war für weitere, vor allem auch private Vorhaben. Übrigens war für mich immer erkennbar, aus welchem Bereich ein Ticket stammte: Sie hatten unterschiedliche Farben.

Dann folgte und folgt auch heute noch eine Spalte „Diese Woche". Dies entspricht dem „Next". Hier kommen alle hochpriorisierten Dinge rein, wenn ich meine Wochenplanung mache. Sie können aus den Backlogs in diese Spalte wandern; Es können aber auch neu hinzu gekommene Tickets sein. Da meine Arbeitswoche oft vom Wechsel zwischen Training und anderen Tätigkeiten geprägt war, hat es für mich so gut funktioniert. Ich brauche nur die Erinnerung an die To-dos; eine konkrete Zuordnung zu Tagen wäre volatil. Es folgt die Spalte „in Arbeit". In gutem „Denglisch" (Deutsch-Englisch) folgt dann bei mir die Spalte „Evaluate & Refine" – Dinge, auf die ich nochmals draufsehen will oder wo ich weiteren Input verarbeite. Und dann zu guter Letzt die Spalte „Done".

Abb. 19.5 zeigt als Anregung mein damaliges Personal-Kanban-Board.

Für mich hat diese Lösung eine ganze Weile gut funktioniert.

Aber machen Sie Ihren eigenen Entwurf und Ihre eigenen Experimente! Bei Ihnen könnte das Board ganz anders aussehen.

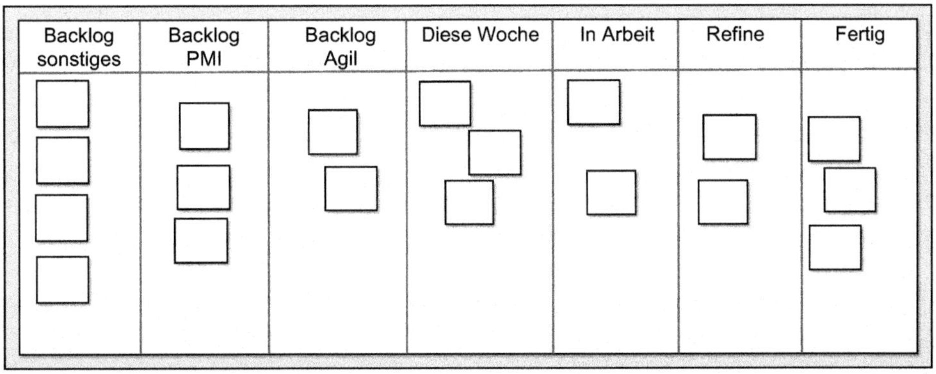

Abb. 19.5 Personal-Kanban-Board

Swim Lanes

Hendrik Kniberg beschreibt in seinem sehr lesenswerten Buch „Lean from the trenches“ ein Projekt bei der Schwedischen Polizei mit 60 Entwicklern, die in drei Teams arbeiteten. Sie hatten auf ihrem Board am Ende (denn er zeigt auch die Entwicklung des Boards) die folgenden Spalten:

- Ideen,
- Backlog (genannt „Features“),
- die nächsten zehn Features,
- „Entwicklung“ mit drei Swim Lanes für die verschiedenen Teams (die Erklärung dazu finden Sie direkt im Anschluss),
- Systemtest,
- Abnahmetest,
- Produktion.

In diesem Projekt verteilte sich die Arbeit in der Entwicklungsphase auf drei Teams. Jedes Entwicklungsteam hatte sein eigenes Board, aber das übergeordnete diente dem Überblick und zur Koordinierung der Arbeit. Wir werden darauf beim Thema Flight Level nochmals zu sprechen kommen (Kap. 20).

Sie haben vielleicht Arbeitstypen mit unterschiedlichen Bearbeitungsschritten. „To do“, „in Arbeit“ und „Done“ ist so generisch, dass es dafür scheinbar gut passen würde. Aber gleichzeitig verlieren Sie dabei die Übersicht über die verschiedenen Bearbeitungsschritte.

In beiden Fällen – bei unterschiedlichen Bearbeitungsschritten und bei Aufsplittung der Arbeit auf verschiedene Teams – helfen sogenannte Swim Lanes. So wie im Schwimmbad das Becken in verschiedene Bahnen unterteilt ist, so können auch auf einem Board verschiedene Bereiche mit unterschiedlichen Bearbeitungsschritten abgebildet werden.

Eine ganz typische Situation bilden sogenannte Fast Lanes als Sonderform einer Swim Lane ab. Teams, die sich neben ihrer anderen Arbeit auch um ganz Dringendes kümmern müssen, könnten dies nutzen. In der IT könnte beispielsweise dieser separate Bereich dringende Tickets wegen Produktionsproblemen aufnehmen. Diese Tickets bekommen Vorrang und müssen als erste bearbeitet werden, unabhängig von der bisherigen Planung. Diese Tickets sind „beschleunigt“ (vgl. Abschn. 19.3.3). Eine Fast Lane ist üblicherweise die erste Swim Lane auf einem Kanban-Board.

Ein anderes Beispiel sind Boards, die sowohl laufende Tätigkeiten als auch Projektarbeit abbilden. Sie bekommen zwei Swim Lanes.

Abb. 19.6 zeigt ein Kanban-Board mit zwei Swim Lanes.

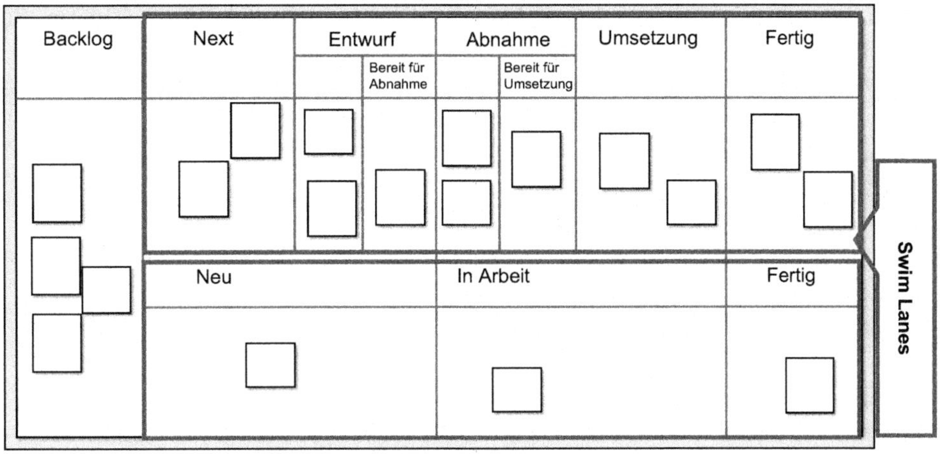

Abb. 19.6 Kanban-Board mit zwei Swim Lanes

Dies ist der derzeitige Stand der Visualisierung:

- Wir haben uns die Arbeitstypen angesehen, die uns dann auch letztlich Ideen für die Gestaltung des Kanban-Boards mit den Spalten geliefert haben.
- Wir haben das Kanban-Board selbst mit seinen Spalten entworfen.

Noch eine kleine Anmerkung:

Im Internet finden Sie viele Beispiele für Kanban-Boards. Lassen Sie sich inspirieren – bei der sukzessiven Verbesserung Ihres Boards. Denken Sie bitte daran: Sie modellieren jetzt den Ist-Zustand und kein Ideal. Kanban ist evolutionär. Was auf dem Papier so schön aussieht, weil es bei einem Team gut geklappt hat, mag am Ende nicht bei Ihnen passen. Also machen Sie Experimente und lassen Sie Ihr Board sich immer weiterentwickeln. Und: Versuchen Sie nicht, zu viele Schritte auf einmal zu machen!

Jetzt fehlt uns noch der Entwurf der Tickets.

19.1.4 Die Tickets

Die Tickets repräsentieren die einzelnen „Arbeitsaufträge" auf dem Board, die dann jeweils im „Pull-Prinzip" von den Teammitgliedern oder Ihnen selbst in die nächste Spalte gezogen werden.

Sie hatten bereits vorbereitend gesammelt, welche verschiedenen Arbeitstypen Sie haben. Darauf bauen Sie nun mit den folgenden Fragestellungen auf:

Welche Informationen sollen die Tickets enthalten, z. B.
- Ersteller des Tickets,
- kurze Beschreibung der zu leistenden Arbeit,
- eventuell Verweis auf weitere Unterlagen,
- Datum, zu dem das Ticket erstellt wurde,
- Datum, zu dem das Ticket abgearbeitet sein muss (Terminarbeiten),
- Datum, wann das Ticket fertig wurde, wenn Sie die Dauer analysieren möchten.

Wie wird der aktuelle Bearbeiter markiert, z. B.
- indem derjenige, der das Ticket zieht, seinen Namen oder seine Initialen darauf schreibt oder
- durch einen Magneten mit Namen, Foto oder Avatar (Avatare haben die Form von Männchen, Tieren oder Pflanzen und repräsentieren einen Mitarbeiter).

Bei Magneten kann noch leicht eine maximale Anzahl pro Mitarbeiter festgelegt werden, sodass jeder nur eine bestimmte Anzahl paralleler Tickets bearbeiten kann. Die Begrenzung auf nur ein Ticket wäre wünschenswert, ist aber nicht realistisch. Durch Wartezeiten, durch dringliche Tickets kommen leicht weitere hinzu. Aber setzen Sie ein Limit!

Um welchen Arbeitstypen handelt es sich?
Zum Beispiel Markierung durch

- Farbe (wie rot für Dringendes) oder
- Form des Tickets oder
- Kürzel auf dem Ticket.

Wie sollen Arbeitseinheiten oder Tickets markiert werden, die stocken (die beispielsweise aufgrund von Klärungsbedarf oder fehlendem Material oder Informationen derzeit nicht weiterbearbeitet werden können), z. B. Aufkleben von einem roten Punkt als Markierung.

Mit diesen Anregungen können Sie nun die Tickets für Ihr Board entwerfen.

19.1.5 Die erste Überprüfung der visualisierten Arbeit

Haben Sie schon einmal für Ihr Projekt oder für Ihr Personal-Kanban-Board die derzeit bestehenden Arbeitsaufträge auf Tickets gesammelt und damit sichtbar gemacht?

Meist kommt dann eine Viel- bis Unzahl an Tickets heraus.

Stellen Sie sich diese Fragen ganz kritisch:

Fragen

An wie vielen Tickets arbeiten Sie oder Ihr Team wirklich parallel?

Wie viele sind wie oft aktiv?

Je weniger Arbeit im System ist, desto schneller kann sie beendet werden. Nur fertige Arbeit hat Wert. Tickets, an denen nicht gearbeitet wird, „belasten" Ihr System. Ich meine dies durchaus auch im psychologischen Sinn. Viele Menschen haben das Gefühl, „ohne Ende" zu arbeiten – und gemeint ist: jede Menge. Ist der Sprachgebrauch nicht irgendwie verräterisch?

Durchforsten Sie Ihr Board:

- Was sind Arbeiten, die Sie schon länger nicht mehr angefasst hatten?
- Sind Sie bereits begonnen worden?
  - Nein, dann geben Sie diese Tickets zurück ins Backlog.
  - Ja? Können Sie begonnene Arbeiten vielleicht in Unterpunkte unterteilen? Verwenden Sie dafür getrennte Tickets.
  - Für die getrennten Tickets können Sie nun unterscheiden: Was noch nicht begonnen wurde, geht zurück ins Backlog. Die begonnenen Arbeiten sind nun kleinere „Häppchen" und werden vermutlich schneller fertig werden.
- Haben Sie vielleicht noch To-dos, die sich bereits „überlebt" haben oder wo zumindest der Verdacht besteht? Klären Sie dies. Eventuell entfallen Tickets.
- Wenn Sie sich bei einzelnen Tickets noch nicht entscheiden können: Sammeln Sie diese Tickets im unteren Bereich des Boards. In der Folge sollten Sie immer wieder an diesen unteren Bereich herangehen und überlegen, was mit diesen Tickets passieren soll. So können Sie den „Bodensatz" gezielt aufräumen.

Essentials zur Visualisierung und Ausblick

Schritte zur Visualisierung

Sie haben nun ein Kanban-Board mit Tickets entworfen. Dabei haben Sie die folgenden Schritte durchlaufen:

- Festlegen der Arbeitstypen,
- Gestaltung des Kanban-Boards mit
- Grenzen des Systems,
- Spalten und eventuellen Unterspalten/Swim Lanes,
- „Wartespalten" für Übergaben etc.,
- Gestalten der Tickets.

Vorteile der Visualisierung
Sie können damit bereits erkennen:

- wie der Arbeitsfluss aussieht,
- wo sich die Arbeit jeweils befindet,
- wer daran arbeitet,
- wo es gegebenenfalls stockt und dauert,
- welche Arbeiten bereits abgeschlossen sind.

Ausblick
Aber es handelt sich noch nicht um ein Kanban-System. Dazu fehlt vor allem ein ganz wichtiger Aspekt: Das Limitieren der Menge der parallelen Arbeit. Dies geschieht durch die sogenannten WIP-Limits, mit denen wir uns nachfolgend beschäftigen werden.

19.2 Die Warnung vor zu viel begonnenen Dingen – Limitiere den Work in Progress

Das Limitieren der begonnenen Arbeit ist eines der ganz wesentlichen Elemente von Kanban. Leider ein nicht so oft genutztes. Machen Sie es anders!

Die Idee hinter dem Limit:

Wenn sich nicht so viel begonnene Arbeit im System befindet, wird das einzelne Ticket schneller abgeschlossen.

Zu viel begonnene Arbeit ist letztlich teuer: Sie verlängert die Verweildauer im System und damit Antwort- oder Lieferzeiten.

Wir werden diese Praktik in mehreren Schritten angehen:

- wo jeweils das Limit eingetragen wird,
- wie es sich in der praktischen Arbeit auswirkt,
- wie wir zum passenden Limit finden.

Zunächst noch kurz einige Erläuterungen rund um den Begriff „WIP-Limit“:

Work in Progress, WIP-Limit und Pull-System

Work in Progress	Dies ist Arbeit, die begonnen, aber noch nicht abgeschlossen wurde und sich damit noch im System befindet.
Work in Progress (WIP-)Limit	Es begrenzt die Menge an Work in Progress, also begonnener Arbeit, in einem bestimmten Teil des Systems. Typischerweise wird diese Begrenzung als Zahl angegeben, die Anzahl der Work Items, die sich in diesem Bereich befinden dürfen. Die Work Items werden durch Tickets repräsentiert.
Pull-System	Bei einem Pull-System wird die Arbeit von einer vorhergehenden Spalte in eine nachgelagerte gezogen, sobald dort entsprechende Kapazität vorhanden ist.

Wo ist das Limit am Kanban-Board eingetragen?
Es steht jeweils über der Spalte, auf die sich das Limit bezieht.

Ist eine Spalte geteilt, z. B. „In Arbeit" und „Fertig" oder „Bereit für...", dann bezieht sich das Limit auf beide Teile zusammen. Alternativ kann für jede der beiden Teile ein separates Limit angegeben werden.

Dies zeigt Abb. 19.7.

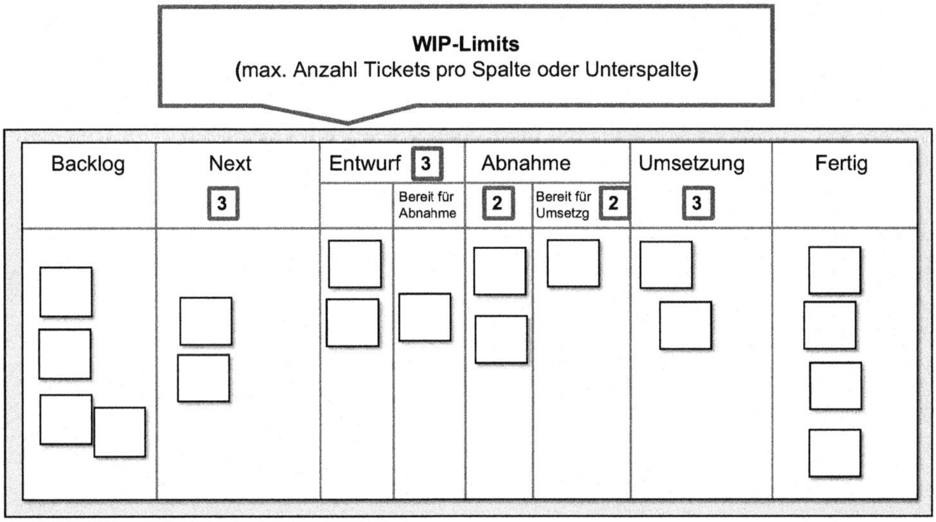

Abb. 19.7 Kanban-Board mit WIP-Limit

Die Spalte „Entwicklung“ hat das Limit von drei Tickets, unabhängig davon, wie sich diese auf die Unterspalten verteilten.

Die Spalte „Abnahme“ hat gleichfalls zwei Unterspalten, für die jeweils ein separates Limit gesetzt wurde.

Was würde aber passieren, wenn bei einer Teilung nur die „Aktivitätsspalte“ begrenzt werden würde und nicht die „Bereit für“-Spalte (Buffer-Spalte)? Dies wäre im Beispiel der Fall, wenn in der Spalte „Abnahme“ nur die linke Unterspalte limitiert wäre und die rechte nicht.

Dann könnte sich in der „Bereit für“-Spalte immer mehr Arbeit ansammeln, sodass die Limitierung letztlich nicht greift. Die WIP-Limits sollen ja gerade den Arbeitsfluss fördern.

Wie wirkt sich ein WIP-Limit auf die praktische Arbeit aus?
Betrachten wir dazu das praktische Beispiel aus Abb. 19.7 näher:

In der Spalte „Next“ sind schon zwei ausgewählt. Drei Tickets befinden sich bereits in „Entwurf“. Damit ist das Limit für diesen Arbeitsschritt ausgeschöpft.

Es kann also erst ein weiteres Ticket aus „Next“ gezogen werden, wenn dafür eines aus „Entwurf“ in „Abnahme“ gezogen wird.

Durch die Limits werden kurzfristige Engpässe und häufige Flaschenhälse transparent. Nach Ursachen kann gesucht und es können Maßnahmen überlegt werden.

Wie Sie sich vorstellen können, sind die Limits selbst auch Gegenstand von Überlegungen und können angepasst werden.

Little’s Law
Das, was gemacht wird, soll möglichst schnell fertiggestellt werden. Auf den Fluss der Arbeit kommt es an!

Mit Little’s Law aus der Warteschlangentheorie lässt sich dies sogar mathematisch beweisen.

Little's Law

Die Durchlaufzeit der Arbeit ergibt sich aus der durchschnittlichen Anzahl Arbeitseinheiten geteilt durch den durchschnittlichen Durchsatz	Durchlaufzeit = WIP/Durchsatz
WIP	Anzahl der parallel bearbeiteten Arbeitseinheiten in einem System (Work in Progress)
Durchsatz	Anzahl der abgeschlossenen Arbeitseinheiten in einem bestimmten Zeitraum
System	Ausschnitt der Wertschöpfungskette, die wir im Kanban-System abbilden

Lassen Sie uns in Tab. 19.1 mehrere Zahlenkombinationen versuchen:

Demnach folgt: Je kleiner die Menge paralleler Arbeitseinheiten (Work in Progress), desto schneller wird die Arbeit fertig.

Welche Vorteile bringt nun die Begrenzung der begonnenen Arbeiten im System:

- Probleme und Engpässe werden sichtbar,
- Multitasking wird beschränkt,
- Teamarbeit wird verbessert,
- die Qualität wird besser,
- die Durchlaufzeit wird geringer,
- damit auch Vorhersagbarkeit und Termintreue.

Sind Sie überzeugt oder wollen es zumindest versuchen? Dann stellt sich natürlich gleich auch die Frage nach dem richtigen WIP-Limit.

Tab. 19.1 Beispielberechnungen zu Little's Law

WIP: Anzahl Arbeitseinheiten in Bearbeitung	**Durchsatz:** Anzahl durchschnittlich pro Tag abgeschlossener Arbeitseinheiten	**Durchschnittliche Durchlaufzeit** Pro Arbeitseinheit = WIP/Durchsatz
10	4	2,5
20	4	5
4	4	1

Wie finden wir das passende WIP-Limit?
Nutzen Sie einen empirischen Ansatz. Beginnen Sie mit einer plausiblen Annahme und überprüfen sie diese immer wieder. Der Versuch, das perfekte Limit finden zu wollen, kostet nur mehr Zeit und bringt vermutlich auch keine besseren Ergebnisse.

Starten Sie mit der folgenden Faustregel:

- Für Aktivitätsspalten gilt: Ein bis drei Work-Items pro Teammitglied, das in den Prozessschritt involviert ist. Bei Personal Kanban wären dies also maximal drei Tickets in einer Spalte Ihres Boards.
- Für Buffer-Spalten „Fertig" oder „Bereit für" gilt: Wenn sie einmal täglich leer sind, ist das Limit zu niedrig.

Was sind nun Indizien, dass ein WIP-Limit nicht passt?

- Es werden zu viele Engpässe und Probleme gleichzeitig sichtbar, was zu Frust und Widerstand führen kann. Erhöhen Sie vorsichtig das Limit.
- Es werden zwar Probleme sichtbar, aber sie werden ignoriert, weil noch genügend andere Arbeit im System ist. Senken Sie das Limit vorsichtig.

Nun können Sie Erfahrungen mit der Limitierung der Arbeit gewinnen! Versuchen Sie es!

19.3 Manage Flow im System

Ziel hierbei ist es, den Arbeitsfluss so zu steuern und zu gestalten, dass der gelieferte Wert maximiert wird, die Durchlaufzeiten minimiert und möglichst vorhersagbar werden.

Beim Staffellauf gewinnt das Team, das den Stab (Baton) als erstes über die Ziellinie bringt: durch gute Zusammenarbeit und glatte Übergaben. Und nicht das Team, dessen Läufer die ganze Zeit über laufen! Sie bereiten sich vielmehr auf die Übergabe vor, greifen den Stab und laufen mit maximaler Geschwindigkeit bis zum nächsten Wechsel.

Auf der Webseite eines Kanban-Toolherstellers steht dazu folgende Übertragung auf das Geschäftsleben:

> In business, the runners are your workforce, and the baton is the unique value you offer to your customers. Business flow describes how well the work — i.e., the baton — is moving through your business system. It's not about effective resource utilization (how busy people are); it's about how much value is actually being produced, and how often.
>
> As an executive, watching the baton is your top priority. This helps you stay focused on keeping the work moving, not on keeping the workers busy (https://leankit.com/blog/2015/05/business-flow-watch-baton-not-runner/. Zugegriffen: 18. Dezember 2017).

Für den Fluss der Arbeit bedeutet dies:

- Die Arbeit soll schnell durch das System fließen.
- Der Fluss soll möglichst gleichmäßig sein.
- Die Durchlaufzeit soll gut vorhersagbar sein.

Dafür gibt es die nachfolgenden Steuerungsmöglichkeiten:

- Den Zufluss in das System steuern.
- Den Abfluss aus dem System steuern.
- Den Fluss im System selbst steuern.

Abb. 19.8 zeigt Ihnen dies im Überblick.

19.3.1 Den Zufluss steuern

Die Frage ist nun: Wo kommt die Arbeit her? Wir betrachten dafür die Systemgrenze mit der Input-Queue bzw. dem Backlog.

- Wer nimmt Einfluss?
- Wer hat Arbeitsaufträge an uns oder das Team?
- Wie wird priorisiert werden?

Nach der Projektplanung mögen ja die To-dos initial gesammelt worden sein. Aber durch Erfahrungen und Feedback werden weitere Arbeitseinheiten hinzukommen. Vielfach

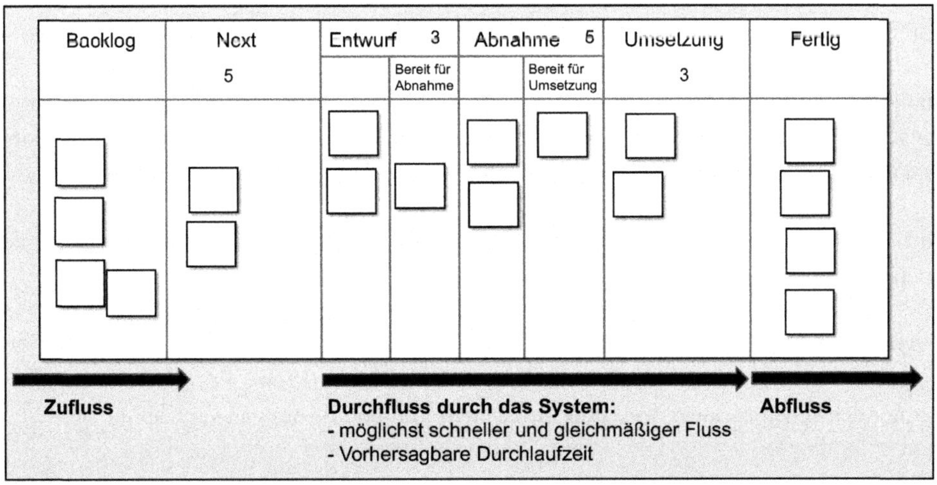

Abb. 19.8 Manage Flow im System

kann ein Team sich nicht exklusiv dem Projekt widmen. Die Arbeit kann aus verschiedenen Quellen stammen, für die teilweise die Gesamtbelastung des Teams gar nicht ersichtlich ist.

Damit konkurrieren letztlich verschiedene Stakeholder um die Kapazität des Teams.

Replenishment-Meetings
Gemeinsame Replenishment-Meeting, also Nachschubmeetings dienen dazu, festzulegen, woran ein Team arbeiten soll.

Teilnehmer:

- alle, die Arbeiten an das Team geben (Auftraggeber),
- alle, die fertige Arbeit vom Team übernehmen (interne und eventuell auch externe Kunden),
- alle, die bei Priorisierungs-Entscheidungen unterstützen können.

Wichtig ist dabei aber immer, dass keine Arbeit unter Umgehung des Nachschub-Meetings an das Team gegeben wird!

Wie oft sollten diese Meetings stattfinden?
Die Frequenz ist letztlich abhängig von der Kapazität des Teams und der Größe der Input Queue.

Positiv wirkt sich ein regelmäßiger Rhythmus aus. Er erleichtert das Planen für alle Beteiligten. So könnte das Meeting beispielsweise alle vier Wochen stattfinden. Damit können die Einladungen gleich für mehrere Termine im Voraus gesendet und die Kalender entsprechend geblockt werden. Diese Regelmäßigkeit reduziert Komplexität.

Häufigere Termine erleichtern das Nachsteuern bei neuen Erkenntnissen oder Anforderungen. Gleichzeitig gibt es weniger „Verteilungsdiskussionen". Die Kapazitäten sind nun mal begrenzt.

Auf das Replenishment-Meeting wird unter dem Aspekt der Feedbackmechanismen nochmals eingegangen werden (Abschn. 19.5).

Priorisieren der Arbeit
Erinnern Sie sich an Kap. 11 „Priorisieren" in Teil II? Das Thema Priorisieren der Arbeit ist hier deswegen so kurz, weil ihm im zweiten Teil bereits ein ganzes Kapitel gewidmet war.

Darin wurde verschiedene Möglichkeiten der Priorisierung vorgestellt. Sie gelten auch jetzt wieder.

Ziel ist hier, die anstehende Arbeit an ökonomischen Kriterien orientiert auszuwählen.

Dies kann geschehen nach verschiedenen Aspekten:

- dem Geschäftswert,
- der Risikominimierung,
- Kundenfeedback
- Cost of Delay = Verzögerungskosten (Abschn. 11.1.1).

Bei der Planung in Teil II hatten wir uns auch mit dem Minimum Viable Product (MVP) und dem Minimum Marketable Feature (MMF) beschäftigt. Ziel war dabei immer, möglichst schnell lernen zu können, ob wir in die richtige Richtung arbeiten. Dies geschah durch das Unterteilen der anstehenden Arbeit in Häppchen, sodass möglichst oft Feedback zu konkreten Ergebnissen eingeholt werden kann (Kap. 14 und 15).

Somit haben Sie aus der Planung eventuell eine Story Map, die allen Beteiligten einen Überblick über die geplante Arbeit bietet. Die eingezeichneten Meilensteinlinien zeigen die Kombination der Arbeiten, mit denen jeweils ein bestimmtes Ziel erreicht werden kann.

Aber nun gibt es vielleicht neue Erkenntnisse, sodass die Story Map aktualisiert werden muss oder zusätzliche Arbeiten, die das Team auch stemmen soll.

Somit stellt sich auch dann im Replenishment-Meeting wieder die Frage nach der Priorisierung der anstehenden Arbeiten.

Daher haben viele Kanban-Boards letztlich zwei Spalten für anstehende Arbeiten:

- eine Spalte für das Product Backlog,
- eine Spalte für die hochpriorisierten, als nächste anstehenden Arbeiten.

Oder die Aufteilung in den Spalten sieht wie folgt aus:

- eine Spalte für die noch weiter zu verfeinernden, als nächste anstehenden Arbeiten aus der Story Map als Teil der gesamten geplanten Arbeit,
- die priorisierten, weiter heruntergebrochenen User Stories.

19.3.2 Den Abfluss aus dem System steuern

Genauso interessant ist die „Fertig"-Spalte.

Was passiert mit den Arbeitseinheiten, die aus der Sicht des Teams „fertig" sind?

Kanban geht ja immer vom Ist-Zustand aus. Dementsprechend könnte im Anschluss die Übergabe an einen anderen Bereich erfolgen, der vielleicht mit den Arbeitsergebnissen weiterarbeitet.

Oder aber die Ergebnisse werden direkt ausgeliefert. Dann stellt sich die Frage, wie oft Auslieferungen erfolgen sollen.

Insbesondere in der IT spricht man hier meist von der Release-Planung.

▶ **Release** Der Begriff beschreibt das Produkt oder die Kombination von Arbeitsergebnissen, die an den Kunden ausgeliefert werden.

Wenn Sie nun überlegen, welche Kombination von Arbeitsergebnissen Sie Ihren internen oder externen Kunden zur Verfügung stellen können oder wollen, kann dies verschiedene Überlegungen beinhalten:

- Welchen Aufwand erzeugt die Auslieferung, z. B. für die Koordinierung verschiedener Bereiche?
- Welche Kosten könnten dabei entstehen?
- Wie viel Änderungen und wie oft vertragen dies letztlich Endkunden oder Anwender?

Denken Sie beispielsweise wieder an Apps mit ihren immer neuen Updates. Manche Menschen laden sich die Updates gleich herunter und interessieren sich direkt für die angegebenen Neuerungen. Andere dagegen „nerven" die Updates eher. Sie würden die Software lieber so nutzen, wie sie ist und sich nicht „ständig" mit Änderungen auseinandersetzen. Letztere würden seltenere Updates bevorzugen.

Agil wird so geplant, dass man möglichst gut Feedback einholen kann. Es muss aber nicht immer so sein, dass man dafür die Ergebnisse direkt dem Endanwender ausliefert. Feedback ist auch anhand konkreter Ergebnisse in Meetings oder Workshops möglich.

Versetzen Sie sich daher wieder in Ihre Kunden und versuchen Sie diese zu verstehen:

- Wollen und können sie mit Teilergebnissen bereits im Alltag arbeiten?
- Bieten ihnen die Ergebnisse am Ende der Meilensteinlinie bereits so viel Nutzen, dass sie die Teilergebnisse einsetzen wollen?
- Was bevorzugen Sie: Neuerungen, wenn sie vorhanden sind, oder vorher angekündigte Änderungen in weitgehend stabilen Zeitabständen?

19.3.3 Den Fluss im System steuern

Bitte gehen Sie nochmals zu Ihre Überlegungen zu den Tickets zurück: Haben Sie unterschiedliche Arten von Arbeiten und damit Tickets, die mit unterschiedlicher Priorität zu bearbeiten sind oder Verzögerungen unterschiedliche Auswirkungen haben? Vielleicht Eilaufträge und „normale" Arbeiten?

Diese Überlegungen stecken hinter dem Thema der Serviceklassen.

Serviceklassen
Basierend auf Überlegungen zu den Cost of Delay werden oft die folgenden Serviceklassen definiert:

- Standard
- Beschleunigt
- Festes Lieferdatum
- Unbestimmbare Kosten

Die Namen der meisten Serviceklassen sind weitgehend selbsterklärend, nicht aber unbedingt die „unbestimmbaren Kosten". Eine Erklärung dazu bietet die Abb. 19.9.

Über die Definition der Serviceklassen und deren differenzierte Behandlung muss immer ein gemeinsames Verständnis im Team herrschen.

Standard	Normal priorisierte Alltagsarbeiten
Beschleunigt	Arbeiten, die unmittelbare hohe Kosten vermeiden helfen und hohe Priorität haben
Fester Liefertermin	Arbeiten, bis zu einem bestimmten Zeitpunkt fertiggestellt sein müssen. Bei Nichtfertigstellung drohen hohe Kosten, z.B. bei Nichterfüllen von Regulierungsanforderungen.
Unbestimmbare Kosten	Arbeiten, die derzeit nicht dringend sind, aber in Zukunft aufgrund von Konsequenzen unbestimmbare Kosten nach sich ziehen könnten, beispielsweise durch eine nicht erfolgte Pflege von Systemen.

Abb. 19.9 Gängige Serviceklassen

Beispielsweise kann die Serviceklasse „beschleunigt“ bedeuten:

- Ein Beschleunigtticket hat immer Vorrang vor anderen und muss sofort gezogen werden (Eilauftrag).
- WIP-Limits können für diese Art Tickets überschritten werden. Wenn beispielsweise in einer Spalte bereits die maximale Anzahl Tickets hängt, können keine weiteren Standardtickets in diesem Bereich gezogen werden. Aber Beschleunigttickets dürfen. Für sie wird auch mitunter eine eigene Swim Lane eingerichtet. Diese wird mitunter auch Fast Lane genannt.

Dies sind Beispiele für die Regeln, die für Serviceklassen definiert werden können. Damit sind wir bereits bei der nächsten Kanban-Praktik: Mach Prozessregeln explizit.

19.4 Mach Prozessregeln explizit in der Teamarbeit – Wann ist „fertig" wirklich „fertig" und ähnliche Fragen

Regeln sind Teil aller Systeme. Sie steuern maßgeblich das Verhalten der Menschen im System – siehe Verkehrsregeln.

Bei Kanban spielen noch zwei weitere Faktoren eine Rolle:

- Explizit bekannte Regeln nehmen Emotionen aus Diskussionen. Sie sind für alle Beteiligten gleich und werden möglichst am Board sichtbar gemacht. Jeder kann sich jederzeit auf diese Regeln beziehen. Erinnern Sie sich an die Werte in Kanban? Transparenz war eine davon.
- Das Explizitmachen der Regeln macht diese selbst zum Gegenstand von Verbesserungen.

Arten von Regeln
Was können Regeln beinhalten?

- Spielregeln für die Zusammenarbeit im Team,
- spezielle Regeln, z. B. welche Informationen auf Tickets erfasst werden,
- Regeln für die Abbildung von Serviceklassen, z. B. sollen beschleunigte Tickets rot markiert sein,
- Bearbeitungsregeln für Serviceklassen, wie wir sie unter Abschn. 19.3 bei der Erklärung der Serviceklasse „beschleunigt“ schon hatten,
- vorgegebene Kapazitäten für bestimmte Serviceklassen: Es dürften sich beispielsweise max. 10 % Tickets mit festem Lieferdatum im System befinden,
- Regeln, die Statusübergänge der Arbeiten von einer Spalte in die nächste betreffen. Was muss beispielsweise alles getan sein, damit etwas wirklich „fertig“ ist (wie Ablage in einer bestimmten Datenbank oder auf einem spezifischen Laufwerk zusammen mit einer Dokumentation).

Lassen Sie uns als weiteres Beispiel Regeln für die Serviceklasse „fester Liefertermin" definieren:

- Der Liefertermin wird auf dem Ticket oben rechts vermerkt.
- Diese Tickets werden möglichst früh analysiert, um den mit ihnen verbundenen Aufwand rechtzeitig einschätzen zu können.
- Wir starten früh genug, um den Termin einhalten zu können.
- WIP-Limits werden eingehalten.
- Ist der Termin gefährdet, wird das Ticket in ein „Beschleunigtticket" umgewandelt [7].

Ein Beispiel aus Personal Kanban
Die Tickets zu verschiedenen Themen aus meinen Aufgaben hatten unterschiedliche Farben, sodass ich anhand der Farbverteilung auf dem Board auch direkt die Verteilung der Arbeiten auf die Themen sehen konnte. Ich hatte so meine Steckenpferde, die dann gerne mehr Zeitanteile beanspruchten…

Fing etwas an „zu brennen" und wurde dringend, dann setze ich die Farbe des Tickets in dem von mir eingesetzten Tool auf Rot.

Die Definition of Done
Eine spezielle Regel ist auch die sogenannte „Definition of Done" (DoD). Sie besagt, wann etwas wirklich „fertig" ist. Welche Arbeiten müssen dafür abgeschlossen sein?

▶ **Definition of Done (DoD)** Dabei handelt es sich um eine Vereinbarung im Team (oder über ein Team hinaus bis auf die Ebene der Organisation), was zur Fertigstellung von Arbeitseinheiten zu tun ist.

Die DoD kann sich beziehen auf:

- einzelne Aktivitäten (Spalten des Scrum-/Kanban-Boards) oder
- die finale Fertigstellung eines Produkts (häufig in Form einer Checkliste mit überprüfbaren Qualitätskriterien, die alle Product Backlog Items betreffen).

Können Sie sich vorstellen, wie hilfreich es sein kann, sich über solche Kriterien Klarheit zu verschaffen und diese transparent für alle Beteiligten festzuhalten?

Was könnte bei Ihnen zur DoD gehören?
- Welche Regeln gelten jeweils für den Übergang von einer Spalte zur nächsten?
- Welche Regeln gelten vor allem an der Systemgrenze, wenn die Arbeit als „fertig" betrachtet wird?
  - Welche Dokumentation muss vorhanden sein?
  - Gibt es Abnahmen oder Tests, die durchlaufen sein müssen?
  - Wo müssen Ergebnisse abgelegt sein, in welcher Form?

Diese Regeln sind nicht starr. Sie können aus der Erfahrung heraus auch diskutiert und bei Bedarf angepasst werden. Daher ist auch die Visualisierung der Regeln am Kanban-Board so hilfreich. Dort ist der aktuelle Stand für alle transparent.

Überlegen Sie, welche Regeln für Ihre Arbeit im Projekt gelten! Diskutieren Sie diese und legen Sie diese gemeinsam mit dem Team fest.

Ein Beispielboard mit Regeln

Abb. 19.10 zeigt schematisch ein Board, auf dem sich viele Regeln ableiten lassen [5].

Sie sehen erst einmal zwei große Blöcke:

- im oberen das eigentliche Kanban-Board,
- im unteren die Regeln zu diesem Board.

Lassen Sie uns zuerst einen Überblick verschaffen.

Es beinhaltet ein Beispiel aus der IT.

Es gibt auf den Boards größere Tickets und kleinere, dunkler eingefärbte.

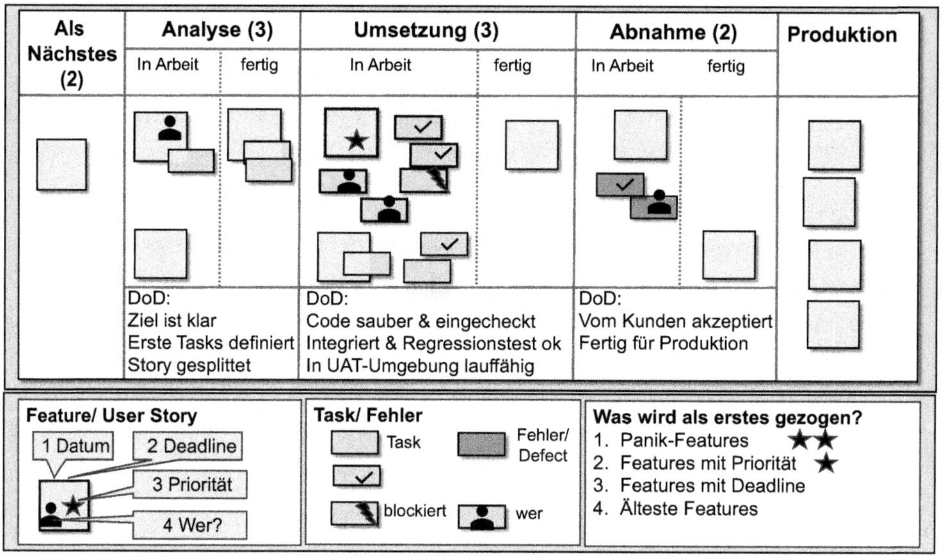

Abb. 19.10 Kanban-Board mit Regeln mit freundlicher Genehmigung von InfoQ [5]

Die größeren sind Features oder User Stories, die in der Analyse noch in kleinere Einheiten heruntergebrochen werden. Sie werden dies als Regel in der DoD der Spalte „Analyse" wiederfinden.

Die kleineren Tickets sind Tasks oder Fehler. Damit diese den größeren zugeordnet werden können, sind sie auf dem Board immer beim entsprechenden Feature oder der User Story aufgehängt.

Die Tickets sind teilweise mit Symbolen versehen, die in den Regeln im unteren Bereich des Boards erklärt werden.

Vielleicht fallen Ihnen einige dicker umrandete Tickets in der Spalte „Umsetzung" auf: Auf sie wird sich eine Erklärung weiter unten beziehen.

Das Beispielboard oberer Bereich
Sie sehen ein Board mit den Spalten „Als Nächstes" und „Produktion" als äußere Spalten und „Analyse", „Umsetzung" und „Abnahme" als mittlere Spalten. Dabei sind alle Spalten mit Ausnahme der Produktionsspalte mit WIP-Limits versehen. Beispielsweise dürften sich in der Spalte „Als Nächstes" maximal zwei Tickets befinden.

Außerdem sind einige Spalten in Unterspalten unterteilt, die jeweils den Schritt „In Arbeit" und „Fertig" abbilden. Mit „fertig" ist hier jeweils „bereit für" den nächsten Schritt gemeint.

Unter den mittleren Spalten sind die jeweils Regeln abgebildet, die beschreiben, wann ein Ticket unter „Fertig" gehängt werden darf:

Unter Analyse finden Sie als Beispiel die folgenden Regeln:

- *Das Ziel ist klar:*
  Es ist also klar, wofür das Feature oder die User Story dient und was der Businessnutzen davon ist. Dies ist ein wichtiges Kriterium, denn es sichert ab, dass das Team dieses Feature in der Folge richtig umsetzen kann.
- *Es sind erste Tasks definiert:*
  Das heißt derjenige, der die Analyse gemacht hat, hat sich überlegt, wie das Feature umgesetzt werden könnte. Daraus sind die Tasks als kleinere Einheiten entstanden.
- *Story gesplittet:*
  War das Feature insgesamt noch zu umfangreich, hätte der Analyst es in mehrere User Stories gesplittet und für diese dann Tasks definiert (die Themen Features, User Stories usw. finden Sie im Teil II, Kap. 12).

Unter der Spalte „Umsetzung“ finden Sie IT-spezifische Regeln. Die Programmierung soll dann nicht nur „sauber“ sein, sondern alle Teile zusammengefügt und zusammen getestet sein und bereit für den Test durch den Kunden (UAT = User Acceptance Test).

Unter Abnahme kommen nur noch die Tickets in „Fertig“, bei denen der Kunde die Umsetzung akzeptiert hat und die fertig für die Produktion, also den Einsatz sind.

Der untere Bereich des Boards
Im unteren Bereich des Boards sind weitere Blöcke mit Regeln abgebildet.

Regeln zu Feature bzw. User Story:
Dies sind überwiegend Regeln zu den Informationen, die auf den größeren Tickets vermerkt werden sollen (s. auch Abschn. 19.1.4). Die meisten dieser Informationen werden in der Folge dazu dienen, festzulegen, in welcher Reihenfolge die Tickets bearbeitet werden.

1. *Datum:*
   Oben links auf dem Ticket soll das Datum vermerkt werden, zu dem das Ticket aufgenommen wurde.
   In Verbindung mit einem Fertigstellungsdatum ließe sich die Durchlaufzeit berechnen, also die Zeit, die ein Ticket benötigt, um über das Board bis in die letzte Spalte zu wandern. Dies könnte ein Wert sein, der im Zuge der kontinuierlichen Verbesserung analysiert werden könnte.
2. *Deadline:*
   Gibt es für ein Ticket ein Datum, zu dem es spätestens fertig sein muss, wird dies oben rechts vermerkt.
3. *Priorität:*
   Wir hatten in Abschn. 19.3.3 bereits über die Serviceklassen gesprochen. In diesem Beispiel sehen Sie eine einfache Art der Markierung mit Sternchen. Sie beeinflusst die Reihenfolge, in der die Tickets gezogen werden.
4. *Wer?*
   Hier wird jeweils markiert, wer das Ticket bearbeitet. Dies kann z. B. über einen Magneten mit Foto des Teammitglieds oder einem Avatar, ein spezielles Token, geschehen. Jeder im Team weiß, wer beispielsweise der Biker auf dem Magneten ist.

Regeln zu Tasks/Fehlern
Tasks zur Umsetzung einer User Story oder eines Features unterscheiden sich farblich von Fehlertickets. Beide stellen kleinere Einheiten zu den Features oder User Stories dar. Tasks sind hier heller dargestellt als Fehler.

Das Häckchen auf einem Task oder Fehler bedeutet, dass dieses Ticket fertig bearbeitet ist.

Nun sehen Sie in der Spalte „Umsetzung" im oberen Bereich mehrere Tickets mit Häckchen, die sich aber noch nicht in der Unterspalte „Fertig" befinden.

Der Grund ist der, dass aus der kräftiger umrahmten User Story mit dem Sternchen mehrere Tasks entstanden sind. Diese erkennen Sie gleichfalls an der kräftigeren Umrandung. Zwei dieser Tasks sind noch in Bearbeitung, eine ist derzeit blockiert. Erst müssen alle Tasks abgeschlossen sein, um auch die User Story als solche in „Fertig" hängen zu können.

Ohne die Zuordnung der Tasks zu den User Stories würde auch das WIP-Limit der Spalte „Umsetzung" nicht stimmen.

Derzeit hängen darin: „In Arbeit", eine User Story mit fünf Tasks und eine User Story mit drei Tasks.

In „Fertig" hängt eine weitere User Story (User Stories sind jeweils die helleren größeren Tickets, die Tasks die kleineren).

Dies sind also in der Summe drei User Stories in der Spalte „Umsetzung", genauso viele, wie sie das angegebene WIP-Limit zulässt.

Dieses Board ist ein Beispiel dafür, dass sich das WIP-Limit auch auf User Stories oder Features beziehen kann, die dann aber noch weiter unterteilt werden können.

Der Blitz markiert einen blockierten Task. Hier fehlen vielleicht Informationen, sodass derzeit nicht weitergearbeitet werden kann. Blockaden werden auch mitverfolgt und können Inhalt von Meetings werden. Feedbackmechanismen und kontinuierliche Verbesserung sind Gegenstand der nächsten beiden Praktiken (Abschn. 19.5 und 19.6).

Regeln zum Ziehen von Tickets

Rechts unten am Beispielboard in Abb. 19.10 hängen die Regeln, die sich auf die Reihenfolge beziehen, in der die Tickets gezogen werden. Dabei geht es um die größer dargestellten Tickets mit Features oder User Stories.

1. *Panikfeatures:*
   Dies sind Features oder User Stories, um die sich das Team sofort kümmern muss. Andere Arbeiten werden dafür unterbrochen, WIP-Limits gegebenenfalls außer Kraft gesetzt. Dies stellt hier also eine besondere Serviceklasse mit speziellen Regeln dar.
2. *Features mit Priorität:*
   Bei der Auswahl von Features werden diese zuerst gezogen.
3. *Features mit Deadline:*

Sie werden dann gezogen, wenn keine Tickets der Kategorie 1 oder 2 mehr vorhanden sind und wenn der Termin sonst gefährdet wäre.

4. *Älteste Features:*
   Ansonsten kommen immer die ältesten Tickets als nächstes dran.

Dieses Beispielboard bildete letztlich eine Zusammenfassung einiger bereits besprochener Themen.

Nun geht es weiter mit den letzten beiden noch ausstehenden Kanban-Praktiken.

19.5 Implementiere und nutze Feedbackmechanismen

Kanban ist ein empirischer Ansatz, arbeitet also mit Erfahrung und Beobachtung sowie der Anpassung darauf.

Die gelebte Praxis wird regelmäßig überprüft und bei Bedarf angepasst.

Kanban definiert dafür mehrere Kadenzen.

▶ **Kadenz, Cadence** Der Begriff hat zwei Bedeutungen:

- ein Meeting oder Review, das Feedback zu einem oder mehreren Ergebnissen bietet oder
- der Zeitraum zwischen den Meetings.

Somit geht es nicht nur darum, dass es Feedback gibt, sondern auch, in welchem Rhythmus. Dies ist wie der Herzschlag im Projekt und ganz grundlegend für die Arbeit.

Übersicht über die Kadenzen

Abb. 19.11 gibt einen Überblick über die Kanban-Kadenzen nach David J. Anderson und Andy Carmichael [1].

▶ **Wichtig** Auf Abb. 19.11 sieht es nach einer Vielzahl von Meetings aus.
Dies müssen nicht alles separate Veranstaltungen sein!
Es geht vielmehr um die darin behandelten Inhalte.
Grundlegend sind inhaltlich auch in kleineren Projekten die folgenden Meetings:

- Kanban- Meeting zur Synchronisation der Arbeit im Team
- Replenishment-Meeting zum koordinierten Füllen der Input Queue
- Service Delivery Review über die Zufriedenheit der Kunden.

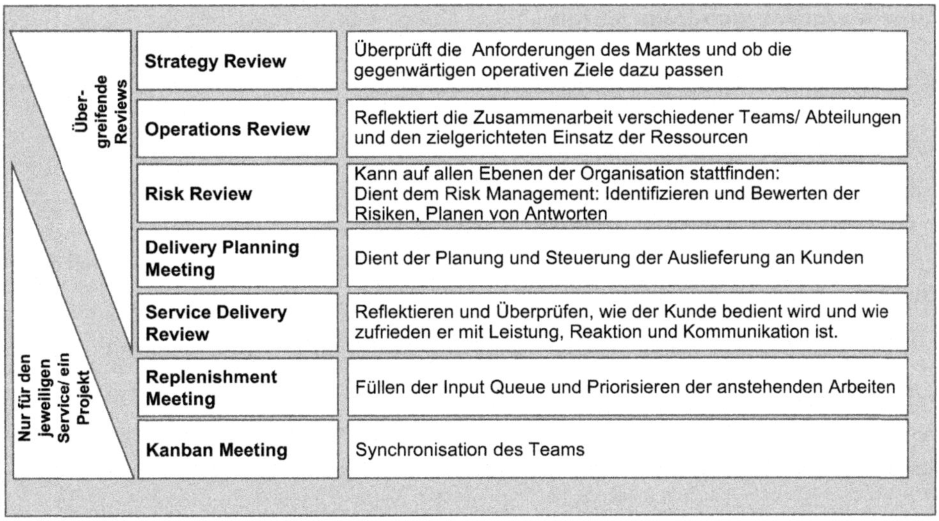

Abb. 19.11 Kanban-Kadenzen

Der Begriff „Kadenzen" für diese Meetings zeigt bereits an, dass sie normalerweise zeitgesteuert sind. Sie finden in einem bestimmten Rhythmus statt. Aber gleichzeitig ist nicht verboten, dass sie aufgrund spezieller Notwendigkeiten anberaumt werden können. Beispielsweise kann ein negatives Feedback eines Kunden ein Service Delivery Review auslösen.

Lassen Sie uns diese Meetings jetzt noch näher betrachten.

Die einzelnen Kadenzen
Kanban-Meeting:

Vielfach wird es auch als Standup Meeting bezeichnet, da die Teilnehmer dabei meist stehen.

Ziel: Alle Teilnehmer haben den gleichen Stand zum Projekt: Wer arbeitet woran, braucht jemand Hilfe, gibt es Stockungen im Arbeitsfluss?

Es ist ein teaminternes Meeting und entscheidend für dessen Selbstorganisation.

Vorgehen analog zum Daily Scrum

Es kann analog zu Scrum drei Fragen beantworten:

- Was habe ich gestern gemacht?
- Was plane ich für den heutigen Tag?
- Gibt es Störungen oder Hindernisse?

Hintergrund dieser drei Fragen:

Sie sollen einfach nur helfen, dass das Team einen Überblick erhält, wer woran arbeitet und wo gegebenenfalls Handlungs- oder Klärungsbedarf besteht. Weitere Diskussionen werden aus diesem Meeting üblicherweise ausgegliedert und nur zwischen den Teilnehmern diskutiert, die unmittelbar betroffen sind.

Dies ist ein sehr zeitsparendes Vorgehen. In Scrum wird das eigentliche tägliche Synchronisationsmeeting auf 15 min begrenzt. Gleichzeitig findet es jeden Tag zur gleichen Zeit und am gleichen Ort statt: „Same time, same station" (wie die Fernsehnachrichten).

Kanban macht dafür keine Vorgabe. Aber meist gilt auch hier: In der Kürze liegt die Würze...

Gemeinsame Betrachtung des Boards
Eine andere, sehr verbreitete Vorgehensweise bei diesem Meeting ist die folgende:

Das Team steht vor dem Kanban-Board und geht die Spalten von rechts nach links durch. Dies ist kein Schreibfehler! Rechts ist üblicherweise die „Fertig"-Spalte. Die Betrachtung geht also von „Fertig" auf der rechten Seite in Richtung zu „Als Nächstes" links.

Die Überlegung ist jeweils, was getan werden kann, damit die Tickets weiter in Richtung „Fertig" wandern können. Dabei wird gezielt auf Engpässe und Blockaden geschaut, auf alles, was den Fluss der Arbeit von links nach rechts beeinträchtigt.

Diese Art Meeting hat sich so sehr bewährt, dass sie heute vielfach auch in Projekten eingesetzt werden, die ansonsten nicht agil vorgehen. Aus diesem Grund hier noch einige Tipps, um das Meeting kurz, knackig und informativ zu halten. Viele dieser Tipps sind von Scrum-Regeln für das Daily Scrum abgeleitet.

▶ **Tipps für das Kanban-Meeting**
Definieren Sie im Team Spielregeln und machen Sie diese zum Thema von Verbesserungen:

Geben Sie sich im Team Spielregeln zu Meetings und hängen Sie diese sichtbar auf. Von Zeit zu Zeit können diese gemeinsam überprüft werden. Dies kann im Rahmen einer sogenannten Retrospektive geschehen (Abschn. 19.6).

Es ist das Meeting des Teams:
Nutzen Sie das Kanban- Meeting nicht als Statusmeeting. Machen Sie es zum ureigenen Meeting des Teams, das so die Chance hat, sich auszutauschen und zu synchronisieren. Daher sollten die Teammitglieder auch nicht zu Ihnen sprechen, sondern zueinander.

Gleiche Zeit, gleicher Ort, konstante Dauer:
Feste Taktung und Rhythmus hilft, Komplexität zu verringern. Niemand muss mehr überlegen: „Wann war doch gleich…?"

Für das Kanban-Meeting bietet sich eine Zeit am Vormittag an, um noch den Tag entsprechend planen zu können – wenn das Meeting täglich stattfinden sollte. Übertragen Sie bei Bedarf die Regel auf andere Frequenzen. Die Frequenz sollte aber so gewählt sein, dass sie noch der Synchronisation und Abstimmung im Team dienen kann.

Das Meeting wird moderiert
Bestimmen Sie jeweils einen Moderator, der auf die Einhaltung der Spielregeln achtet. Diese Rolle kann reihum gehen.

Nutzen Sie ein „Redezeichen":
Machen Sie einen Ball oder einen Stift zum Zeichen, wer gerade das Wort hat.

Dies ist sinnvoll, wenn Sie analog zum Daily Scrum das Meeting in einer sehr knappen Timebox in maximal 15 min halten wollen. Das „Redezeichen" hilft, das meist übliche Diskutieren zu verhindern. Es darf immer nur derjenige sprechen, der das „Redezeichen" hat. Die Diskussionen werden nicht unterdrückt, nur verschoben (s. weiter unten).

Achten Sie auf Einhaltung der Dauer:
Nutzen Sie gegebenenfalls „Timer", Kurzzeitwecker oder eine App, die die noch verbliebene Restzeit anzeigen. Dies hilft beim Einhalten der Timebox.

Gliedern Sie Diskussionen aus:
Probleme oder Diskussionsbedarfe, die angesprochen werden, werden notiert. Die Diskussion erfolgt zwischen den Beteiligten im Anschluss an das eigentliche Kanban-Meeting. Dann sind nur noch diejenigen dabei, die es auch betrifft.

Replenishment-Meeting
Es gibt meist jede Menge Anforderungen und konkurrierende Wünsche an das Team. Das „Nachschubmeeting" ist das Meeting für Priorisierung der Arbeit des Teams, insbesondere bei mehreren unterschiedlichen Stakeholdern.

Informationen und Rückmeldung von Kunden, Markteinflüsse, die Produktplanung: Dies sind Faktoren, die Einfluss auf die weitere Arbeit haben können.

Das Meeting kann sich daher je nach Umfeld sehr unterschiedlich gestalten: sowohl im Format als auch in der Frequenz. Es kann je nach Bedarf angesetzt werden, aber regelmäßige Termine lassen sich meist für die Beteiligten besser in den Tagesablauf einplanen.

Da dieses Meeting den Zufluss in das System steuert, wurde es auch bereits bei der vorherigen Praktik besprochen (Abschn. 19.3.1).

Service Delivery Review
Fragestellung: Wie wird derzeit der Kunde von uns bedient? Hier wird nochmals der Kunde gezielt in den Mittelpunkt der Überlegungen gestellt.

Wie war die letzte Auslieferung gewesen:

- Inhalt und Umfang (Scope)
- Qualität
- Einhaltung eventueller Service Level Agreements
- Erfüllen von Erfolgskriterien aus der Sicht des Kunden
- Wenn etwas „schief" ging, wie zufrieden war der Kunde mit unserem Umgang mit Reklamationen?

Dies sind sehr wichtige Überlegungen, wenn man die Kundenzentrierung ernst nimmt.

Delivery Planning Meeting
Oftmals liefern die einzelnen Projekte ihre Ergebnisse nicht direkt an Kunden aus. Dafür kann eine übergreifende Zusammenarbeit mehrerer Teams oder Abteilungen notwendig sein.

Hier werden die folgenden Entscheidungen getroffen:

- Was soll wann ausgeliefert werden?
- Welche Übergabeaktivitäten sind notwendig?
- Ist Training für die Nutzer notwendig?

Dies kann durchaus Auswirkungen auf Arbeiten und die Zuordnung von Tickets zu Serviceklassen haben.

Operations Review
Hier wird auf die Zusammenarbeit der Teams, Abteilungen usw. im Unternehmen geschaut. Es geht eher um den Blick auf die Organisation.

Risk Review
Risikomanagement kann und sollte auf allen Ebenen der Organisation stattfinden.

Es umfasst nicht nur die Betrachtung im Nachhinein, welche Probleme es gegeben hat. Es ist vor allen das proaktive Vorausdenken, welche Chancen und Bedrohungen es geben könnte und wie man sich darauf vorbereiten, Bedrohungen abschwächen oder vielleicht sogar vermeiden kann.

Das Thema Risikomanagement war bereits Gegenstand unserer Überlegungen bei der Planung gewesen (Kap. 13).

Strategy Review

Hier wird der Markt mit seinen Veränderungen betrachtet. Die Frage, die sich dabei stellt, ist, ob die derzeitigen operativen Ziele diesen Veränderungen noch gerecht werden. Welche Anpassungsbedarfe bestehen gegebenenfalls?

Diese Meetings werden oft langfristig geplant. Oft werden dafür Regeln aufgestellt, damit die entsprechenden Mitarbeiter dann auch Zeit haben (beispielsweise die ersten drei Tage der ersten Arbeitswoche in einem spezifischen Monat, dann ein Tag Strategieupdate pro Quartal).

Resümee
Wie können Sie nun mit den Kanban-Kadenzen konkret für Ihr Projekt umgehen? Gehen Sie dafür bitte die folgenden Punkte durch:

- Welche Inhalte der Meetings sind für Ihr Projekt interessant?
- Werden sie teilweise bereits in anderen Meetings behandelt oder unter anderem Namen?
- Welche Inhalte werden bisher nicht abgedeckt, die aber für Ihr Projekt wichtig sind?

Nicht alle Inhalte sind auf der Ebene eines Projektes interessant (Das einzelne Projekt steht in diesem Buch im Fokus). Gleichzeitig haben übergeordnete Meetings Auswirkungen auf die einzelnen Projekte. Somit ist zumindest die Überlegung interessant, welche dies in Ihrem Unternehmen jeweils sein könnten.

Ich kann Ihnen vor allem das Kanban-Meeting als Routine nur sehr empfehlen. Wenn Sie im Team nicht auf täglicher Basis zusammenarbeiten und Teammitglieder nicht täglich an Projektinhalten arbeiten, wählen Sie eine andere Frequenz, aber planen Sie die Meetings als Routine: „Same time, same station".

Stellen Sie immer wieder die Kunden in den Mittelpunkt Ihrer Überlegungen. Dies gilt für interne und externe Kunden gleichermaßen.

19.6 Werdet gemeinsam im Team und mit dem Team besser

Wenn Sie nochmals auf Abb. 19.11 sehen, dann gibt es eigentlich nur ein Meeting für das Team selbst: das Kanban-Meeting. Es ist auch unter der Bezeichnung Standup-Meeting oder in Scrum als Daily Scrum bekannt.

Lassen Sie uns nun noch eine weitere Anleihe bei Scrum nehmen: bei der Retrospektive.

▶ **Retrospektive** Dies ist ein wichtiges Meeting, bei dem die Zusammenarbeit im Team, seine Prozesse usw. diskutiert werden, um gemeinschaftlich Verbesserungen herbeizuführen.

Populär wurde der Begriff durch die Methode Scrum, wo die Retrospektive eines der wesentlichen Events zur Überprüfung und Anpassung der Vorgehensweise ist.

19.6.1 Retrospektiven als Keimzelle für Verbesserungen

Retrospektiven sind eine wichtige Keimzelle für Verbesserungen.

„The only real failure is the failure to learn from failure", So drücken es drastisch Henrik Kniberg und Mattias Skarin (2009) am Ende ihres Buches aus [6].

Es muss nicht immer ein Versagen oder ein Fehlschlag den Anlass geben. Man kann auch regelmäßig über Verbesserungen nachdenken, wie dies in Retrospektiven der Fall ist.

Sie dienen der Reflexion des Arbeitsumfeldes des Teams:

- Zusammenarbeit im Team
- Kommunikation
- Know-how
- Prozesse
- Regeln
- Usw.

Viele Probleme haben ihren Kern weniger in technischen Themen, sondern in sozialen. Dafür bieten Retrospektiven einen geschützten Raum, um diese bewusst machen zu können. Wir werden diesen Punkt gleich näher betrachten.

Kanban macht dazu keine Vorgaben. Retrospektiven haben sich aber so bewährt, dass Sie keinesfalls darauf verzichten sollten. Empfehlenswert ist ein fester Rhythmus wie beispielsweise einmal im Monat.

Der geschützte Raum der Retrospektiven

Für Retrospektiven gelten zwei ganz wichtige Merksätze:

- die Oberste Direktive: Sie wurde geprägt von Norman L. Kerth [4] in seinem Buch „Project Retrospectives: A Handbook for Team Reviews",
- die Vegas-Regel.

An sie wird immer wieder erinnert: Sie können vorgelesen oder auf einem schön gestalteten Flipchart als kleine Erinnerung im Raum aufgehängt werden.

> **Merksätze zum Start von Retrospektiven Oberste Direktive oder Prime Directive** „Wir sind tief überzeugt, – egal, was wir heute erkennen – dass alle Beteiligten zu jedem Zeitpunkt nach bestem Wissen, Gewissen und Kenntnisstand gehandelt haben" [2].
>
> **Vegas-Regel**
>
> What happens in Vegas, stays in Vegas[1]
>
> Die Bedeutung ist: Was im Raum gesagt wird, bleibt im Raum.

Nur durch diesen geschützten Raum können Retrospektiven die Vorteile mit sich bringen, die sie so wertvoll macht:

- Die Zusammenarbeit im Team kann thematisiert und verbessert werden.
- Es kann an der kontinuierlichen Verbesserung gearbeitet werden (auf sachlicher und persönlicher Ebene).
- Das Aufstauen von negativen Emotionen wird vermieden.

Wirkungsvolle Retrospektiven durchzuführen, die diese Vorteile heben, ist nicht ganz einfach.

[1]Quelle nicht bekannt.

Häufige Herausforderungen bei Retrospektiven

Bevorzugt werden sachliche Themen besprochen. Gerade für persönliche Themen bedarf es des Vertrauens und einer Kultur der Offenheit. Das geht nicht von heute auf morgen.

Nicht schon wieder eine Retro! Es ist eine Herausforderung, alle paar Wochen stattfindende Retrospektiven interessant und zielorientiert zu gestalten. Sie haben ja keinen Selbstzweck, sondern durch sie sollen kontinuierlich Verbesserungen herbeigeführt werden.

Problemfelder sind meist schnell identifiziert. Das Erarbeiten von Lösungsmöglichkeiten ist jedoch schwieriger.

Retrospektiven können zur „Meckerrunde" werden, also eine negative Tendenz annehmen. Das Glas wird tendenziell eher halb leer als halb voll empfunden. Achten Sie darauf, dass auch das „halb volle Glas" zur Sprache kommt.

Ablauf von Retrospektiven

Retrospektiven laufen in mehreren Schritten ab, wie dies auch bei anderen moderierten Meetings der Fall wäre. Im Prinzip sind dies:

- Themen sammeln, klären,
- Ursachen analysieren, Erkenntnisse gewinnen,
- Lösungen, Maßnahmen suchen und entscheiden.

Diese allgemein gültigen Schritte werden von zwei weiteren quasi eingerahmt:

- Begrüßung, Einstieg und Gesprächsklima schaffen,
- Abschluss mit Feedback zum Meeting.

Es gibt zahlreiche Bücher mit Anregungen zur Gestaltung von Retrospektiven. Das Buch „Agile Retrospectives: Making Good Teams Great" [3] hat die Namensgebung für die einzelnen Schritte geprägt. Sie werden meist auch in der weiteren Literatur oder im Internet wie beim „Retromat" aufgegriffen.

In Abb. 19.12 werden daher wie meist die englischen Bezeichnungen gewählt.

Es gibt einen ganz wichtigen Faktor für die Akzeptanz von Retrospektiven, der nicht in den Namen der Phasen sichtbar ist:

Maßnahmen, die beschlossen werden, müssen auch nachgehalten und in ihrer Wirkung überprüft werden!

	Inhalt	Zeit-anteil	Minuten bei 60 Min. Dauer
Set the Stage	Einstimmen Erwartungen abfragen Ergebnisse der letzten Retrospektive betrachten	1/5	Ca. 10 Min.
Gather Data	Sammeln von Daten, Fakten, Stimmungen	1/5	Ca. 10 Min.
Generate Insights	Ursachen herausfinden	1/3	Ca. 20 Min.
Decide what to do	Handlungsoptionen betrachten, Regeln oder Maßnahmen beschließen	1/4	Ca. 15 Min.
Close the Retrospective	Stimmungen, Gedanken zur Retrospektive erfragen	1/12	Ca. 5 Min.

Abb. 19.12 Das Phasenmodell von Retrospektiven

Stellen Sie zur Überprüfung parallel zu den Maßnahmen Hypothesen auf [8]. Eine Hypothese beschreibt, wie sich eine Situation aufgrund der Maßnahmen entwickeln wird. In der nachfolgenden Retrospektive wird das neue „Ist" geprüft. Hat die Hypothese gestimmt? Ist die Veränderung so eingetreten wie erhofft? Hat die entsprechende Maßnahme gegriffen oder sollte an dem Thema weitergearbeitet werden?

Nachhalten der Ergebnisse

Manche dieser Namen lassen sich vielleicht direkt in das eigene Kanban-Board einarbeiten:

- Aufnehmen oder Anpassen von Regeln
- Anpassen der Spalten
- Verändern der Ticketbeschriftungen
- Arbeiten, für die Tickets erzeugt werden, usw.

Andere Maßnahmen müssen separat nachgehalten oder an sie erinnert werden.

Mitunter nutzen Teams für separate Arbeiten ein eigenes Board, ein sogenanntes Improvement-Board.

Vorschlag: Trennen Sie darauf die Dinge, die das Team selbst ändern kann, ab von den Dingen, die die Organisation als solche betreffen und dort adressiert werden müssen.

Daraus kann sich folgendes Layout für ein Improvement-Board ergeben (Abb. 19.13; nach Mattias Skarin [9]). Es hat sich bewährt, da durch das Visualisieren der Themen auf

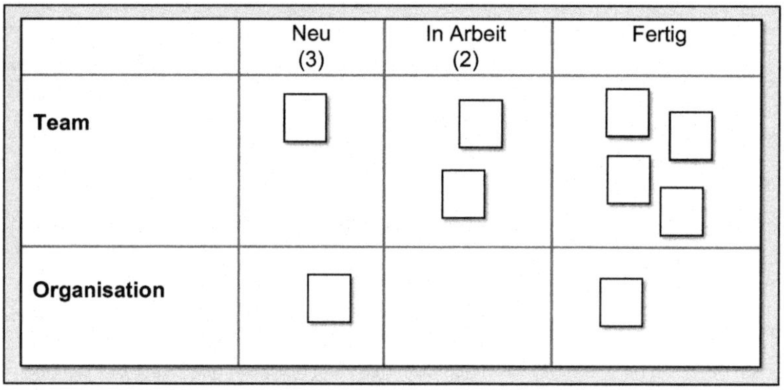

Abb. 19.13 Improvement-Board (entnommen aus „Real-World Kanban“ (2015; The Pragmatic Programmers). Mit freundl. Genehmigung der Herausgeber. www.pragprog.com)

der Organisationsebene das Team den Kopf wieder frei hat und sich auf die Dinge konzentrieren kann, die es selbst direkt beeinflussen kann.

19.6.2 Teamentwicklung und Retrospektiven

Die Teamentwicklungsphasen nach Tuckman
Bruce Tuckman entwickelte bereits 1965 ein Modell für die Phasen, die jedes Team im Laufe der Zusammenarbeit durchlebt: Es umfasste ursprünglich die vier sehr bekannten Phasen und wurde später um eine fünfte ergänzt [10].

Auch wenn das Modell sehr bekannt ist, lassen Sie es uns bitte kurz ins Gedächtnis rufen und uns im Anschluss der Bedeutung für die Retrospektiven zuwenden.

1. **Forming – Kennenlernen, sich als Team finden**
   Das Team ist neu zusammengesetzt. Die Mitglieder lernen sich kennen. Damit herrscht Unsicherheit. Die Beziehungen der Teammitglieder untereinander sind noch unklar. Die Mitglieder zeigen sich eher von ihrer „besten Seite“.
2. **Storming – Auseinandersetzung, Konflikt**
   Hier treten unterschiedliche Ziele der Teammitglieder zutage, es kommt zu Auseinandersetzungen um den Status in der Gruppe. Die Beziehungen sind eher spannungsgeladen. Das Team ist stark mit sich selbst beschäftigt und die Leistung daher noch nicht hoch.
3. **Norming – Normen und Regelung ausbilden**
   Normen und Regeln werden diskutiert. Die Teammitglieder kooperieren zunehmend. Die Teamleistung steigt an.

4. **Performing – Zusammenarbeit und Leistung**
   Die Leistung der Teammitglieder hat sich eingependelt. Sie kennen sich gegenseitig mit ihren Stärken und Schwächen, gehen offen miteinander um und unterstützen sich gegenseitig.
5. **Adjourning – Auseinandergehen**
   Diese später ergänzte Phase wird relevant, wenn Teams längerfristig zusammengearbeitet haben und nun das Ende des gemeinsamen Auftrags und damit der Zusammenarbeit absehbar ist. Mitunter wird diese Phase auch „Mourning“ genannt, was im Englischen „Trauer“ heißt. Das beschreibt gut die Gefühlslage eines guten Teams. Gleichzeitig herrscht Unruhe und alle beschäftigen Fragen nach der Zukunft.

Abb. 19.14 zeigt die Teamentwicklungsphasen nochmals im Überblick.

Einige Grundregeln zu den Teamphasen
Jedes Team durchläuft die Phasen sequenziell, immer beginnend mit Forming. Aber nicht jedes Team erreicht die Perfoming-Phase.

Mit jedem Wechsel der Zusammensetzung geht es wieder mit Forming los.

Die Storming-Phase mag unangenehm sein, kann aber nicht übersprungen werden.

Teams, die versuchen, das Storming zu vermeiden oder abzukürzen, werden Performing nicht erreichen. Die Konflikte leben unterschwellig weiter.

Die Begleitung des Teams in der Retrospektive
In Retrospektiven wird neben sachlichen Themen auch die Zusammenarbeit im Team reflektiert und über Verbesserungsmöglichkeiten nachgedacht. Dies ist auch die Motivation, sich in der Vorbereitung der Retrospektiven mit der Teamentwicklung auseinanderzusetzen.

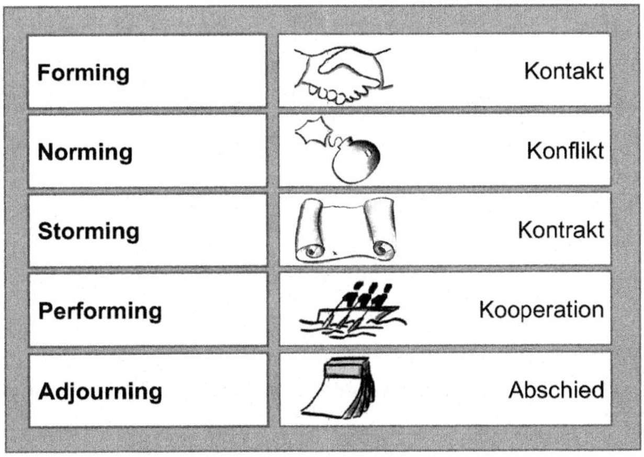

Abb. 19.14 Teamentwicklungsphasen nach Bruce Tuckman

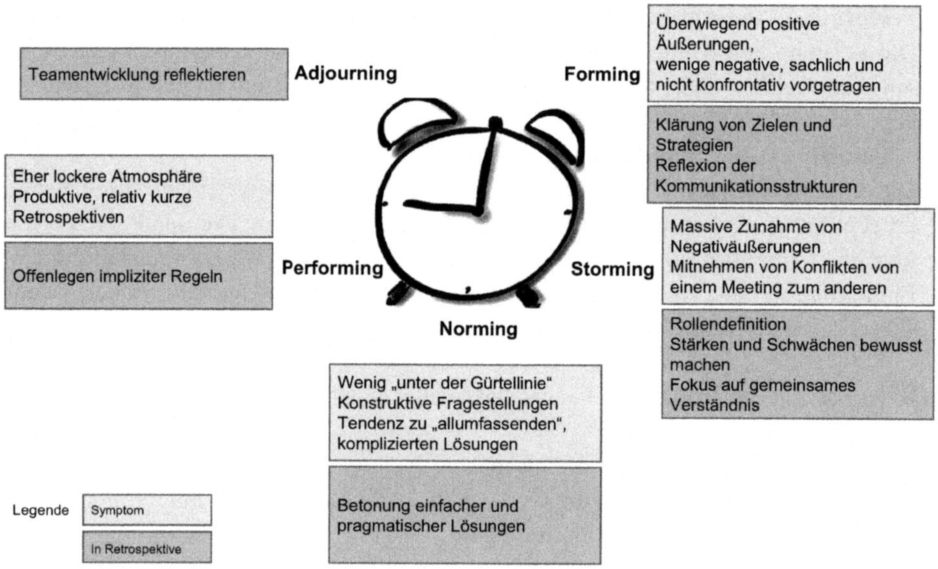

Abb. 19.15 Retrospektiven und Teamentwicklungsphasen

In Abb. 19.15 sehen Sie die Teamentwicklungsuhr mit den Phasen. Jede Phase zeigt bestimmte Symptome und erfordert einen Schwerpunkt in der Gestaltung der Retrospektiven oder die Betonung bestimmter Elemente.

19.6.3 Tipps für Retrospektiven

Zusammenfassend hier noch einige Tipps für Retrospektiven:

▶ **Tipps für Retrospektiven** Die Retrospektiven sind die Keimzelle der kontinuierlichen Verbesserung:

- Bereiten Sie diese Meetings unbedingt vor!
- Setzen Sie eine Timebox und halten Sie diese auch ein. Wenn die Zeit mal nicht ausreicht: Holen Sie sich das Einverständnis des Teams, weiter zu machen.
- Sorgen Sie für methodische Abwechslung. Es gibt viele Anregungen dafür in Literatur und im Internet.
- Ideal wäre ein „neutraler" Moderator für Retrospektiven.
- Wenn Sie selbst eine Retrospektive moderieren, zeigen Sie jeweils, ob Sie jetzt als Moderator oder als Teilnehmer agieren.
- Auch aus dem Team heraus können Retrospektiven gestaltet werden.
- Setzt der jeweilige Moderator auch Hilfsmittel z. B. zur Visualisierung ein, um ein gemeinsames Verständnis abzusichern?

- Machen die Teilnehmer alle aktiv mit?
- Bevor Maßnahmen definiert werden: Wurde wirklich nach den Ursachen geschaut oder bekämpfen die Maßnahmen nur Symptome?
- Sind die Maßnahmen klar definiert? Betrachten Sie Maßnahmen als Experimente.
- Hat das Team überprüfbare Hypothesen über die Wirkung aufgestellt?
- Überprüfen Sie in einer nachfolgenden Retrospektive die Wirkung der Experimente/Maßnahmen.
- Halten Sie beschlossene Maßnahmen wirklich nach, sonst wird das Team sehr schnell keinen Nutzen mehr in den Meetings sehen.
- Streben Sie kleine, aber kontinuierliche Veränderungen an. Warten Sie nicht auf den „großen Wurf".
- Nehmen Sie Themen, die nicht in Ihrem Einflussbereich liegen, sichtbar auf. Bemühen Sie sich darum, diese auf der Ebene zu platzieren und einer Lösung zu zuführen, wo sie beeinflusst werden können.
- Es lohnt sich, sich mit den Teamentwicklungsphasen nach Tuckman auseinanderzusetzen. Gerade bei Retrospektiven hat die Teamentwicklung Einfluss auf die Gestaltung und den Verlauf.

Hat dies Ihr Interesse am Thema Retrospektiven geweckt?

Einige Beispiele zur Gestaltung von Retrospektiven
Hier kurz einige Ideen für die Gestaltung von Retrospektiven, insbesondere der ersten Phasen:

Erwartungs- oder Themenbaum:
Lassen Sie Teammitglieder Erwartungen oder auch Themen, die sie bewegen, auf Haftzettel schreiben und an einen gezeichneten Baum „hängen". Haftzettel, die an den Stamm gehängt werden, sind wichtiger als entfernte „Blätter" [2]. So eingesetzt eignet es dies für „Set the Stage" oder „Gather Data". Von der Teamentwicklung eignet sich dies besonders für frühe Phasen (Forming und Storming).

Zugretrospektive
Wenn der letzte Monat (oder die Zeitspanne seit der letzten Retrospektive) eine Zugfahrt gewesen wäre, wie wäre sie verlaufen? (Art des Zuges, Route, Mitreisende, Schaffner, Aussicht…).

Dies ist ein Beispiel für eine metaphorische Retrospektive [8].

Dieser Ansatz eignet sich besonders für Teams in der Forming-Phase, da es in der Metapher leichter fällt auch negative Punkte zu benennen.

Teamradar oder Pent-A-Meter:
Bereiten Sie ein Radardiagramm vor. Die zu bewertenden Dimensionen könnten agile Werte sein (Teamradar) oder vom Team gewählte Themen (Pent-A-Meter). Das Team schätzt den derzeitigen Stand ab, definiert einen Zielzustand und überlegt entsprechende Maßnahmen, um dahin zu kommen. In einer späteren Retrospektive kann der Teamradar wiederholt werden, um die Veränderung zu überprüfen [2, 3].

Damit eignen sich Teamradar oder Pent-A-Meter für alle Teamphasen, da sie gerade auch die Veränderung über die Zeit aufzeigen helfen.

Mit diesen Beispielen möchte ich Sie anregen, sich mehr mit der Gestaltung von Retrospektiven zu beschäftigen. Es gibt viele interessante, kreative Möglichkeiten!

Die Phasen „Generate Insights“ und „Decide what to do” unterscheiden sich in den Gestaltungsmöglichkeiten nicht so stark von anderen Workshops, in denen es um Problemlösungen geht. Daher werden einige Tools dafür im nächsten Teil vorgestellt werden (Kap. 20).

Literatur

1. Anderson DJ, Andy C (2016) Essential Kanban Condensed. Lean Kanban University Press, Seattle. http://leankanban.com/guide/Download. Zugegriffen: 24. Febr. 2017
2. Andresen J (2014) Retrospektiven in agilen Projekten: Ablauf, Regeln und Methodenbausteine. Hanser, München
3. Derby E, Larsen D (2006) Agile retrospectives: making good teams great. The Pragmatic Programmers, LLC., Raleigh
4. Kerth NL (2001) Project Retrospectives: A Handbook for Team Reviews. Dorset HousePublishing, New York
5. Kniberg H (2011) Lean from the trenches: managing large-scale projects with Kanban. The Pragmatic Programmers, LLC, Raleigh
6. Kniberg H, Skarin M (2009) Kanban and Scrum: making the most of both. https://www.infoq.com/minibooks/kanban-scrum-minibook. Zugegriffen 5. Okt. 2012
7. Leopold K, Kaltenecker S (2013) Kanban in der IT. Hanser, München
8. Löffler M (2014) Retrospektiven in der Praxis: Veränderungsprozesse in IT-Unternehmen effektiv begleiten. dpunkt, Heidelberg
9. Skarin M (2015) Real-world Kanban: do less, accomplish more with lean thinking. The Pragmatic Programmers LLC, Raleigh
10. Wikipedia, https://de.wikipedia.org/wiki/Teambildung#cite_note-6.

Weiterführende Literatur

Berndt C, Bingel C, Bittner B (2009) Tools im Problemlösungsprozess. ManagerSeminare Verlags GmbH, Bonn

Burrows M (2015) Kanban verstehen, einführen, anwenden. dpunkt, Heidelberg

International Business and Quality Management Institute, LLC (2016) IBQMI® Certified Kanban Coach®, The Official Training Material. International Business and Quality Management Institute, LLC, Cheyenne

Lehrerinnenfortbildung Baden Württemberg, https://lehrerfortbildung-bw.de/st_kompetenzen/weiteres/projekt/projektkompetenz/durchfuehrung/organisation/teamentwicklung.htm. Zugegriffen 21. Jan. 2018

Leopold K (2016) Kanban in der Praxis. Hanser, München

Löffler M (2013) http://retrofibel.de/2013/08/20/eine-alternative-prime-directive/#more-39. Zugegriffen: 8. Jan. 2018

Skarin M (2010) 10 Kanban boards and their context. Zugegriffen: 18. Jan. 2017. http://blog.crisp.se/mattiasskarin/files/pdf/10different_kanban_boards_and_their_context_mskarin.pdf

Wirdemann R, Mainusch J (2017) Scrum mit User Stories. Hanser, München

Kanban auf verschiedenen Ebenen einsetzen – die Kanban Flight Level

20

Zusammenfassung

Kaban kann auf verschiedenen Ebenen eingesetzt werden – von der persönlichen bis hin zur Unternehmensebene.

Dieses Kapitel stellt kurz die verschiedenen Ebenen vor:

Flight Level 1 - Operative Ebene mit einem Projekt oder einem Team mit und ohne koordinierten Input

Flight Level 2 - Koordinierung der Zusammenarbeit mehrerer Teams mit Blick auf den Value Stream (Wertstrom)

Flight Level 3 - Strategisches Portfoliomanagement

Die Flight Level sind kein Reifegradmodell. Sie stellen vielmehr ein Kommunikationsinstrument dar, um darzustellen, welche Einsatzmöglichkeit und Wirkung Kanban auf den verschiedenen Ebenen hat.

Der Begriff Flight Level

In der Luftfahrt gibt der Flight Level eine Flughöhe in Fuß an. Dabei erfolgt die Höhenangabe bezogen auf einen standardisierten Luftdruck auf Meeresebene. Alle Flugzeuge richten ihre Angaben auf diesen Standard aus, unabhängig von den tatsächlichen Druckverhältnissen. Somit kann damit der Luftraum für die Navigation der Maschinen sicher vertikal aufgeteilt werden.

U. Kusay-Merkle, *Agiles Projektmanagement im Berufsalltag*,
https://doi.org/10.1007/978-3-662-56800-2_20

Flight Level in Kanban
Klaus Leopold hat das Bild der Flight Level in Kanban entwickelt [1, 2]. Die Analogie zur Fliegerei ist dabei bewusst gewählt: Je höher man fliegt, desto weniger Details sieht man, aber dafür ist der Überblick besser. Auf einem niedrigen Flight Level ist es genau umgekehrt: Man sieht mehr Details zulasten des Überblicks.

▶ **Flight Level** Begriff, der den Einsatz von Kanban-Systemen von der Visualisierung der Arbeit im einzelnen Team bis hin zur Steuerung der Organisation beschreibt.

▶ **Wertstrom („value stream")** Alle Tätigkeiten oder Prozesse, die notwendig sind, um eine Dienstleistung oder ein Produkt vom Auftragseingang bis zur Auslieferung zu erstellen. Typische Teilschritte können sein: Analyse, Design, Umsetzung, Test, Auslieferung.

Die verschiedenen Flight Level
Ursprünglich bestand das Modell aus vier Stufen. Dabei unterschieden sich die ersten beiden Level aber nur geringfügig, sodass Klaus Leopold sie jetzt zusammenfasst. Die alten Level 1 und 2, die sich beide auf die operative Ebene der Einzelteams bezogen, wurden kombiniert zum neuen Level 1. Dieser zusammengefassten Version will ich hier folgen. Lassen Sie sich also nicht irritieren, falls sie in anderen Quellen vier Level finden.

Flight Level 1: Operative Ebene mit einem Team mit und ohne koordinierten Input

Flight Level 2: Koordinierung der Zusammenarbeit mehrerer Teams mit Blick auf den Wertstrom („value stream"), also alle Tätigkeiten zwischen Auftragseingang und Auslieferung an den Kunden

Flight Level 3: Strategisches Portfoliomanagement

Inhaltlich ist die Arbeit auf Level 1 am detailliertesten abgebildet, auf Level 3 geht es ausschließlich um den Überblick. Abb. 20.1 stellt nochmals die Flight Level mit Erklärung zusammen.

Flight Level 1 – Operative Ebene
Hier geht es um das einzelne Team. Es visualisiert seine Arbeit. Es folgt dabei den sechs Praktiken von Kanban und kann damit auch den Zufluss in sein System über ein Replenishment-Meeting steuern. Es optimiert seine lokale Arbeit.

Dabei wird auf einem Board nur die Arbeit eines Teams abgebildet; es kann sie aber darauf sehr detailliert mitverfolgen und steuern.

Flight Level 1	**Operative Ebene** Ein Team mit Teamboard	Visualisieren der Arbeit auf dem Board; Priorisierter Input über ein Replenishment-Meeting.
Flight Level 2	**Koordination** Mehrere Teams mit Koordinierungsboard	Optimierte Zusammenarbeit mehrerer Teams entlang des Wertstroms: Teamübergreifende Koordinierung der Arbeit Durchgängiges Limitieren der Anzahl Arbeiten
Flight Level 3	**Strategische Portfolio-Ebene** im Unternehmen mit Strategieboard	Verschiedene Projekte und Produkte im Portfolio, mehr Ideen als Möglichkeiten: Auswahl von Projekten, Steuerung von Abhängigkeiten und Ressourcen

Abb. 20.1 Kanban Flight Level

Damit können auch das Team selbst und der Projektleiter über die Nutzung von Kanban auf dieser Ebene entscheiden.

Dies funktioniert hervorragend für ein einzelnes Team, das an einem Projekt arbeitet und Kundenwünsche umsetzt. Es stößt aber schnell an seine Grenzen, wenn mehrere Teams beteiligt sind. Dies wird regelmäßig der Fall sein, wenn die Projekte größer werden oder ein Team nicht den ganzen Wertstrom bedient.

Klaus Leopold beschreibt das sehr anschaulich mit der einer Tastatur. Jedes Team bedient eine Reihe Tasten. Dabei kann jedes Team versuchen, in seiner Reihe schneller zu tippen. Am Ende wird aber dein Brief nur dann schneller fertig werden, wenn die Koordination zwischen den Teams auch optimiert wird, also das Zusammenspiel zwischen den Tastenreihen koordiniert wird.

Dafür brauchen wir Flight Level 2.

Flight Level 2 – Koordination mehrerer Teams

Wie das Beispiel der Tastatur bei Flight Level 2 gezeigt hat, geht es nun um die teamübergreifende Koordination und die Optimierung der Arbeit im ganzen Wertstrom. Alle Teams, die daran beteiligt sind, Kundenwünsche zu erfüllen und dafür Leistungen im Wertstrom erbringen, werden einbezogen. Erst am Ende des Wertstroms wird für den Kunden Nutzen erzeugt. Dabei kann es natürlich im Unternehmen viele verschiedene Wertströme geben.

Pro Wertstrom wird die Arbeit der Teams über ein Koordinierungsboard gesteuert: vom Beginn der Arbeiten an Kundenwünschen bis hin zur Auslieferung an den Kunden.

Inhaltlich können unter dem Koordinierungsboard die einzelnen Teamboards liegen. Dabei müssen aber die Teams selbst nicht unbedingt Kanban einsetzen. Es könnte dies beispielsweise alternativ Scrum sein.

Entscheidend ist wieder, dass es auch auf Flight Level 2 um die Steuerung kompakter Arbeitseinheiten geht und um kurze Feedbackzyklen. Diese Arbeitseinheiten können auf den Teamboards noch weiter heruntergebrochen werden.

Ab dieser Ebene wird die Entscheidung für Kanban auf Managementebene getroffen. Über Flight Level 2 kann bei Programmen, also der Zusammenfassung mehrerer Projekte, ein Program Manager entscheiden[1].

Flight Level 3 – Strategische Portfolioebene

Bei der dritten und höchsten Ebene geht es um die Steuerung eines Portfolios. Darunter versteht man die Kombination von Projekten, Programmen und strategischen Initiativen in einem Unternehmen oder einem Unternehmensbereich, um es am Markt entsprechend ausrichten zu können.

Beispielsweise umfasst das Portfolio einer Akademie die verschiedenen Themenbereiche, für die Qualifizierungen angeboten werden. Dabei muss immer wieder überprüft werden, ob es neue Themen oder didaktische Möglichkeiten gibt, die bearbeitet werden sollten. Dies geschieht meist in Rahmen von Projekten.

Letztlich konkurrieren die verschiedenen Ideen, Projekte und Initiativen um Ressourcen, und es stellt sich die Frage, wo diese am besten eingesetzt werden. Es geht um das Ausbalancieren von Bedarf und Möglichkeiten und das Managen der Risiken auf dieser strategischen Ebene.

Es gilt auch hier immer wieder: „Stop starting, start finishing“. Lieber weniger parallel starten, aber jeweils möglichst schnell Erfahrungen sammeln und Nutzen stiften. Auf einem Strategieboard kann auf einer hohen Ebene abgebildet und gesteuert werden, was im Unternehmen oder dem Unternehmensbereich „läuft“ und vor allem mit welcher Priorität.

Die Entscheidung für den Einsatz auf Flight Level 3 fällt auf einer höheren Managementebene im Unternehmen.

[1]Unter einem Programm versteht man die Zusammenfassung mehrerer Projekte und deren gemeinsames Management, durch das man sich Zusatznutzen z. B, bei der Ressourcensteuerung erwartet.

Abb. 20.2 zeigt schematisch das Zusammenspiel der verschiedenen Ebenen, sofern auf allen Ebenen Kanban einsetzt wird.

Nutzen der Flight Level

Je höher die Ebene, desto größer ist natürlich der Hebel bei Veränderungen. Optimierungen insbesondere auf Ebene 1 sind Grenzen gesetzt.

Aber besser der berühmte Spatz in der Hand… Wenn Flight Level 2 und 3 außerhalb Ihrer Einflussebene liegen, ist dies kein Grund, nicht mit Kanban zu arbeiten. Im Gegenteil: Ihre positive Erfahrung wird die Einführung auf einer höheren Ebene unterstützen. Wenn Sie Einfluss auf der strategischen Ebene haben, promoten Sie ein Strategieboard. Dies bedeutet noch nicht, dass die Ebenen darunter zwangsweise auch mit Kanban arbeiten müssen. Dies ist ein Fehler, den ich einmal begangen habe, als ich ein Strategieboard vorgeschlagen habe. Ein Experiment auf der Strategischen Ebene wäre vielleicht noch mitgetragen worden. Die Verantwortlichen wollten aber in ihrem Themenbereich nicht auch noch auf Kanban „umstellen“. Sehen Sie es eher so: Wenn auf der strategischen Ebene der Nutzen der Visualisierung und der Steuerung der Arbeit transparent wird, dann wird dies beispielgebend für die weiteren Ebenen sein.

Das Strategieboard bildet auf der obersten Ebene die Arbeiten ab. Hier lässt sich der Stand von Projekten und Initiativen mitverfolgen. Stellen Sie sich vor, Sie würden nun

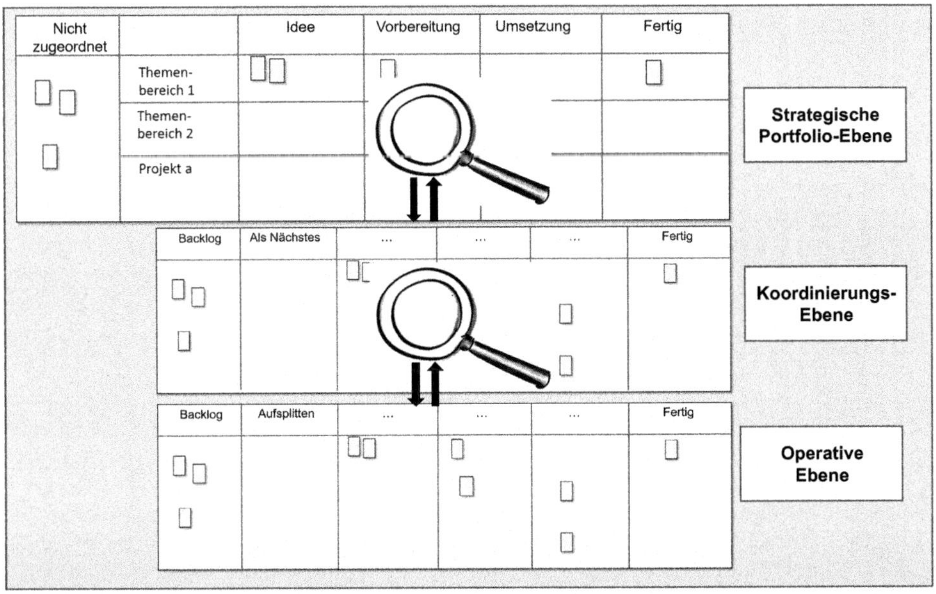

Abb. 20.2 Das Zusammenspiel der Flight Level

eine Lupe auf eines davon legen und es quasi „herauszoomen". Handelt es sich um ein kleineres Projekt, sehen Sie vielleicht direkt die Ebene 1. Bei Programmen oder der Arbeit von mehreren Teams, gelangen Sie nun auf die Koordinierungsebene, dort mit einem erneuten Zoom auf die Teamebene. So kann der Einsatz von Kanban über die verschiedenen Flight Level für sehr viel Transparenz sorgen.

Damit ist auch klar: Die Flight Level bilden kein Reifegradmodell. Sie sind ein Kommunikationsinstrument und helfen bei der Entscheidungsfindung. Mit den Flight Levels kann die zu erwartende Wirkung des Einsatzes von Kanban auf den verschiedenen Ebenen dargestellt werden.

Literatur

1. Leopold K (2017) Die Verbesserungsebenen der Organisation. www.leanability.com/de/flight-levels. Zugegriffen: 27. Dez. 2017
2. Leopold K (2013 Lean Kanban Central Europe), Flight Levels of Kanban. http://leankanban.com/project/kanban-flight-levels/. Zugegriffen: 27. Dez. 2017

Teil IV
Die Gestaltung von Meetings und Workshops

Das Agile Manifest betont gleich als erstes: „Individuen und Interaktionen“.

Durch die Betonung der Zusammenarbeit, des gemeinsamen Erwerbs von Wissen und Erfahrung, der gemeinsamen Reflexion gewinnt die Moderation von Meetings und Workshops wieder an Bedeutung.

Das Gabler-Wirtschaftslexikon definiert Moderation wie folgt:

> Moderation ist ein Instrument, welches die Kommunikation in Teams in der Art und Weise unterstützt und ordnet, dass die Ressourcen der Teilnehmer bestmöglich zum Einsatz kommen. Sie ist weiterhin eine Arbeits- und Darstellungstechnik, die der Moderator in Arbeitsgruppen, bei Konferenzen oder in ähnlichen Situationen einsetzt. Der Moderator bietet Hilfen methodischer Art zur Problemlösung oder auch Konfliktregelung an, ohne dabei inhaltlich Stellung zu beziehen bzw. Partei zu ergreifen.[1]

Sie sehen in dieser Definition drei Dimensionen angesprochen:

- Moderation als Instrument und
- als Arbeits- und Darstellungstechnik,
- die Rolle des Moderators als methodischer Helfer.

Dieser Teil kann keine Moderationsausbildung ersetzen, will aber einige Hinweise für den Start geben.

[1] Gabler Wirtschaftslexikon. http://wirtschaftslexikon.gabler.de/Archiv/85804/moderation-v8.html. Zugegriffen: 24. Jan. 2018.

Die Gestaltung von Meetings und Workshops

21

Zusammenfassung

Da agile Methoden die Zusammenarbeit zwischen Menschen betonen und Menschen generell an erste Stelle setzen, folgen Tipps zur Gestaltung von Meetings. Gerade wenn immer wieder Lessons Learned gesammelt und Verbesserungen daraus abgeleitet werden sollen, ist es wichtig, über ein gewisses Repertoire an Gestaltungsmöglichkeiten und Problemlösungstools zu verfügen.

Dieses Kapitel bietet einige Grundlagen für die Moderation von Workshops und Besprechungen. Dabei kann dieses Kapitel natürlich nicht spezialisierte Bücher ersetzen, will aber grundlegenden Rat zu folgenden Themen geben:

- Die Rolle des Moderators, insbesondere bei der Doppelrolle Moderator und Teilnehmer.
- Das Handwerkszeug des Moderators mit Fragen, Paraphrasieren und Visualisieren. Ziel dabei ist immer, das gemeinsame Verständnis sicherzustellen und die Gruppe zu einem Ergebnis zu führen.
- Die Phasen der Moderation werden vorgestellt und dabei einige „klassische" Werkzeuge für die Erarbeitung von Lösungen vorgestellt.
- Die Vorbereitung, Durchführung und Nachbereitung von moderierten Besprechungen und Workshops … Dabei werden die Hinweise zur Retrospektive (Abschn. 19.6.1) ergänzt. Kreative Ideen für die Gruppenbildung oder Möglichkeiten der Abstimmung oder ein Stimmungsbild zu erhalten werden vorgestellt.
- Den Abschluss bilden Anregungen für Regeln, einmal vom grundlegenden Verhalten her, aber auch ein Meeting-Knigge, in dem Tipps für Einladende und Teilnehmer von der Vorbereitung bis zur Nachbereitung von Meetings gegeben werden. Der Meeting-Knigge ist ein konkretes Beispiel eines deutschen Unternehmens, dass damit die Spielregeln für seine Besprechungen festgehalten hat.

U. Kusay-Merkle, *Agiles Projektmanagement im Berufsalltag*,
https://doi.org/10.1007/978-3-662-56800-2_21

Meeting, Workshop und Moderation

Die Besprechung (Meeting) ist eine Gesprächsform in Organisationen, bei der Arbeitnehmer aus einem bestimmten Arbeitsgebiet durch persönlichen Kontakt gegenseitig Sachverhalte, Probleme, Meinungen und Planungen vorbringen können [9].

Ein Workshop ist im Bildungswesen eine Veranstaltung, in der eine kleinere Gruppe mit begrenzter, kompakter Zeitdauer intensiv an einem Thema arbeitet. Ein Kennzeichen ist dabei die kooperative und moderierte Arbeitsweise an einem gemeinsamen Ziel [10].

Kern dieses Kapitels ist dabei nicht, sich mit der Unterscheidung zwischen Besprechungen und Workshops zu beschäftigen, sondern wie diese zielorientiert ablaufen können. Die gemeinsame zielorientierte Arbeit bieten einige Vorteile:

- Die erarbeiteten Lösungen werden akzeptiert.
- Das Format ermöglicht direktes Feedback.
- Die Lösungsfindung und die Abstimmung darüber finden im gleichen Rahmen statt.

▶ Die Moderation ist eine Methode der Arbeit in und mit Gruppen [6, S. 3].

Lassen Sie uns daher nicht weiter zwischen Meeting und Workshop unterscheiden. In diesem Kontext hier wird in beiden Fällen davon ausgegangen, dass eine Moderation stattfindet und es daher auch die entsprechende Rolle des Moderators gibt.

21.1 Die Rollen

21.1.1 Überblick über die Rollen und deren Verantwortlichkeiten

In jedem Workshop oder einer moderierten Besprechung gibt es klare Rollen und damit verbundene Verantwortlichkeiten [5].

- Der Moderator plant und steuert den Workshop. Er ist damit für den Weg verantwortlich. Er hat daher eher „die Rolle eines Helfers für den Willen und die Erkenntnis“ für das Team inne [2, S. 224]. Mitunter wird die Rolle des Moderators auch mit der einer Hebamme verglichen. Auch wenn manche Entscheidung eine „schwere Geburt“ sein kann, ist hier gemeint, dass der Moderator der Gruppe hilft, selbstständig zu arbeiten, Lösungen zu finden und Maßnahmen ableiten zu können.
- Die Teilnehmer sind für die Qualität des Ergebnisses verantwortlich. Dieses Team setzt sich dementsprechend aus „Wissensträgern“ zusammen.
- In der Literatur wird noch der Auftraggeber benannt, der für die Vorgabe des Ziels verantwortlich ist.

Abb. 21.1 verdeutlicht nochmals die Verantwortung von Gruppe und Moderator.

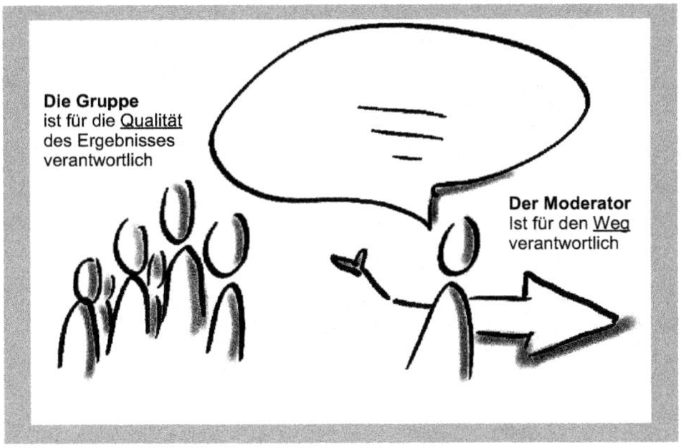

Abb. 21.1 Verantwortlichkeiten im Workshop

Die eigentliche Idee der Rolle des Moderators ist, dass er sich auf den Weg zum Ziel und die Gruppenprozesse dabei konzentrieren kann. Er greift inhaltlich nicht ein. Er ist methodischer Helfer, führt die Teilnehmer zum Ziel und hält dabei seine Meinung und Wertung zurück.

Im Projektalltag werden vielfach keine externen Moderatoren zur Verfügung stehen. Der Projektleiter ist gleichzeitig auch der Moderator. Oder ein Mitglied des Teams übernimmt die Aufgabe der Moderation.

Damit gibt es eine Doppelrolle: Teilnehmer oder Projektleiter und gleichzeitig Moderator.

21.1.2 Umgang mit der Doppelrolle Teilnehmer – Moderator

Anja von Kanitz gibt in ihrem Buch die folgenden Tipps [5], die in Abb. 21.2 zusammengefasst sind.

Doppelrolle thematisieren
Stellen Sie Ihre Doppelrolle gleich zu Beginn klar. Dies gilt vor allem dann, wenn Teammitglieder die Moderation übernehmen. Dieser Tipp steht in einem engen Zusammenhang mit dem vorletzten Hinweis: „Aktuelle Rolle bei Beiträgen transparent machen“.

Transparent machen, wie Entscheidungen getroffen werden
Trifft das Team durch Abstimmung Entscheidungen?

Stimmt der Moderator dann als Teammitglied mit ab?

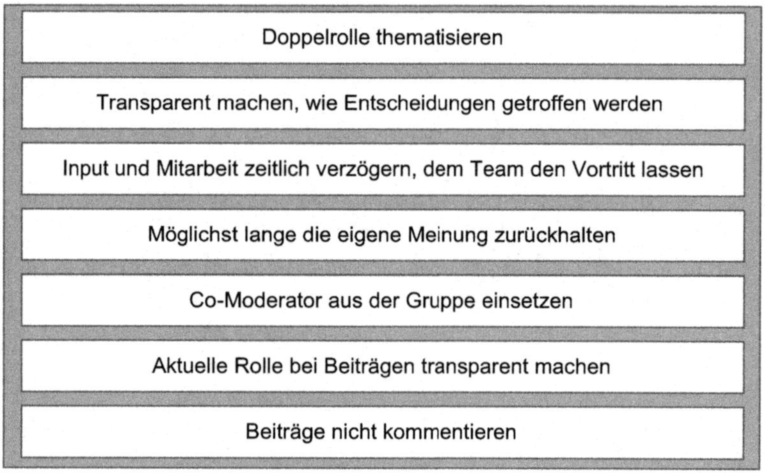

Abb. 21.2 Mit der Doppelrolle Teilnehmer/Moderator umgehen

Oder geht es um Entscheidungen, die beispielsweise der Projektleiter in dieser Rolle verantworten muss und sich daher die Entscheidung nach Input und Abstimmung mit dem Team vorbehält?

Input und Mitarbeit zeitlich verzögern, dem Team den Vortritt lassen
Es mag dem Moderator-Teilnehmer mitunter in den Fingern jucken oder auf der Zunge brennen. Dennoch: Lassen Sie als Moderator den anderen Teammitgliedern bei deren Beiträgen den Vortritt und zögern Sie den eigenen Input hinaus. Ein früher Input könnte zwei unerwünschte Wirkungen haben: Sie könnten als dominierend empfunden werden und/oder die Aktivität in der Gruppe nimmt ab.

Möglichst lange die eigene Meinung zurückhalten
Dieser Tipp hängt mit dem vorherigen eng zusammen. Der Moderator soll neutral sein, als Teilnehmer haben Sie mit Sicherheit eine eigene Meinung zu den diskutierten Punkten. Bringen Sie sich erst ein, wenn die Teilnehmer sich bereits äußern konnten und Sie dann noch den Eindruck haben, dass etwas fehlt.

Co-Moderator aus der Gruppe einsetzen
Wenn Sie selbst intensiver als Teilnehmer einsteigen möchten, insbesondere dann, wenn es um eine Entscheidungsfindung geht und Sie parteiisch sind, geben Sie Ihre Moderatorenrolle an ein Teammitglied weiter. Dieses kann sich zeitlich begrenzt in der Rolle üben, vielleicht als Vorbereitung auf die Moderation eines späteren Meetings. Sie selbst können als Teilnehmer mit argumentieren ohne auf die gebotene Neutralität als Moderator achten zu müssen.

Aktuelle Rolle bei Beiträgen transparent machen
Die Teilnehmer sollen erkennen können, ob Sie jetzt als Teilnehmer inhaltlich beitragen wollen oder als Moderator beispielsweise zusammenfassen, steuern etc. Machen Sie deutlich, welche Rolle Sie derzeit einnehmen. Ich verwende dafür einen Stuhl, den ich zu Beginn in den Kreis der Teilnehmer stelle. Setze ich mich auf den Stuhl, agiere ich als Teilnehmer, stehe ich beispielsweise am Flipchart, agiere ich als Moderator. Ich finde dies deutlicher als zu sagen: „In meiner Rolle als…“. Gleichzeitig vergisst man das Hinsetzen auch in der „Hitze des Gefechts“ nicht so leicht wie einen verbalen Zusatz. Die Teilnehmer nehmen den Rollenwechsel durch die Bewegung einfach unterschwellig wahr.

Beiträge nicht kommentieren
Kommentieren Sie als Moderator nicht die Beiträge. Sie sind neutral.

21.2 Das Handwerkszeug des Moderators

Mark Twain soll gesagt haben: „Wenn Dein einziges Werkzeug ein Hammer ist, wirst Du jedes Problem als Nagel betrachten“.

Je umfangreicher der Werkzeugkoffer des Moderators ausgestattet ist und je besser er mit den Werkzeugen umgehen kann, desto gezielter und flexibler kann er arbeiten.

Insofern ist ein Koffer mit drei oder vier „Werkzeugen“ schon einmal mehr als nur ein Hammer. Dieses Buch will und kann keine Moderationsausbildung ersetzen, aber es wird hoffentlich „Lust auf mehr“ machen.

Fragen stellen
Bei den Spielregeln steht beispielsweise: **Jeder spricht für sich persönlich, nicht für „man“ oder „wir“.**

Der Moderator fördert dies auch durch entsprechende Fragetechnik, die mit dem Akronym PAKKO beschrieben wird (Tab. 21.1).

Ein Beispiel für eine Fragestellung:

„Welche Probleme gibt es?“

- Damit wird niemand persönlich angesprochen.
- Es wird nicht nach konkreten Erlebnissen gefragt, sondern lädt geradezu zu Verallgemeinerungen ein.
- Es ist nicht konkret genug.

Tab. 21.1 PAKKO-Fragen

P	Persönlich	Du, Sie, Ihr…
A	Aktivierend	Nach persönlichen Erlebnissen fragen
K	Kurz und knackig	Einfache Sätze, keine Bandwurmkonstrukte, keine Verschachtelungen
K	Konkret	Nach einem konkreten Aspekt des Themas fragen
O	Offen	Offene W-Fragen stellen: wer, wann, was, warum, wie?

Sie könnten alternativ die Frage stellen:

„Welche Schwierigkeiten erlebt ihr immer wieder, wenn…?“

Das bewusste Stellen von Fragen will geübt sein. Bereiten Sie daher die konkreten Fragestellungen für Ihren Workshop oder Ihre Retrospektive vor.

Paraphrasieren
Darunter wird in der Kommunikation das Wiederholen einer empfangenen Botschaft mit eigenen Worten verstanden. Sie zeigen damit dem Gesprächspartner, dass Sie das Wesentliche in seiner Aussage verstanden haben. Gleichzeitig konzentrieren Sie sich auf den sachlichen Inhalt und tragen damit auch zu einer Versachlichung bei.

Lassen Sie uns ein Beispiel versuchen:

Aussage: *„Die Personas bringen gar nichts.“*

Antwort: *„Wenn ich dich richtig verstanden habe, dann siehst du für deine Anwendung keinen Mehrwert durch Personas“*.

Nun wird der Gesprächspartner seine Aussage eventuell relativieren oder in einen genaueren Kontext stellen. Das Gespräch wird sachlich fortgeführt.

Visualisieren
Ein Bild sagt mehr als tausend Worte.

Grundsätzlich unterstützt eine Visualisierung das gemeinsame Arbeiten:

- Die Visualisierung erleichtert ein gemeinsames Verständnis.
- Probleme können konkreter diskutiert werden. Das Mitprotokollieren zwingt zu präziserer Darstellung.

- Dieses fortlaufende Unterscheiden zwischen „wichtig“ und „weniger wichtig“ hilft den Teilnehmern bei der Sortierung der eigenen Gedanken, erleichtert den Überblick und das Behalten der wesentlichen Aspekte.
- Das simultane Visualisieren erspart späteres Zusammenschreiben und Interpretieren von Notizen. Eventuelle Missverständnisse treten früher zutage und können ausgeräumt werden.

Welche Aufgaben kommen auf den Moderator mit der Visualisierung zu? [6]

- Bereiten Sie Aufgabenstellungen, Fragen, Listen oder Raster bereits im Vorfeld vor.
- Notieren Sie organisatorische Anweisungen oder Arbeitsanweisungen in Stichpunkten, da sie immer auch mündlich erläutert werden.
- Wählen Sie den Raum entsprechend groß, sodass die Teilnehmer auch spontan Flipchart oder Pinnwand nutzen können und legen Sie das entsprechende Material griffbereit für alle hin.
- Die visualisierten Beiträge sind der externe Speicher der Diskussion, quasi das „Gehirn der Gruppe“ wie Michèle Neuland es nennt [6].
- Alle Beiträge bleiben präsent. Hängen Sie daher Flipcharts etc. im Raum auf.
- Bilden Sie auch mit Farben Strukturen, setzen Sie Symbole ein: z. B. Ausrufezeichen oder Blitz.

Es folgen nun einige **Anregungen für Visualisierungen.**

Mind-Map für Simultanvisualisierungen

Für eine spontane Visualisierung eignet sich gut ein Mind-Map. Diese Technik wurde von Tony Buzan entwickelt, um Themen und Gedankengänge visuell abbilden zu können. Das Thema steht in der Mitte, die Hauptaspekte werden auf die großen, vom Thema ausgehenden Äste geschrieben. Diese Äste können sich weiter unterteilen.

Es gibt auch entsprechende Tools, um Mindmaps zu erfassen. Sie bereiten sie optisch ein wenig anders auf. Abb. 21.3 ist ein Beispiel dafür.

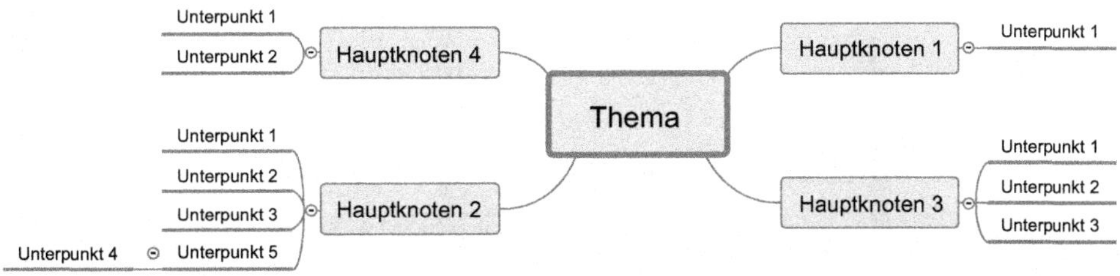

Abb. 21.3 Grundstruktur einer Mind Map

Diese Struktur gibt die nötige Flexibilität, um neue Gedanken und damit neue Äste aufnehmen zu können. Sie benötigen dafür noch nicht vorab ein klares Bild der Struktur. Sie können dies natürlich auch mit dem Einsatz von Haftnotizen verbinden und damit gut auf eine sich noch ändernde „Verästelung" reagieren. Dann hilft es allerdings, wenn jemand aus dem Team die Haftnotizen beschriftet und Sie sich auf die Struktur und die Fragestellungen konzentrieren können.

Vorbereitete Strukturen für Visualisierungen
Haben Sie sich bereits vorab eine Struktur überlegt, können Sie dafür eine entsprechende Abbildung vorbereiten, die Sie dann während des Workshops füllen. Abb. 21.4 zeigt Ihnen dafür Beispiele.

Zusammenfassen
Sorgen Sie nach längeren Diskussionen jeweils für eine kurze Zusammenfassung. Sichern Sie damit Zwischenergebnisse und das gemeinsame Verständnis ab. Gleichzeitig hilft es allen Beteiligten, die Gedanken wieder zu sortieren und gegebenenfalls einzelne Aspekte gedanklich „abzuhaken".

Wenn Sie parallel mitvisualisieren, dann werden Sie merken, wann eine Zusammenfassung guttut. Es ist oft der Fall nach kontroversen Diskussionen, wo irgendwann keine neuen Punkte mehr in der Visualisierung aufgenommen wurden.

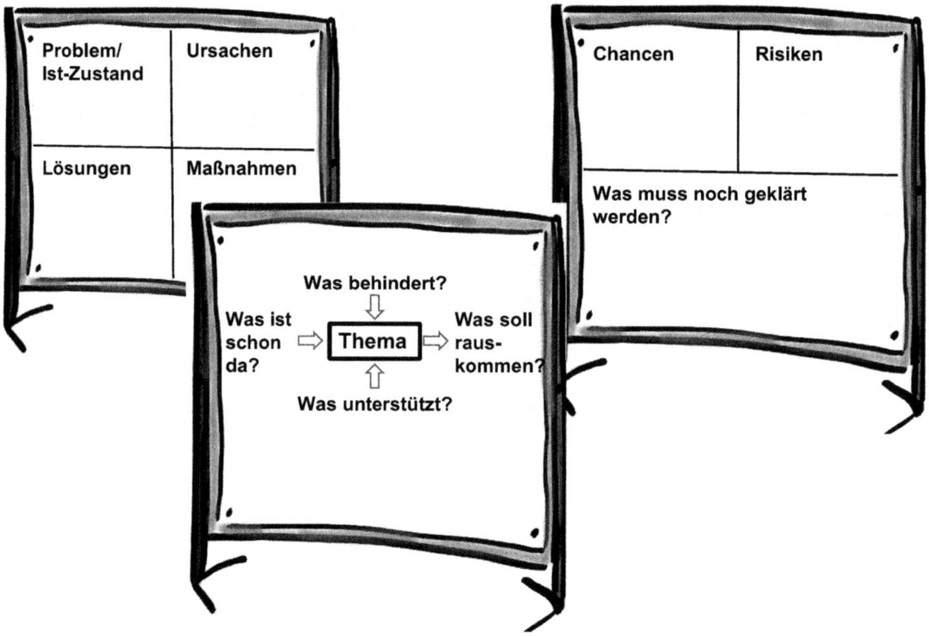

Abb. 21.4 Vorbereitete Strukturen für Visualisierungen

21.3 Phasen der Moderation und ausgewählte Techniken

Bitte erinnern Sie sich die Phasen einer Retrospektive (Abschn. 19.6).

Die Phasen in einer Moderation sind ganz ähnlich (nach [7]).

Die Phasen und deren Inhalte zeigt Abb. 21.5.

Es gibt in Literatur und Internet viele Vorschläge zur Gestaltung.

Treffen Sie Ihre Auswahl und machen Sie sich ein Drehbuch zum geplanten Ablauf, sodass Sie gedanklich den Ablauf durchspielen können. Dabei notieren Sie sich dann auch die entsprechenden Fragestellungen. Ein kleines Beispiel finden Sie Abschn. 21.4.1.1. Sie merken beim Durchdenken und Aufschreiben auch, ob die angedachten Vorschläge sinnvoll aufeinander aufbauen.

Nachfolgend finden Sie ein paar methodische Vorschläge für die verschiedenen Phasen als Anregungen:

	Inhalt
Einstieg	Einstimmen Erwartungen abfragen Zielsetzung abstimmen
Themen sammeln	Formulieren (und visualisieren) der konkreten Fragestellung Sammeln der Beiträge der Teilnehmer (über Karten/Haftnotizen oder nach Zuruf notieren) Ordnen und Clustern der Beiträge an der Pinnwand
Thema auswählen	Themen gewichten oder darüber abstimmen lassen Themen entsprechend in Reihenfolge bringen oder das wichtigste auswählen
Thema bearbeiten	Methodik zur Bearbeitung vorschlagen, z.B. Mind-Map oder Ishikawa-Diagramm Bearbeiten des Themas mit entsprechender Visualisierung
Maßnahmen planen	Handlungsoptionen betrachten, Regeln oder Maßnahmen beschließen
Abschluss	Stimmungen, Gedanken zum Meeting/ Workshop erfragen

Abb. 21.5 Phasen der Moderation

21.3.1 Einstiegsphase

Das Highlight des Tages

Dies ist eine sehr schöne positive Gestaltung der ersten Runde, die ich Veronika Kotrba und Dr. Ralph Miarka verdanke:

Jeder Teilnehmer erzählt kurz sein bisher schönstes Erlebnis am heutigen Tag.

Bewertungsraster

Bereiten Sie ein Flipchart vor: links das Raster, auf dem die Teilnehmer mit Klebepunkten ihre Bewertung abgeben können, rechts mit Platz zum Sammeln von Anmerkungen.

Firmenzeitung

Dieses Tool ist interessant, weil es gleichzeitig ein Stimmungsbild liefert, aber auch erste Themen.

Der Moderator erklärt kurz die Rubriken der „Zeitung", beispielsweise:

- super
- Aufreger
- ausbaufähig
- ohne Titel für eigene Rubrik

Kleingruppen bilden ein Redaktionsteam, wobei jede Gruppe eine eigene Zeitung erstellt und anschließend präsentiert [1].

Im Rahmen der nächsten Phase kann im Plenum beleuchtet werden:

- Was sind Gemeinsamkeiten?
- Welche Punkte sollen in der nächsten Phase bearbeitet werden?

21.3.2 Themen sammeln und clustern

Affinitätendiagramm[2]
Ideen notieren:

Die Teilnehmer schreiben pro Idee/Gedanken eine Karte. Die Karten werden aufgehängt.

Cluster bilden:

Im nächsten Schritt werden Sie geclustert. Kleinere Gruppen können das Clustern selbst vornehmen, bei größeren kann dies der Moderator tun und dabei noch eventuelle Verständnisfragen stellen.

Überschriften vergeben und notieren
Ein Beispiel für eine Themen-Clusterung mit Überschriften finden Sie in Abb. 10.2.

Mindmap
Siehe Beschreibung weiter oben

21.3.3 Thema auswählen

Mehrpunktfrage
Auch dies ist wieder ein übergreifendes Tool, das mit anderen kombiniert werden kann.

Liste von Themen erstellen, z. B. durch Brainstorming in der Gruppe, aus der Firmenzeitung heraus, aus dem Affinitätendiagramm heraus

Nun erhalten die Teilnehmer mehrere Punkte, die sie auf die Themen verteilen können. Diese und weitere Tools zur Entscheidungsfindung finden Sie in Abschn. 21.4.2.4

21.3.4 Thema bearbeiten

Ishikawa-Diagramm (Fischgrätendiagramm)
Ein Werkzeug, mit dem Sie gleichfalls sammeln und strukturieren können, ist das Ishikawa-Diagramm, benannt nach dem gleichnamigen japanischen Professor. Es zählt zu den Ursache-Wirkungs-Diagrammen und sieht aus wie eine Fischgräte, was zu seinen anderen Namen geführt hat.

Am „Kopf" der Fischgräte steht das Problem, die Wirkung.

An den einzelnen Gräten werden die Ursachen gesammelt. Ursprünglich wurde dabei die Ursachensuche von einigen Hauptdimensionen aus begonnen: meist Material, Maschine, Methode, Mensch, eventuell zusätzlich Management, Mitwelt (Milieu und Geld [Money]). Sie können aber durchaus auch eigene Dimensionen definieren (Abb. 21.6).

Mind Map
Auch für diese Phase eignet sich das Mind Map.

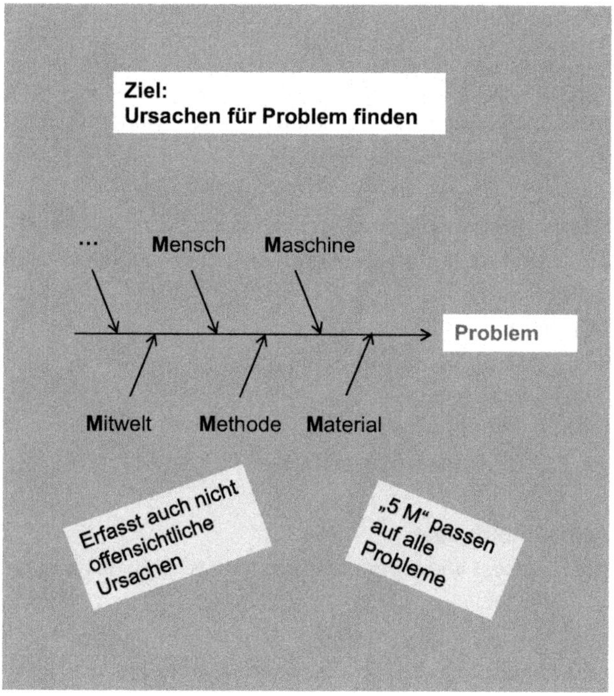

Abb. 21.6 Ishikawa-Diagramm

Flowchart (Ablaufplan/Flussdiagramm)

Bekannt aus dem Qualitätsmanagement werden mit diesem Tool Abläufe visualisiert, um sie diskutieren und verbessern zu können.

Gehen Sie zum Darstellen des Ist-Prozesses wie folgt vor:

- Aktivitäten und Entscheidungspunkte ohne Reihenfolge sammeln.
- Inputs und Outputs bestimmen.
- Aktivitäten nach Reihenfolge ordnen.

In Anschluss diskutiert das Team Änderungen/Verbesserungen.

Tab. 21.2 erklärt kurz die Symbole im Flowchart.

Tipp: Arbeiten Sie mit Haftnotizen und markieren Sie den Arbeitsfluss erst am Schluss mit den Pfeilen. Wenn es zum Arbeitsfluss eventuell auch Diskussionen gibt, zeichnen Sie die Pfeile besser auch auf Haftnotizen.

Abb. 21.7 zeigt ein Beispiel eines Flowcharts.

Tab. 21.2 Symbole im Flowchart

Rechteck	Aufgabe, Aktivität oder Prozesschritt
Raute	Ja/Nein-Entscheidung oder Abfrage
Pfeile	Arbeitsfluss
Kreis	Anfang/Ende

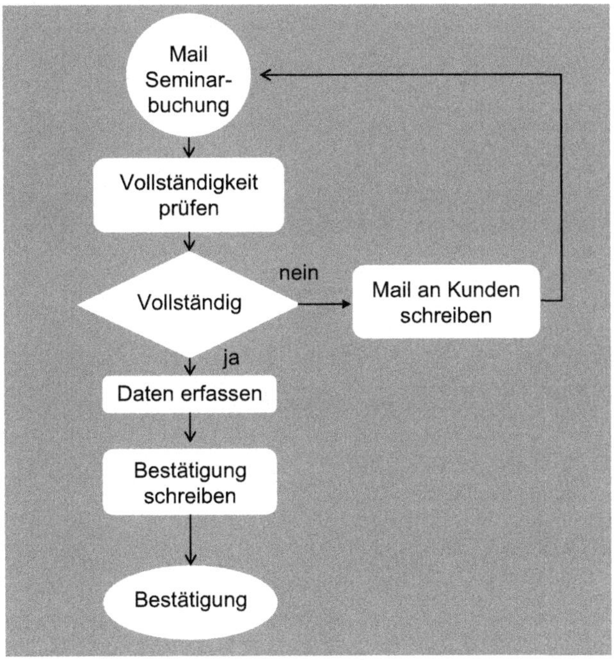

Abb. 21.7 Flowchart-Beispiel

Bearbeitung in Kleingruppen

Bilden Sie Kleingruppen, die die Themen weiterbearbeiten, z. B. zu Ursachen und zu Lösungsmöglichkeiten. Die Kleingruppen visualisieren ihre Ergebnisse nach Wahl oder der Moderator gibt die gewünschte Ergebnisaufbereitung vor.

Die Ergebnisse werden im Plenum vorgestellt.

Geplante Lösung bewerten – Kraftfeldanalyse

Die Kraftfeldanalyse geht auf Kurt Lewin zurück. Sie kann hier eingesetzt werden, um die Erfolgswahrscheinlichkeit einer Lösung zu diskutieren und einen Maßnahmenplan zu definieren, der die treibenden und hemmenden Kräfte berücksichtigt.

Die Kraftfeldanalyse macht nur Sinn in Verbindung mit dem Maßnahmenplan. Unter Umständen reicht die Bearbeitung der Hemmkräfte bereits aus.

Abb. 21.8 Kraftfeldanalyse

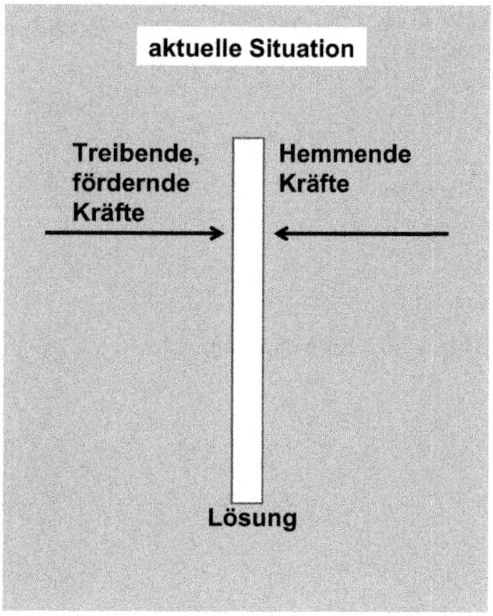

Erstellen Sie das Diagramm. Die Gruppe sammelt die Kräfte, die auf die geplante Lösung einwirken:

- links die Antriebskräfte,
- rechts die Hemmkräfte.

Abb. 21.8 zeigt das Diagramm für die Kraftfeldanalyse.

21.3.5 Maßnahmen planen

Klassisch folgt jetzt eine Tabelle mit den geplanten Maßnahmen:

- Aktivität
- Wer?
- Bis wann?
- Mit wem? …

Im agilen Umfeld können die folgenden Fragen gestellt werden:

- Welche Auswirkung haben die Maßnahmen auf das Product Backlog? Kommt etwas neu hinzu? Wird ein Product Backlog Item vielleicht durch ein anderes ersetzt? Ändert sich die Reihenfolge der Items?
- Soll eine Maßnahme ins Improvement Board aufgenommen werden?

21.3.6 Abschluss

Zum Abschluss wird der Workshop insgesamt bewertet.

Hilfreich, hinderlich, hypothetisch
Dies ist eine Möglichkeit, sich als Moderator Feedback einzuholen [3]. Fragen Sie Ihre Teilnehmer:

- Was war im Workshop hilfreich?
- Was war hinderlich?
- Gibt es Vorschläge (Hypothesen)?

Roti = Return on Time Invested
Hiermit fragen Sie ab, wie wertvoll aus der Sicht der Teilnehmer die zeitliche Investition in den Workshop gewesen war [1].

Zeichen Sie dazu eine Skala auf ein Flipchart: Von einem negativen Return (also zu wenig Nutzen für die investierte Zeit) bis zu einem hohen Return (viel Nutzen für die eingesetzte Zeit). In der Mitte ist der „Breakeven“: Aus Sicht der Teilnehmer besteht eine Balance zwischen investierter Zeit und Nutzen.

Lassen Sie die Teilnehmer Ihre Bewertung abgeben, z. B. mit einem Klebepunkt.

Stellen Sie Fragen im Anschluss, um die Bewertung besser verstehen zu können. Nicht immer liegt es an der Moderation als solcher, sondern vielleicht auch einmal an externen Einflussfaktoren.

Gleichzeitig ist interessant, was für eine (weitere) Verbesserung getan werden könnte: Organisatorisch, räumlich, von der Moderation her, Themenauswahl…

21.4 Regeln, Tipps und praktische Hinweise

21.4.1 Vorbereitung eines Meetings oder Workshops

21.4.1.1 Vorbereitung des Moderators
James Macanufo wird das 7-Ps-Framework zugeschrieben [4]. Der Name entstand durch die sieben Ps, die bei der Vorbereitung zu berücksichtigen sind.

Abb. 21.9 zeigt die sieben Ps zusammen mit wichtigen Fragestellungen. Diese beeinflussen sich gegenseitig.

Purpose Zweck	Ziel und Nutzen des Meetings/ Workshops?
Product Produkt	Angestrebtes, konkretes Ergebnis? Unterstützt dieses das Ziel?
People Leute	Wer, welche Rollen? Was sind potentielle Fragen, wer könnte antworten?
Process Agenda	Entwurf der Agenda, eventuell gemeinsam mit Teilnehmern; Festlegen der Vorgehensweise
Pitfalls Fallstricke	Welche Risiken bestehen? Wie will man mit ihnen umgehen?
Preparation Vorbereitung	Soll es vorbereitende Arbeiten oder „Hausaufgaben“ vor dem Meeting geben?
Practical Concerns Praktische Überlegungen	Logistik: Wo, wann, Pausenverpflegung, Material…

Abb. 21.9 Das 7-Ps-Framework nach James Macanufo

Einer der 7-Ps ist „Process“. Dies ist der Schwerpunkt der Vorbereitung für den Moderator.

Erstellen Sie sich ein „Drehbuch“ und sehen Sie für jede Phase die entsprechenden Einstiegsfragen und die Werkzeuge vor. Haben Sie auch das eine oder andere alternative Tool „in der Tasche“, um flexibel reagieren zu können.

In Tab. 21.3 sehen Sie ein Beispiel für ein Drehbuch (nach [1]). Gut geeignet sind dafür auch Tabellenkalkulations-Programme, um die Zeiten mit berechnen zu lassen. Machen Sie sich einmal ein Template, das Sie dann immer wieder nutzen können.

21.4.1.2 Kleine Details der Vorbereitung

Einladung
Meistens beginnen Meetings zur vollen oder zur halben Stunde. Wenn Sie Gefahr laufen, dass Ihre Teilnehmer von einem anderen Meeting in Ihren Workshop hetzen könnten, dann laden Sie zu einer „unüblichen“ Startzeit ein, z. B. „viertel nach“. Ihre durchgetakteten Teilnehmer werden es Ihnen danken. Gleichzeitig haben Sie eher die Chance pünktlich mit allen Teilnehmern zu beginnen.

Definieren Sie in der Einladung immer das Ziel der Veranstaltung und denken Sie an eine Agenda.

Tab. 21.3 Moderationsdrehbuch

Phase	Baustein/wozu?	Medien	Dauer
Einstieg	Ankommen: Positives Highlight des Tages	Flipchart	5 min
Einstieg und Beginn Themensammlung	Firmenzeitung in Kleingruppen; Präsentation der Kleingruppen	Flipchart mit Beispielraster Ein Flipchart pro Kleingruppe	20 min
Themen sammeln	Konsolidieren und Übertragen auf gemeinsame Liste	Flipchart	5 min
Thema auswählen	Mehrpunktfrage	Klebepunkte	5 min
Thema bearbeiten	…		

Klären Sie gegebenenfalls Catering und nehmen Sie Informationen dazu in die Einladung mit auf: Gemeinsames Mittagessen, „Bierchen" oder „Apéro" (wie die Schweizer sagen würden) nach Abschluss etc.

Wählen Sie den Teilnehmerkreis sehr bewusst aus. Achten Sie darauf, dass die Teilnehmer möglichst auch verfügbar sind, sodass im Workshop auch Entscheidungen getroffen werden können.

Buchen Sie einen entsprechenden Raum. Achten Sie darauf, dass dieser groß genug ist für einen Workshop. Die üblicherweise in den Raumreservierungssystemen der Unternehmen angegebenen Personenzahlen beziehen sich i. d. R. auf statische Meetings mit einem Präsentator und vielen Zuhörern. Sie benötigen Platz, damit bei Bedarf auch in Kleingruppen gearbeitet und im Anschluss die Ergebnisse wieder im Plenum weiterbearbeitet werden können. Sie brauchen also Platz für Pinnwände, Flipchart-Ständer oder freie Wände, an denen die Teilnehmer mit Haftnotizen arbeiten können, sowie ausreichend Bewegungsraum davor.

Material
Haftnotizen und Stifte

Um Arbeit beim Zusammenfassen von Workshop-Ergebnissen zu sparen oder einfach auch Ergebnisse vorab zu dokumentieren, sind Fotoprotokolle sehr beliebt. Denken Sie bitte gleich bei der Auswahl insbesondere der verwendeten Farben an das spätere Abfotografieren!

Im agilen Umfeld sind Haftnotizen (Klebezettel) sehr beliebt. Es gibt sie von verschiedenen Anbietern, in unterschiedlichen Formen und Farben. Umgangssprachlich hat sich stellvertretend der Begriff „Post It®" eingebürgert, auch wenn dies eine spezielle Marke ist. Neben diesen Zetteln mit einer Kleberschicht gibt es auch solche Zettel, die durch statische Aufladung auf fast allen glatten Untergründen halten.

Legen Sie sich ausreichend von diesen Haftnotizen in unterschiedlichen Größen und Farben zu. Verwenden Sie lieber nicht dunklere Farben wie beispielsweise violett und manche Blautöne, auf denen selbst schwarze Schrift in einem Fotoprotokoll nicht gut lesbar ist.

Für das Beschriften eignen sich Filzschreiber gut. Achten Sie bei der Auswahl des Stiftes darauf, dass die Schrift deutlich sichtbar wird. Dies bezieht sich sowohl auf die Strichstärke als auch auf die Farbe. Beispielsweise sind gelb, hellgrün und manche Rottöne auf Fotos schlecht zu lesen. Testen Sie am besten vor dem Workshop kurz die Stifte, ob sie noch frisch sind.

Pinnwand und ähnliches

Traditionell wird in der Moderation sehr gerne mit der Pinnwand und Karten gearbeitet. Für die Karten hat sich der Begriff „Metaplankarten" eingebürgert. Sie werden mit Nadeln an die Pinnwand gepinnt.

Diese Karten werden zunehmend durch die Haftnotizen abgelöst, sodass auch die Pinnwand weniger eingesetzt wird. Mit Haftnotizen können glatte Wände, Whiteboards, Fenster als „Pinnwand" dienen.

Wenn der Begriff „Pinnwand" fällt, übertragen Sie dies bitte einfach auf Ihre Gegebenheiten.

Kreppband, Posterkleber, Klebepunkte…

Flipcharts mit Arbeits- oder Diskussionsergebnissen werden im Raum aufgehängt. Michele Neuland nennt sie das „Gehirn der Gruppe". Dafür benötigen Sie beispielsweise Kreppband oder kleine, wiederablösbare Klebekissen oder Posterkleber.

Klebepunkte sind für Abstimmungen gedacht.

21.4.2 Durchführung des Meetings oder Workshops

21.4.2.1 Praktische Hinweise

Timeboxen
Arbeiten Sie mit festen Timeboxen, also vorher definierten Zeitspannen. Das nach Cyril N. Parkinson benannte „Parkinsonsche Gesetz" besagt, dass sich Arbeit der zur Verfügung stehenden Zeit anpasst. Timeboxing führt zu einer konzentrierteren Arbeit mit weniger Abschweifungen.

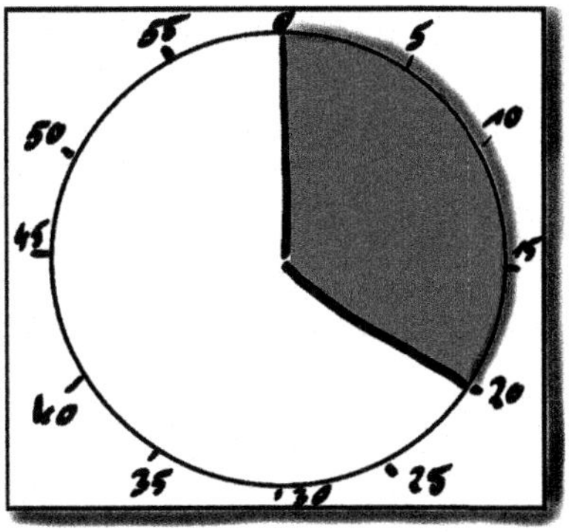

Abb. 21.10 Uhr mit Restzeitanzeige

Zeigen Sie die (noch) zur Verfügung stehende Zeit über eine deutlich sichtbare Uhr an. Beliebt sind dabei die sog. Time Timer® oder auch Kurzzeitwecker, die die verbliebene Zeit anzeigen (siehe Abb. 21.10).

Dies funktioniert meist besser, als wenn Sie einen Teilnehmer pro (Klein-)Gruppe zum Timekeeper machen. Dann hat nur eine Person die Zeit im Blick, während die Uhr mit „Restzeitanzeige" für alle sichtbar ist und entsprechend diszipliniert.

Wenn die Zeit trotzdem knapp wird:

Machen Sie die Teilnehmer ca. fünf Minuten vor Ablauf der Zeit darauf aufmerksam. Entweder es fällt die Entscheidung, mit noch nicht „perfekten" Ergebnissen weiter zu arbeiten oder man einigt sich gemeinsam auf eine kleine Verlängerung. Dies sollte aber nicht zum Regelfall werden.

Hinweise zum Beschriften von Karten/Haftnotizen

Weisen Sie die Teilnehmer auf das Fotoprotokoll hin und die daraus sich ableitenden Regeln:

- Beschriften von Karten oder Haftnotizen nur mit Filzstift, nicht mit Kugelschreiber.
- Darauf achten, dass die Filzstifte noch gut lesbar schreiben.
- Ein Punkt/Gedanke/Anforderung etc. pro Karte (wichtig fürs spätere Clustern oder Umsortieren).
- In Druckbuchstaben schreiben, keine Schreibschrift verwenden.
- Sich auf den Karten kurz fassen, keine Prosa.

Notieren Sie offene Fragen, Diskussionspunkte etc. Stellen Sie dabei möglichst sicher, dass Sie nicht Ihre Interpretation notieren, sondern das, was der Teilnehmer gesagt hat. Sichern Sie gegebenenfalls Ihr Verständnis durch Rückfragen.

Wenn im Workshop interessante Diskussionspunkte auftauchen, nehmen Sie diese Punkte auf – am besten für alle Beteiligten sichtbar. Bereiten Sie entsprechend ein Flipchart vor oder machen Sie ein Workshop-Backlog, das sie dann ergänzen können. Teilnehmer, die das Gefühl bekommen, dass ihre Beiträge „unter den Tisch fallen", werden sich entweder nicht mehr beteiligen oder ihren Standpunkt mit Vehemenz vertreten.

Praktisch sind Flipchart und Pinnwand parallel:

- Flipchart für die vorbereiteten Dinge wie geplanter Ablauf, Aufgabenstellung etc.,
- Pinnwand als „Themenspeicher". Oder Sie arbeiten mit einem Meeting-Backlog und nehmen neue oder offene Punkte da mit auf.

Wichtig ist in jedem Fall die Visualisierung!

21.4.2.2 Das erste Kennenlernen

Üblich ist ja immer, dass sich die Teilnehmer reihum vorstellen. Gerade, wenn sich manche bereits kennen, ist die Form „langweilig".

Versuchen Sie die Vorstellung mal „bunt durcheinander":

Alternative Reihenfolgen
alphabetisch nach Vornamen, nach Geburtstag...

Ball als Redezeichen
Da es in einer Vorstellungsrunde sehr vorhersehbar ist, wann jemand drankommt, können Sie auch einen kleinen weichen Ball einem Teilnehmer zuwerfen. Dieser stellt sich dann vor und wirft dem Ball einem anderen Teilnehmer zu.

Als weitere Alternativen folgen ein paar Ideen für Gruppen, die öfter zusammenarbeiten werden. Hier darf die Vorstellungsrunde beim ersten Mal etwas ausführlicher sein.

Partnerinterview
Jeweils zwei Teilnehmer, die sich noch nicht oder nicht gut kennen, interviewen sich gegenseitig und stellen sich gegenseitig vor.

Das haben wir gemein, das unterschiedet uns, das können wir beitragen
Lassen Sie die Teilnehmer Gruppen mit jeweils drei oder vier Personen bilden (Anregungen s. unten). Jede Kleingruppe versucht herauszufinden, was ihre Mitglieder verbindet, wo sie unterschiedlich sind und was sie zum Gelingen des Meetings beitragen können. Die Teilnehmer können selbst festlegen, was ihnen wichtige Gemeinsamkeiten oder

Unterschiede sind: Abteilungen, Familienstand, Studium, Hobbys... Diese Beiträge können reichen von der Aufgeschlossenheit, mitzumachen, bis hin zur fachlichen Expertise.

„Steckbrief"
Jeder Teilnehmer verfasst einen kurzen Steckbrief. Dies kann bereits beim Betreten des Raumes geschehen, beispielsweise auf einer Pinnwand in einem vorgegebenen Raster. Oder Sie geben Fragen vor, die die Teilnehmer auf Flipchart-Papier beantworten.

21.4.2.3 Die Arbeit mit Kleingruppen
Vielfach wird in Workshops oder Retrospektiven in Kleingruppen von drei bis fünf Personen zusammengearbeitet. Für die Aufteilung einer größeren Gruppe kann es mehrere Motivationen geben:

- Es können dadurch mehr Ideen generiert werden.
- In den Teilgruppen ist ein intensiverer Austausch möglich.
- In den Kleingruppen bringen sich auch ruhige oder zurückhaltende Teilnehmer eher mit ein.
- Die Gruppe ist so groß, dass sie ohnehin leicht in Teilgruppen zerfallen könnte.

Ideen für Gruppenbildung

Sie kennen vielleicht die mitunter etwas zäh vonstattengehende Bildung von Kleingruppen. Gleichzeitig finden sich häufig Personen zusammen, die ohnehin gerne zusammenarbeiten.

Zugunsten von mehr Abwechslung und neuen Gruppenkonstellationen möchte ich Ihnen einige Anregungen geben.

- **Gruppenbildung über Puzzleteile:**
  Fotos vom letzten Urlaub/Postkarten in 2–3 „Puzzleteile" zerschneiden und die Teile der verschiedenen Fotos/Postkarten mischen. Die Teilnehmer ziehen jeweils ein „Puzzleteil" und bilden mit denjenigen mit den passenden Teilen eine Gruppe. Abb. 21.11 zeigt eine Variante über Puzzleteile.
- **Gruppenbildung über Motive:**
  Karten mit Bäumen, Wegen, Fenstern, Straßenzügen etc. verdeckt ablegen, Teilnehmer ziehen lassen. Die Teilnehmer mit dem gleichen Motiv bilden eine Gruppe.
- **Aus einem Krabbelsack ziehen:**
  Einen undurchsichtigen Beutel mit markierten Kronkorken, verpackten Süßigkeiten, Legosteinen, Knöpfen etc. füllen. Die Teilnehmer, die die gleiche Sorte/Farbe gezogen haben, bilden eine Gruppe. Süßigkeiten dürfen dann natürlich auch gegessen werden...

Abb. 21.11 Foto für Gruppenbildung

- **Abzählen:**
  Die Teilnehmer jeweils von eins bis drei zählen lassen (für die Bildung von 3 Gruppen): Alle Einser, alle Zweier, aller Dreier bilden dann jeweils eine Gruppe.
- **Spielkarten ziehen:**
  Spielkarten entsprechend abzählen und die Teilnehmer aus den verdeckten Karten zeihen lassen. Alle „Herz", alle „Karo" oder alle „Roten Karten" bilden jeweils eine Gruppe.
- **Reihenfolgen bilden und aus diesen heraus die Gruppen bilden:**
  Alle Teilnehmer der Größe nach aufstellen lassen/dem Alter nach/den Geburtstagen nach/den Anfangsbuchstaben des Namens eines Haustieres nach, usw. Bei manchen Kriterien wie Geburtstagen, der Monat des geplanten Jahresurlaubs oder Haustieren lernen sich Mitglieder gerade neuer Gruppen ein wenig kennen und finden Anknüpfpunkte für kleine Gespräche am Rande.
- **Paarbildung durch Ketten:**
  Seile oder Ketten, wie sie als Weihnachtsdekoration verwendet werden, in gleich lange Stücke schneiden (mind. 1,5 m lang). Der Moderator greift das Bündel Seile oder Ketten in der Mitte, die Teilnehmer greifen jeweils ein Ende. Wenn der Moderator loslässt, haben jeweils zwei Teilnehmer ein Seil oder eine Kette in der Hand und bilden ein Paar.

Die Arbeit in der Kleingruppe

Machen Sie klare Ansagen: Klären Sie vorab die folgenden Punkte und visualisieren Sie diese auf einem Flipchart:

- **Ziel der Gruppenarbeit**
- **Aufgabenstellung für die Gruppenarbeit**
- **Zeitrahmen:**

Setzen Sie daher vorher immer einen klaren Zeitrahmen. Nutzen Sie eine deutlich sichtbare Uhr, die die noch verbleibende Zeit anzeigt, wie einen Time-Timer. Halten Sie sich selbst an den Zeitrahmen. Wenn bei Ablauf alle Gruppen noch nicht fertig sind, stimmen sie kurz gemeinsam ab, wie sie damit als Gruppe umgehen wollen.

- **Gewünschtes Ergebnis inklusive Ergebnisformat:**
  Visualisieren erleichtert das Zusammentragen der Ergebnisse. Sollen die Teilnehmer Karten schreiben oder auf ein Flipchart?
- **Rollenklärung:**
  Wer präsentiert hinterher das Gruppenergebnis?
- **Geplante Weiterbearbeitung der Ergebnisse:**
  Dies unterstützt gleichzeitig die Punkte Rollenklärung und Ergebnisformat: Beispielsweise soll ein Mitglied der Kleingruppe im Anschluss die Ergebnisse präsentieren, oder es findet eine „Vernissage“ der Flipcharts statt, auf Neudeutsch mitunter Gallery Walk genannt.

Austausch der Gruppenergebnisse im Plenum
Nach der intensiven Arbeit in der Kleingruppe wird das Ergebnis ins Plenum gebracht. Das genaue Vorgehen hängt auch vom Vorgehen in den Kleingruppen ab.

Bei einer entsprechenden Visualisierung kann die ganze Gruppe sich vor dem „Poster“ einer Gruppe versammeln und die Gruppe stellt ihr Ergebnis vor.

Die Gruppe kann einen Sprecher benennen, der im Plenum die Ergebnisse berichtet.

Fassen Sie die Ergebnisse nochmals kurz zusammen, visualisieren Sie bei Bedarf die Essentials gemeinsam mit der Gruppe. Sie können sich dies bildlich wie eine Pyramide vorstellen: Die Kleingruppen haben die Pyramidenbasis erarbeitet; gemeinsam verdichten sie jetzt auf der nächsten Ebene.

Wenn die Kleingruppen mit Karten oder Haftnotizen gearbeitet haben, können diese nun auch gemeinsam besprochen und geclustert werden.

21.4.2.4 Meinungsbilder und Abstimmungen

Mitunter stehen Entscheidungen an, die die Gruppe gemeinschaftlich treffen soll. Oder es interessiert ein Meinungsbild der Gruppe zu einem Thema. Hier kurz einige Ideen dafür.

Punkte kleben
Einpunktfrage:

Dabei steht jedem Teilnehmer ein Klebepunkt zur Verfügung, mit dem er abstimmen kann.

Mehrpunktfrage:

Jeder Teilnehmer kann mehrere Punkte verteilen.

Die vorgeschlagenen Alternativen stehen auf einem Flipchart oder der Pinnwand. Jeder Teilnehmer bekommt eine Anzahl Klebepunkte, die er gehäufelt oder einzeln auch für Alternativen kleben kann. Alternativ kann natürlich auch per Stift mit Strichen oder Punkten abgestimmt werden. Auch dann hat jeder ein bestimmtes „Budget" dafür. Das Budget können Sie auch wörtlich nehmen und jedem einen Betrag Spielgeld geben, den er auf die Alternativen verteilen kann.

Mehrpunktabfrage: Alternativ maximal drei Punkte pro Option:

Wenn jeder Teilnehmer maximal drei Stimmen pro Option hat, entsteht ein gleichmäßigeres Bild und es wird u. U. weniger taktisch abgestimmt. Bei dieser Option erleichtern Striche das Zählen vor allem bei größeren Gruppen.

Räumlich abstimmen
Definieren Sie Ecken oder andere Stellen im Raum, die für eine bestimmte Meinung stehen. Zum Beispiel alle, die einen Vorschlag unterstützen, gehen auf die rechte Seite des Raums, diejenigen, die dagegen sind, stellen sich auf die linke Seite, wer unentschieden ist, bleibt stehen.

Daumen hoch oder runter
Für das schnelle Abstimmen oder das Stimmungsbild zwischendurch: Daumen hoch = einverstanden, Daumen runter = nicht einverstanden, Daumen waagrecht = unentschieden oder es werden weitere Informationen benötigt.

Fist of Five
Wenn eine These/Idee etc. voll unterstütz wird, wird die Hand gehoben- mit allen fünf Fingern deutlich sichtbar.

Das Gegenstück dazu, also totale Ablehnung, hieße die Faust zeigen.

Mit einem bis vier Fingern können Zwischenwerte angezeigt werden.

Achtung: Mitunter wird Ablehnung auch über die volle Hand gezeigt: Quasi als „Wegdrücken". Aus diesem Grund ist es wichtig, vorab definieren, was die Gesten jeweils bedeuten sollen.

Skala 1–10

Auf dem Boden wird gedanklich (oder über Kreppband physisch markiert) eine Skala gezogen: von 1 (z. B. rechte Seite des Raums und Ablehnung) bis 10 (z. B. linke Seite des Raums und volle Zustimmung). Wie stehen die Teilnehmer zu einem Thema? Sie sollen sich auf der Skala entsprechend positionieren. Durch ein erneutes Aufstellen z. B. nach einer ausführlichen Diskussion könnte auf die gleiche Art ein neues Stimmungsbild eingeholt und damit auch eine Veränderung verdeutlicht werden.

Systemisches Konsensieren

Dieses Verfahren [8] eignet sich vor allem bei wichtigen und schwierigen Entscheidungen. Bei Abstimmungen ist oft die Wahl zwischen „dafür" oder „dagegen". Der Vorteil des Systemischen Konsensierens liegt darin, dass es weniger zu einer Polarisierung, sondern eher zum Interessenausgleich kommt.

Die Teilnehmer stimmen ab, wie stark ihr Widerstand gegen einzelne Optionen ist:

- 0 Punkte kein Widerstand
- 10 Punkte auf gar keinen Fall
- Werte zwischen 0 und 10 zum Ausdruck des persönlichen Widerstandes gegen eine Option

Die Alternative mit den wenigsten „Widerstandspunkten" gilt als angenommen.

Beispiel: Organisation einer kleinen Feier. Die verschiedenen Vorschläge (mit unterschiedlicher finanzieller Beteiligung) lauten:

- Die Feier findet in den Räumlichkeiten des Unternehmens statt…
- Die Feier findet in einer Grillhütte statt…
- Die Feier findet im Restaurant statt…

Neben den Entscheidungsalternativen wird immer auch eine Passivlösung formuliert für die Situation, in der die Gruppe keinen Entschluss fasst. Im Beispiel könnte dies heißen: „Wir entscheiden, dass keine Feier stattfindet". Diese Passivlösung wird aktiv und positiv formuliert. Dazu dient der Vorspann „Wir entscheiden …", da es sich sonst um eine negative Formulierung handeln würde („Es findet keine Feier statt"). Der Hintergrund ist, dass es beim Ausdruck des Widerstandes gegen eine negativ formulierte Option zu Missverständnissen kommen kann. Die Passivlösung zeigt gleichzeitig an, wieviel „Energie" auf dem Thema ist.

Im Rahmen eines Workshops kann das Systemische Konsensieren eingebettet werden (Abb. 21.12):

Fragestellung entwickeln	Die übergeordnete Fragestellung, die nicht mit „ja“ oder „nein“ zu beantworten ist, wird formuliert.
Lösungsvorschläge sammeln	Die verschiedenen Lösungsvorschläge werden in einer Kreativphase gesammelt.
Passivlösung formulieren	Zusätzlich wird die Passivlösung als weitere Alternative formuliert, also die Variante, in der „nichts“ getan wird.
Lösungsvorschläge bewerten	Nun werden die Alternativen mit Widerstandspunkten zwischen 0 (kein Widerstand) und 10 (maximaler Widerstand) bewertet .
Auswertung	Der Vorschlag mit der geringsten Punktzahl erfährt den wenigsten Widerstand in der Gruppe und wird angenommen.

Abb. 21.12 Workshop mit Systemischem Konsensieren

Auch wenn diese Variante der Abstimmung sehr kooperativ ist, stellt sich doch die Frage, wie mit maximalen Widerstand umgegangen wird. Sie haben eventuell einen Teilnehmer, der formuliert, dass die von der Gruppe präferierte Lösung für ihn nicht akzeptabel sei. Wie damit umgegangen werden soll, hängt vom Gesamtkontext und der Gruppe ab:

- Ihm nochmals die Gelegenheit zu geben, seine Bedenken zu formulieren.
- Ein bilaterales Gespräch im Anschluss führen.
- Usw.

21.4.3 Abschluss der Moderation und Nachbereitung

Kein Workshop ohne Maßnahmen!
Bitte achten Sie bei der Überwachung der Zeit darauf, dass Ihnen dafür in jedem Fall noch Zeit bleibt.

Wenn die Zeit davonläuft, sprechen Sie bitte rechtzeitig die Teilnehmer an und stimmen Sie den weiteren Verlauf mit Ihnen ab.

Kurze Zusammenfassung des Ergebnisses und Ausblick
Üblicherweise wird nun auch das nächste Treffen vereinbart. Vielleicht arbeiten Sie bereits mit festen Kadenzen (Abschn. 19.5), sodass der nächste Termin bereits klar ist.

Gibt es vielleicht bereits Themenwünsche für einen nächsten Workshop?

Wer möchte gerne die Rolle des Moderators oder eines Co-Moderators übernehmen? Binden Sie diesen Teilnehmer in die Vorbereitung des nächsten Workshops mit ein und unterstützen Sie ihn.

Protokoll
Wenn möglich, sparen Sie sich das Übertragen von Ergebnissen in ein anderes Format.

Fotografieren Sie die Arbeitsergebnisse ab. Es gibt beispielsweise Apps, aus denen heraus fotografiert, die Aufnahmen zugeschnitten und als PDF-Datei versendet oder auf einer Kollaborationsplattform bereitgestellt werden können. Speziell für Haftnotizen gibt es vom Hersteller eine App, mit der diese auf Fotos erkannt, elektronisch entsprechend angeordnet und bei Bedarf ergänzt werden können.

Versenden Sie das Protokoll zeitnah.

Folgeaufgaben
Gibt es Aufgaben, die verteilt wurden? Dann halten Sie diese nach.

21.4.4 Spielregeln für Meetings

Wie bereits im Kanban-Kapitel besprochen, sind Regeln elementar für die Zusammenarbeit im Team. Sie steuern das Geschehen. Das Ausbilden der Regeln kann unbewusst oder bewusst geschehen. Vielfach haben Teams „ungeschriebene" Regeln wie das gemeinsame Mittagessen um 12 Uhr.

Gerade für moderierte Besprechungen oder Workshops lohnt es sich die Regeln abzustimmen und allen bewusst zu machen. Die Einhaltung kann dann auch entsprechend eingefordert werden. Visualisieren Sie diese! Ein Beispiel dafür ist der Meeting-Knigge in Abb. 21.14.

21.4.4.1 Verhaltensregeln

Aus der Erfahrung heraus wurden die nachfolgenden Spielregeln definiert. Sie unterstützen eine offene und direkte Kommunikation (nach [2] mit Ergänzung der Vegas-Regel [1]; Abb. 21.13):

Abb. 21.13 Spielregeln

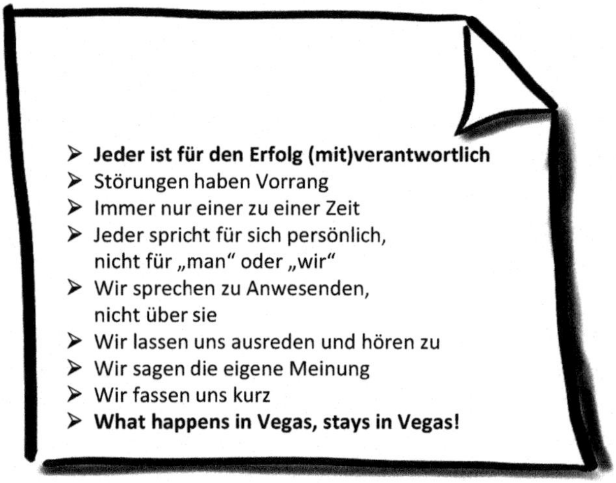

Jeder ist für den Erfolg (mit)verantwortlich
Auch wenn Sie die Doppelrolle Teilnehmer und Moderator haben: Wenn Sie die ganze Verantwortung hätten, wäre das Team überflüssig. Denken Sie an den Ausgangspunkt zurück: Der Moderator ist für den Weg verantwortlich, das Team für die Qualität der Ergebnisse. Erinnern Sie das Team bei Bedarf daran!

Störungen haben Vorrang
Sie nehmen sich auch den Vorrang. Dies kann sein: nachlassende Konzentration, Langeweile, auch Faktoren aus dem Umfeld wie schlechte Luft. Auch plötzlich abschweifende Argumentationen können ein Hinweis für eine dringend benötigte Pause sein! Wenn Sie den Verdacht haben, dass eine Störung vorliegt, sprechen Sie dies an und holen Sie die Meinung des Teams ein.

Immer nur einer zu einer Zeit
„Seitengespräche" sind unerwünscht. Sie können ein Indiz dafür sein, dass jemand noch eine Rückversicherung braucht oder seine Meinung noch nicht „öffentlich" machen möchte. Sprechen Sie dies an: „Seitengespräche" sind entweder potenzielle Beiträge oder Störungen.

Jeder spricht für sich persönlich, nicht für „man" oder „wir"
Jeder soll seine Meinung in seinem Namen aussprechen und sich nicht hinter einer vermeintlichen Gruppenmeinung „verstecken". Genauso wenig ist „man" vertreten, sondern es sind ausschließlich individuelle Teilnehmer mit individuellen Meinungen. Achten Sie als Moderator auf die Formulierungen, die die Teilnehmer verwenden.

Wir sprechen zu Anwesenden, nicht über sie
Wenn Teilnehmer anderen Personen etwas mitteilen möchten, sollen sie dies direkt tun: Nicht über Dritte sprechen oder zur Gruppe, wenn ein anderer Teilnehmer gemeint ist.

Wir lassen uns ausreden und hören zu – Wir versuchen zu verstehen
Gibt es vielleicht Beiträge, die mehr oder minder ignoriert werden?

Wir sagen die eigene Meinung
Mitunter wird die eigene Meinung durch Fragen kaschiert. Fragen sollten dem Verständnis dienen oder den Diskussionsprozess voranbringen. Gegebenenfalls könnten Sie als Moderator spiegeln: „Wenn ich dich richtig verstanden habe, meinst du mit deiner Frage, dass …“.

Wir fassen uns kurz
What happens in Vegas, stays in Vegas!

Diese Regel kennen Sie bereits von den Retrospektiven her. Durch die Vertraulichkeit entsteht der geschützte Raum, der gerade bei Themen wie Zusammenarbeit oder Konflikten in der Gruppe notwendig ist.

21.4.4.2 Meeting-Knigge als Poster

Auch für die Vorbereitung, Durchführung und Nachbereitung von Besprechungen und Workshops sollte es klare Regeln geben, auf die sich Teilnehmer und Moderator oder Einladende berufen können.

Ein Beispiel für einen Meeting-Knigge habe ich bei einem Treffen der Agilen Community Rhein-Main gesehen. Er hängt im Meetingraum im Posterformat an der Wand. Er fasst die Spielregeln und Erfolgsfaktoren komprimiert zusammen. Nicht nur der Moderator hat Rechte und Pflichten, auch die Teilnehmer haben sie.

Er zeigt die Spielregeln und Erfolgsfaktoren jeweils:

- für den Einladenden und die Teilnehmer
- vor dem Meeting, im Meeting und nach dem Meeting.

Danke an DER Touristik Online für den Meeting-Knigge, den Abb. 21.14 zeigt.

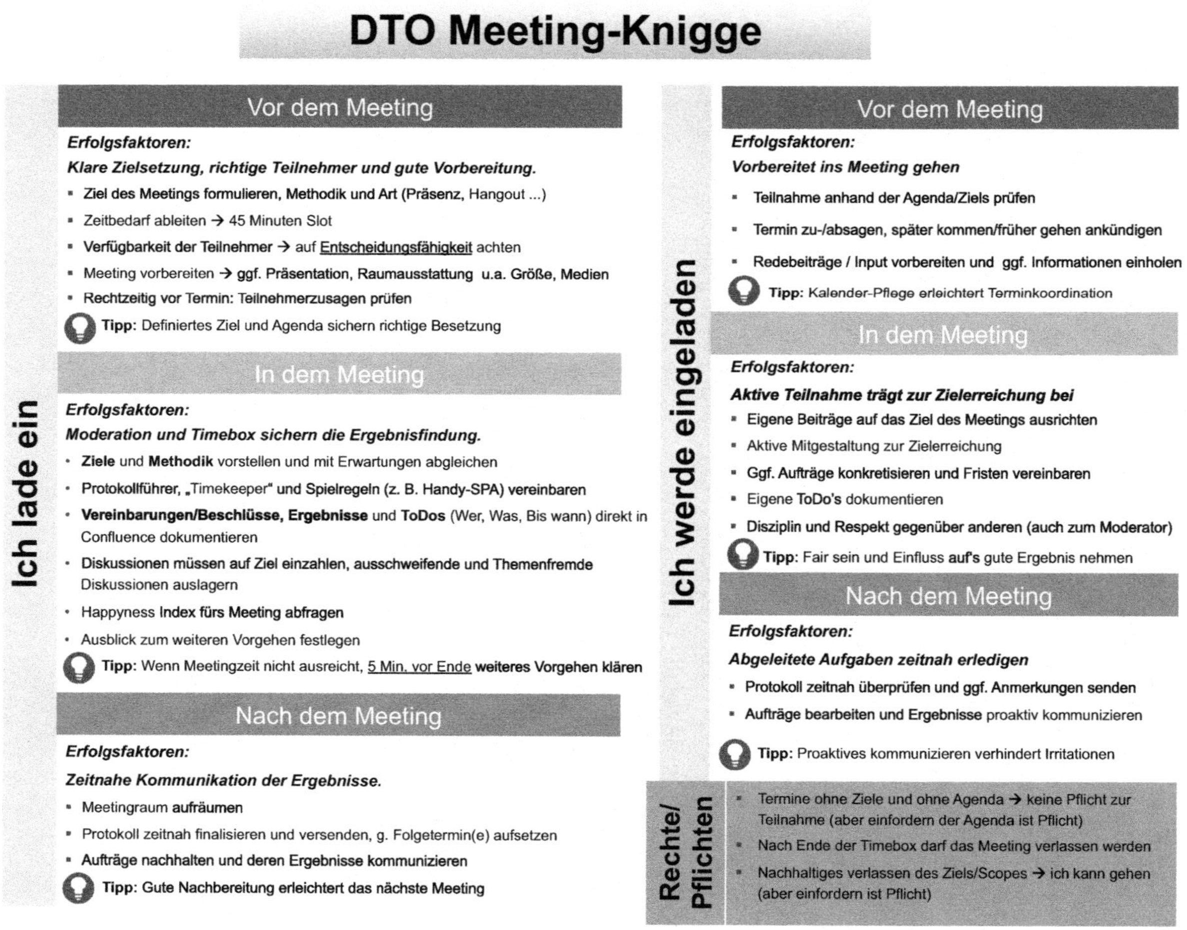

Abb. 21.14 DTO-Meeting Knigge (mit freundlicher Genehmigung von DER Touristik Online GmbH)

Literatur

1. Andresen J (2014) Retrospektiven in agilen Projekten: Ablauf, Regeln und Methodenbausteine. Hanser, München
2. Berndt C, Bingel C, Bittner B (2009) Tools im Problemlösungsprozess. ManagerSeminare Verlags GmbH, Bonn
3. Derby E, Larsen D (2006) Agile retrospectives: making good teams great. The pragmatic programmers, Raleigh
4. Gray D, Sunni B, James M, Eike N (2011) Gamestorming: Ein Praxisbuch für Querdenken, Moderatoren und Innovatoren. O'Reilly Verlang GmbH & Co. KG, Köln
5. Kanitz A von (2015) Crashkurs Professionell Moderieren. Haufe-Lexware GmbH & Co KG, Freiburg
6. Neuland M (2003) Neuland Moderation. managerSeminare Verlags GmbH, Bonn
7. Seifert JW (2004) Besprechungen erfolgreich moderieren. GABAL Verlag GmbH, Offenbach
8. Visotschnig E, Volker (2016) Einführung in Systemisches Konsensieren, Institut für Systemisches Konsensieren ISYKONSENS International, Graz. http://www.sk-prinzip.eu/wp-content/uploads/2016/12/Einführung-in-systemisches-Konsensieren-2.pdf. Zugegriffen: 10. Febr. 2018
9. Wikipedia https://de.wikipedia.org/wiki/Besprechung. Zugegriffen: 22. Jan. 2018
10. Wikipedia https://de.wikipedia.org/wiki/Workshop. Zugegriffen: 22. Jan. 2018

Weiterführende Literatur

Gabler Wirtschaftslexikon. http://wirtschaftslexikon.gabler.de/Archiv/85804/moderation-v8.html. Zugegriffen: 24. Jan. 2018

Seifert JW (1999) Moderation & Kommunikation: Gruppendynamik und Konfliktmanagement in moderierten Gruppen. GABAL Verlag GmbH, Offenbach (Whitebooks)

Simon W (2004) GABALs großer Methodenkoffer – Grundlagen der Kommunikation. GABAL Verlag GmbH, Offenbach

Unterauer M (2015) Workshops im Requirements Engineering. dpunkt, Heidelberg

Glossar der Agilen Begriffe

100-Punkte-Methode Schätzverfahren zum Priorisieren: Die Schätzer erhalten 100 Punkte, die sie auf die angedachten/geplanten Product Backlog Items verteilen können (in der ursprünglichen Beschreibung sind es hundert Dollar)

3C Zur Beschreibung der Eigenschaften von User Stories:
Card (stehen auf einer Karte geschrieben),
Conversation (benötigen eine Unterhaltung darüber),
Confirmation (benötigen zusätzlich Akzeptanzkriterien).

7-Ps.Framework Nach James Macanufo; die 7 P stehen für Aspekte, die bei der Vorbereitung von Workshops und Meetings zu berücksichtigen sind: Purpose, Process, People, Product, Pitfalls, Preparation, Practical Concerns.

Affinitätendiagramm Im Brainstorming gesammelte Ideen und Gedanken werden geclustert, also nach Ähnlichkeiten sortiert und jeweils eine Überschrift gesucht. Stammt aus dem Total Quality Management.

Agil Die Wortbedeutung ist „beweglich", „flink".
Im Geschäftsleben ist damit meist eine schnelle Reaktionsfähigkeit gemeint.

Agile Practice Guide Im Herbst 2017 durch das Project Management Institute (PMI®) veröffentlicht und in Zusammenarbeit mit der Agile Alliance® entwickelt, bietet er Leitlinien und Tools für die erfolgreiche Implementierung agiler Ansätze.

Agiler Lebenszyklus Dieser Lebenszyklus kombiniert iteratives und inkrementelles Vorgehen. Er betont häufige Lieferungen an Kunden, um Feedback erhalten und einarbeiten sowie bereits Nutzen stiften zu können.

Agiles Manifest Im Jahr 2001 niedergeschriebene Grundsätze und Werte zur agilen Softwareentwicklung. Das Agile Manifest umfasst vier grundlegende Werte und zwölf Prinzipien.
Die Anwendung des Agilen Manifests geht heute in vielen Bereichen über die Software-Entwicklung hinaus.

Agile Methoden Dabei handelt es sich um systematische Vorgehensweisen, die sich durch kurze Feedbackzyklen, Anpassung an Veränderungen, Kundenfokus, und hohen Qualitätsanspruch auszeichnen und dabei gleichzeitig den Menschen in den Mittelpunkt stellen.

U. Kusay-Merkle, *Agiles Projektmanagement im Berufsalltag*,
https://doi.org/10.1007/978-3-662-56800-2

Agiles Mindset Es ist eine Art zu denken und zu handeln - mit dem Agilen Manifest und dessen Prinzipien als Basis.

Agile Werte Das Wertesystem bildet die Basis, auf der Regeln oder Praktiken definiert und Entscheidungen getroffen werden können. Sie beruhen auf dem Agilen Manifest. Verschiedene agile Methoden betonen einzelne Werte besonders, wie Respekt, Offenheit, Fokus, Mut, Führung etc.

Aktivität Darunter versteht man in einem Workflow einen der notwendigen Bearbeitungsschritte, um einen Wert zu schaffen. Aktivitäten bringen Arbeitseinheiten (Work Items) typischerweise von einem Zustand in den nächsten. Aktivitäten und ihre Zustände werden auf dem Kanban-Board als Spalten abgebildet.

Akzeptanzkriterien Sie definieren die Kriterien, an denen erkennbar ist, ob ein individuelles Product Backlog Item „richtig" umgesetzt wurde. Akzeptanzkriterien gelten daher immer nur für ein Feature oder eine User Story.

Sollten einzelne Akzeptanzkriterien bei jedem Product Backlog Item auftauchen, dann sind dies Kandidaten für eine Erweiterung der „Definition of Done" (DoD) – vergleiche dort.

Anforderung Dabei handelt es sich um eine Bedingung oder Fähigkeit, die zur Lösung eines Problems oder zur Erreichung eines Ziels benötigt wird.

Man unterscheidet

- Funktionale Anforderungen: Welche Funktionalitäten sollen vorhanden sein, was soll das Produkt „tun" können?
- Nicht funktionale Anforderungen: Rahmenbedingungen oder Eigenschaften des Produktes, wie Benutzerfreundlichkeit, Sicherheit etc.

Arbeitseinheit, Work Item Dies ist eine in sich geschlossene Aufgabe, die die Bearbeitungsschritte (und damit Spalten) auf dem Kanban-Board durchläuft. Sie wird als Ticket repräsentiert. Sie ist die konkrete Ausprägung eines Arbeitstyps.

Arbeitstyp Ein Arbeitstyp ist eine bestimmte Art oder Kategorie von Arbeitseinheiten. Arbeitstypen sind meist durch eine bestimmte Abfolge von Bearbeitungsschritten gekennzeichnet.

Verschiedene Arbeitstypen können auf einem Kanban-Board durch Swim Lanes als horizontale Bereiche mit teilweise unterschiedlichen Bearbeitungsschritten abgebildet werden.

Artefakt Wortbedeutung lt. Duden: Von Menschenhand Geschaffenes;

In der Methode Scrum werden damit spezifische Ergebnisse bezeichnet: Product Backlog, Sprint Backlog und Inkrement.

Assessment Testverfahren, insbesondere zur Überprüfung der Eignung.

Aufwand „Aufwand (Projektmanagement) ist die Menge aller monetär quantifizierbaren Eingangsgrößen in ein Projekt,.." ProjektMagazin, https://www.projektmagazin.de/glossarterm/aufwand.

Meist ist mit dem Begriff „Aufwand" der Arbeitsaufwand gemeint.

Avatar Ein Token, der eine Person repräsentiert.

Auf einem Kanban-Board sind Avatare meist auf Magneten aufgebrachte Bilder oder Symbole, die jeweils bestimmte Teammitglieder repräsentieren.

Backlog Ein Backlog ist eine Liste, in der Elemente (Items) gesammelt werden, beispielsweise der Product Backlog mit allen anstehenden Arbeiten oder der Impediment Backlog mit den Hindernissen.

Baseline Übersetzt heißt Baseline „Messbasis" oder „Grundlinie". Im Projektmanagement ist die Baseline die genehmigte Planung des Projekts, bezogen auf Inhalt und Umfang, Termine und Kosten.

Batch, Batch-Größe Eine Gruppe von Arbeitseinheiten oder Work Items, die gemeinsam durch das System oder ein Teil davon wandern und zumeist auch gemeinsam den Output bilden.

Bearbeitungszeit Darunter versteht man rein die Zeit, in der an einer Arbeitseinheit gearbeitet wird:

Nettoarbeitszeit ohne Wartezeiten.

Blocker Dies ist eine besondere Konstellation/Bedingung, die die Weiterbearbeitung eines Work Items verhindert.

Die Blockade wird meist auf dem Ticket vermerkt, um dies später noch analysieren zu können:

Was war der Blocker? Von wann bis wann war das Ticket blockiert?

Buffer Siehe Puffer.

Burndown Chart Das Diagramm zeigt jeweils die noch verbleibende Arbeit, siehe Release Burndown und Sprint Burndown.

Business Value Points Verfahren zum Priorisieren von Product Backlog Items mittels Spielkarten mit „Business Value Points":

Je höher die Punktzahl, desto wertvoller ist ein Product Backlog Item aus der Geschäftssicht.

Buy a Feature Gehört zu den Innovation Games®. Schätzverfahren zum Priorisieren von Features durch Kunden: Die angedachten Features sind mit einem „Preis" versehen. Die Schätzer erhalten eine bestimmte Summe „Geld", die sie einzeln oder auch als Team auf die bepreisten Features setzen können.

Change Request Darunter versteht man die Anforderung (request) einer Änderung. Im plangetriebenen Projektmanagement werden Change Requests dokumentiert, analysiert und zur Genehmigung vorgelegt.

Canvas (dt. Leinwand) Grafisch aufbereitete, strukturierte Darstellung von Informationen. Bekannt geworden durch den „Business Model Canvas" von Osterwalder und Pigneur.

Siehe Project Canvas.

Charter Eine Charter ist ein Dokument.

Im Buch werden zwei Ausprägungen besprochen: Project Charter (Projektauftrag) und Team Charter.

Collaboration Games Dabei handelt es sich um Techniken für moderierte Workshops. Sie werden in vielen Büchern und Webseiten beschrieben, darunter in diesen zwei Sammlungen: Innovation Games®, Gamestorming. Der Urheber der „Spiele" ist nicht immer feststellbar.

Commitment Dt. Selbstverpflichtung
Beispiel: Das Team gibt das Commitment ab, bestimmte To-dos in einem Sprint umzusetzen.

Constraint Randbedingung oder Begrenzung, die für ein System oder eine funktionale Anforderung gilt.
Im Sinne Begrenzung: Bei Scrum wird eine Begrenzung auf die Zeit gelegt, bei Kanban auf die Menge paralleler Arbeit.
Im Sinne Randbedingung: Typische Constraints bilden auch die nicht-funktionalen Anforderungen wie Benutzerfreundlichkeit in der IT.

Cost of Delay, Verzögerungskosten Die Rate, mit der der Wert einer Dienstleistung oder eines Produktes abnimmt, wenn es später geliefert wird. Die Verzögerungskosten werden dabei pro Zeiteinheit angegeben.
Wichtig für die Bildung von Serviceklassen oder Priorisierungsentscheidungen:

Cycle Time Dieser Begriff wird leider nicht eindeutig genutzt. Meist ist damit die Durchlaufzeit gemeint.

Daily Scrum Tägliches Synchronisationsmeeting des Umsetzungsteams (Development Team) in der agilen Methode Scrum. Es ist auf maximal 15 min begrenzt.
Es entspricht dem Kanban-Meeting in der Kanban-Methode.
Die Teilnehmer stehen während des Meetings, was auch zur Bezeichnung Standup Meeting geführt hat.

DEEP Das Akronym DEEP steht für Detailed appropriately, Emergent, Estimated, Prioritized. Es beschreibt die Eigenschaften des Product Backlogs.

Definition of Done (DoD) Dabei handelt es sich um eine Vereinbarung im Team (oder über ein Team hinaus bis auf die Ebene der Organisation), was zur Fertigstellung von Arbeitseinheiten zu tun ist.
Die DoD kann sich beziehen auf:
– einzelne Aktivitäten (Spalten des Scrum-/Kanban-Board) oder
– die finale Fertigstellung eines Produkts
Die DoD ist häufig eine Checkliste mit überprüfbaren Qualitätskriterien, Einschränkungen oder mit nichtfunktionalen Anforderungen (an Sicherheit, Performance etc.).
Die Kriterien der DoD gelten für alle Product Backlog Items, während Akzeptanzkriterien spezifisch für ein einzelnes Feature oder eine User Story sind – vergleiche Akzeptanzkriterien.

Definition of Ready (DoR) Dies ist die Vereinbarung im Team, welche Kriterien für eine Anforderung gelten, damit sie umgesetzt werden kann (beispielsweise, dass Akzeptanzkriterien vorhanden sein müssen).

Delivery Planning Meeting Kanban-Kadenz, in der die Lieferung an den Kunden geplant wird.

Design the Product Box Dies gehört zu den Innovation Games®. Dabei geht es darum, eine Vision für ein Produkt mit den wichtigsten Features zu entwickeln. Der Fokus liegt dabei auf den Kunden.

Development Team, Entwicklungsteam Das Team in Scrum, welches die Product Backlog Items umsetzt.
Daher wird es manchmal außerhalb der IT auch als Umsetzungsteam bezeichnet.

DoD Siehe Definition of Done

DoR Siehe Definition of Ready

Durchlaufzeit Zeit von der Aufnahme ins Backlog bis zum Output/Ausfüllen der „Fertig"-Spalte
Die Durchlaufzeit der Arbeit ergibt sich aus der durchschnittlichen Anzahl der Arbeitseinheiten geteilt durch den durchschnittlichen Durchsatz (Siehe auch Little's Law).

Durchsatz Anzahl der abgeschlossenen Arbeitseinheiten in einem bestimmten Zeitraum.
Wird zur Berechnung der Durchlaufzeit genutzt (siehe auch Little's Law).

Earn or Learn Aufruf zum Validierten Lernen (siehe Validated Learning).

Einheitenloses Schätzen Dabei geht es um das Schätzen, nicht in Euro oder in Tagen, sondern losgelöst von diesen üblichen Einheiten.
Es können beispielsweise Story Points, Business Value Points oder auch T-Shirt-Größen (S, M, L, XL) verwendet werden.

Einpunktfrage Abstimmung in der Moderation, bei der jeder Teilnehmer eine Stimme beispielsweise über einen Klebepunkt vergeben kann.

Elevator Pitch, Elevator Speech, Elevator Statement Dabei handelte es sich ursprünglich um eine kurze „Verkaufsansprache". Bekannt wurde das Format in den 90er Jahren zum Gewinnen von Risikokapital für die sog. Dotcom-Unternehmen der New Economy. Heute versteht man darunter die kurze prägnante und motivierende Zusammenfassung einer Produktidee oder Vision.

Epic Dies ist die Beschreibung einer Anforderung auf einer relativ abstrakten Ebene, aber in Alltagssprache. Unter Epic wird meist eine größere Anforderung verstanden, während User Stories zum einen ein Beschreibungsformat, aber vor allem auch feiner heruntergebrochene Anforderungen sind.
Es gibt keine eindeutige Abgrenzung von Feature oder allgemein gültige Hierarchie der Anforderungen.

Event, Ereignis Als Event werden spezifische Ereignisse in der Methode Scrum bezeichnet: der Sprint selbst sowie die folgenden Meetings, die jeweils dem „Inspect and Adapt" dienen: Sprint Planning, Daily Scrum, Sprint Review und Sprint Retrospektive.
Alle Events sind zeitlich begrenzt, also timeboxed.

Facilitator Siehe Moderator

Fail fast Risiken, die den Erfolg unmittelbar infrage stellen können, sollten möglichst bald angegangen werden. Bei der Sortierung des Product Backlogs sind Items mit hohem Wert und gleichzeitig hohem Risiko Kandidaten für eine hohe Priorität, damit sie bald umgesetzt werden. Wenn es sich herausstellen sollte, dass es nicht funktioniert, dann hat man dies schnell und ohne den später höheren finanziellen Aufwand herausgefunden.

Fast Lane Horizontaler Bereich (Swim Lane) auf einem Kanban-Board für Tickets der höchsten Priorität; sie befindet sich meist oben am Board.

Feature Die Eigenschaft eines Produktes oder eine Anforderung an ein Produkt. Features sind kleiner geschnitten als Themes, aber noch gröber als User Stories.
Die Abgrenzung zu Epic ist nicht eindeutig definiert: Eine Epic kann von der Größe her zwischen Theme und Feature stehen, oder die Begriffe bedeuten werden alternativ genutzt.

Feedback Loop, Feedbackzyklus Schleife, in der ein Ergebnis erarbeitet und vorgestellt wird, um Feedback erhalten und einarbeiten zu können.

Fibonacci-Zahlen Eine Zahlenfolge, die vom Mathematiker Leonardo Fibonacci beschrieben wurde: Dabei ergibt die Summe von zwei direkt aufeinander folgenden Zahlen den Wert der unmittelbar folgenden.
Diese Zahlenfolge wird häufig auf den Planning Poker®-Karten eingesetzt.

Fischgrätendiagramm Siehe Ishikawa-Diagramm

Flaschenhals Eine Aktivität/Spalte, deren Durchsatz den gesamten Durchsatz im System begrenzt.

Flight Level Begriff, der den Einsatz von Kanban-Systemen von der Visualisierung der Arbeit im einzelnen Team bis hin zur Steuerung der Organisation beschreibt:
Flight Level 1: Operative Ebene eines Teams
Flight Level 2: Koordination mehrerer Teams
Flight Level 3: Strategische Portfolioebene

Flowchart Ein Tool, mit dem Abläufe und Zusammenhänge dargestellt werden können. Ursprünglich entwickelt von Frank Gilbreth.

Framework Wortbedeutung: Rahmenwerk
Ein Framework wird jeweils für die konkrete Anwendung ausgestaltet.

Gamestorming Eine Sammlung von Collaboration Games im gleichnamigen Buch und der gleichnamigen Webseite.

Grooming Dies ist der frühere Begriff für das Backlog Refinement.
siehe Product Backlog Refinement

Haftnotizen Selbstklebende Notizzettel, die in verschiedenen Farben und Größen angeboten werden. Sie werden oft auch nach einer Marke „Post-It" genannt.
Alternativ zu den selbstklebenden Haftnotizen gibt es auch solche, die durch elektrostatische Aufladung auf glatten Oberflächen haften.

Hybrid Basierend auf einer Mischung bzw. Kreuzung von mindestens zwei Basiselementen
Wortbedeutung lt. Duden: Lateinisch hybridia: (Weniger schmeichelhaft) Bastard, Mischling

Hybrides Projektmanagement Mischung verschiedener Ansätze:
- Aufnahme von agilen Elementen (z. B. aus Scrum und/oder Kanban) in klassischen Ansätzen und umgekehrt
- Anreicherung des klassischen Vorgehens durch agile Elemente.
- Projekte, deren Teilprojekte entweder change-getrieben, agil oder plangetrieben vorgehen.

Impact Mapping Strategische Planungsmethode, bei der in einem Mindmap bestimmte Aspekte festgehalten werden:
- In der Mitte das Ziel,
- auf den Ästen der 1. Ebene die Akteure,
- gefolgt auf der nächsten Ebene vom jeweiligen Impact und den Veränderungen
- auf der letzten Stufe dann die Sammlung der Lösungsansätze.

Diese könnten in der Folge priorisiert und dann bis zum Erreichen der gewünschten Wirkung weiterverfolgt werden. Impact Mapping eignet sich daher zum Sammeln und anschließenden Priorisieren unterschiedlicher Lösungsansätze. Bringt der höchst priorisierte Ansatz bereits die gewünschte Veränderung, müssen Alternativen nicht mehr umgesetzt werden.

Impediment Hindernis

Impediment Backlog Dies ist eine Liste der Hindernisse.
In der Methode Scrum wird sie vom Scrum Master geführt.

Improvement Board Task oder Kanban-Board, auf dem in Retrospektiven beschlossene Maßnahmen nachgehalten werden.

Inkrement Wortbedeutung lt. Duden: Betrag, um den eine Größe zunimmt.
In agilen Methoden wird darunter ein Ergebnis verstanden, das immer weiter ergänzt wird.
Das Inkrement ist das Ergebnis eines Sprints, das mit allen Inkrementen der Sprints davor zu einem gemeinsamen Ergebnis integriert ist.

Inkrementeller Lebenszyklus Dieser Lebenszyklus liefert Ergebnisse (Inkremente), die vom Kunden bereits eingesetzt werden können.

Innovation Games Diese Workshopformate wurden von Luke Hohmann im gleichnamigen Buch veröffentlicht.
Ziel der „Spiele" ist jeweils Feedback zu einem (geplanten) Service oder Produkt zu erhalten.

Input Queue Als Input Queue bezeichnet man die Spalte, die alle hochpriorisierten Tickets aufnimmt, die damit als nächstes bearbeitet werden sollen.
Die entsprechende Spalte wird oft mit „Ready" oder „Als Nächstes" beschriftet.

Inspect and Adapt Wichtiges Prinzip der Überprüfung und Anpassung.
Insbesondere die Meetings (Events wie Daily Scrum, Review und Retrospektive in Scrum) dienen diesem Prinzip.

INVEST Akronym, das die gewünschten Eigenschaft von User Stories beschreibt:
Independant – voneinander unabhängig
Negotiable – in der Ausprägung noch verhandelbar

Valuable – nützlich, wertvoll für die Nutzer
Estimable – schätzbar
Small – klein, sodass sie gut schätzbar und priorisierbar sind
Testable – testbar durch die Angabe von Akzeptanzkriterien.

Ishikawa-Diagramm, Fischgrätendiagramm Nach Prof. Ishikawa benanntes Ursache-Wirkungsdiagramm. Es dient der strukturierten Sammlung möglicher Ursachen eines Problems.

Item Kurzbegriff für Product Backlog Item.

Iteration Wiederholung, Schleife; in Scrum „Sprint" genannt.

Iterativer Lebenszyklus Dieser Lebenszyklus arbeitet mit Iterationen (Schleifen), um Feedback erhalten und für die weitere Entwicklung berücksichtigen zu können.

Jobs-to-be-done (JTBD) Im JTBD-Framework wird davon ausgegangen, dass Kunden ein Produkt „anheuern", um einen „Job" im Sinne einer Aufgabe erledigt zu bekommen. Will man für Kunden einen Nutzen stiften, muss man diese Aufgaben erkennen. Dabei geht es dann nicht nur um funktionale Anforderungen, sondern auch um soziale oder emotionale Aufgabenstellungen der Kunden.

JTBD-Framework Siehe Jobs-to-be-done

Kadenz, Cadence Zwei Bedeutungen:
Ein Meeting oder Review, das Feedback zu einem oder mehreren Ergebnissen bietet oder
Der Zeitraum zwischen den Meetings.
Wortbedeutung lt. Duden: u. a. eine Akkordfolge als Abschluss oder Gliederung eines Musikstücks oder die Feuergeschwindigkeit in der Waffentechnik.

Kaizen Aus dem Japanischen übernommen. Im Westen verwendet im Sinne eines Kontinuierlichen Verbesserungsprozesses (KVP). Der Begriff stammt von Masaaki Imai aus seinem gleichnamigen Buch.

Kanban Der Begriff ist im Sprachgebrauch nicht eindeutig genutzt. Die Wortbedeutung ist Signalkarte im Japanischen.
Oft wird der Begriff umgangssprachlich mit dem Kanban-Board, der Kanban-Methode oder dem Kanban-System gleichgesetzt.

Kanban-Board visuelle Organisation von Karten (Kanban) in einem Kanban-System. Dabei weisen die Kanban-Boards im Regelfall vertikale Spalten auf, die eine Abfolge von Arbeitsschritten (meist von links nach rechts) abbilden. Zusätzlich sind horizontale Swim Lanes möglich.

Kanban Flight Level Siehe Flight Level

Kanban-Grundprinzipien (Foundational Principles) setzt auf evolutionäre Veränderung, was sich in den Grundprinzipien widerspiegelt:
- Starte mit dem, was du derzeit machst
- Verfolge inkrementelle, evolutionäre Veränderungen
- Respektiere initial Prozesse, Rollen, Verantwortlichkeiten, Titel
- Fördere Leadership auf allen Ebenen der Organisation.

Kanban Master Dies ist keine „offizielle“ Rolle in Kanban. Mitunter unterstützt ein Kanban Master die Teams bei der Einführung und Anwendung von Kanban (analog zum Scrum Master). Mitunter wird die Rolle auch „Flow Master“ genannt. Neu definiert ist in Kanban die Rolle des Service Delivery Managers (siehe dort).
Vergleiche Scrum Master für Scrum.

Kanban-Meeting Kanban ist es das Meeting des Teams vor dem Kanban-Board. Es dient zum einen der Kommunikation und ist gleichzeitig ein wichtiger Feedbackmechanismus oder eine Kadenz. Es findet typischerweise täglich statt und fokussiert primär den Arbeitsfluss.
Vergleiche Daily Scrum für Scrum

Kanban-Methode evolutionärer Change-Ansatz, der von David J. Anderson beschrieben wurde. Die Methode umfasst sechs Praktiken und vier Grundprinzipien.
Es gibt immer wieder Diskussionen, ob es sich bei Kanban überhaupt um eine Methode handelt. Im Buch „Essential Kanban Condensed“ wählen David J. Anderson und Andy Carmichael explizit den Begriff Methode.

Kanban-Praktiken (Core Practices) - Mach Arbeit sichtbar
- Limitiere den Work-in-Progress
- Manage Flow
- Mach Prozessregeln explizit
- Implementiere (häufige) Feedbackmechanismen
- Führe gemeinschaftlich Verbesserungen durch.

Kanban-Rollen Kanban respektiert initial bestehende Rollen, Titel und Verantwortlichkeiten. Es gibt allerdings zwei sich herauskristallisierende Rollen: Service Delivery Manager (so etwas wie ein „Flow Master“) und Service Request Manager (so etwas wie ein Product Owner).

Kanban-System Es bezeichnet ein Pull-System, mit dem der Arbeitsfluss visualisiert und die Menge der parallelen Arbeiten begrenzt wird (durch ein WIP-Limit = Work-in-Progress-Limit).

Karte, Card Die visuelle Abbildung einer Arbeitseinheit auf dem Kanban-Board, alternativ als Ticket oder Kanban bezeichnet.

Kundendurchlaufzeit Dies bezeichnet aus Kundensicht die von Arbeitseinheiten benötigte Zeit, um durch das System zu kommen (meist von Anforderung bis Auslieferung gemessen).

Lean Startup Dabei handelt es sich um ein Methodenset für neue Unternehmen, zu dem beispielsweise das MVP (Minimum Viable Product) oder der Business Model Canvas zählen. Der Fokus ist auf Kundenorientierung und marktgerechter Ausrichtung des Unternehmens.
Vergleiche Canvas und Minimum Viable Product.

Lebenszyklus, Projektlebenszyklus – Der Projektlebenszyklus ist die Abfolge der Phasen, die ein Projekt vom Initiieren bis zum Abschluss durchläuft.
Bezogen auf Produkte beschreibt der Lebenszyklus den Prozess, den ein Produkt von der Vision bis zur Fertigstellung durchläuft. Der „Agile Practice Guide“ unterscheidet dabei:

– Predictive life cycle = prognostizierter Lebenszyklus,
– Iterativer Lebenszyklus,
– Inkrementeller Lebenszyklus,
– Agiler Lebenszyklus.

Little's Law Benannt nach John Little, der den Beweis 1961 veröffentlichte:
Die Durchlaufzeit der Arbeit ergibt sich aus der durchschnittlichen Anzahl Arbeitseinheiten geteilt durch den durchschnittlichen Durchsatz.

Magic Estimation Schätzverfahren mit Story Points. Dabei werden die zu schätzenden Features oder Stories vom Team der entsprechenden Anzahl Story Points im Sinne einer „Kategorie" zugeordnet. Es gibt die Kategorien 0, 0,5, 1, 2, 3, 5, 8, 13, 20, 40 und 100 Story Points.

Mehrpunktfrage Moderationstechnik, bei der die Teilnehmer mehrere Stummen für eine Abstimmung erhalten, die sie auf verschiedene Alternativen verteilen können.

Meilenstein Seit der Antike dienten Steine als Entfernungsanzeiger an Straßen.
Im Projektmanagement versteht man unter einem Meilenstein ein besonderes Ereignis. Bestimmte Meilensteine können von der Organisation vorgegeben werden, ein Projektleiter kann sie aber auch bei der Planung zur besseren Steuerung des Projektes definieren.

Meilensteinlinie Linie in einer Story Map, die jeweils anzeigt, welche To-dos zusammen ein Ziel unterstützen sollen. Die Fertigstellung dieser To-dos stellt das Erreichen eines Meilensteins dar. Nach Mike Cohn.

Methode Laut Duden: Auf einem Regelsystem aufbauendes Verfahren zur Erlangung von Erkenntnissen oder praktischen Ergebnissen oder die Art und Weise eines Vorgehens.

Mindset, Denkart Dies ist die Gesamtheit von Werten, Glaubenssätzen und Prinzipien, die Auswirkungen auf Handlungen und Entscheidungen hat.

Minimum Marketable Feature (MMF) Minimum Marketable Feature bezeichnet das Bündel an Funktionalität, das einen Teil der Kundenanforderungen erfüllt und gleichzeitig einen Wert für den Kunden bietet, wenn es als separate Einheit zur Verfügung gestellt wird.

Minimum Marketable Product (MMP) Es ist das Produkt mit dem kleinstmöglichen Set an Features, um für erste Anwender einen Nutzen bieten zu können. Es ist damit eine Möglichkeit, die Time-to-Market (die Zeit, bis das Produkt auf den Markt kommt) möglichst kurz zu halten.

Minimum Viable Product (MVP) Minimum Viable Product (MVP) beschreibt die Version eines neuen Produktes, mit der ein Maximum an Information und Feedback bei geringstmöglichem Aufwand ermöglicht wird. Es dient dazu, ein Produkt oder eine Produktidee validieren zu können. Dadurch wird das Risiko von Fehlinvestitionen verringert.

Model for Suitability of Agile Approach Modell des Project Management Institute aus dem Agile Practice Guide: Grundlage für die Einschätzung eines Projektes und die Wahl des passenden Vorgehens.

Dabei werden mit jeweils drei Fragen drei Dimensionen abgedeckt: Kultur, Team und Projekt selbst.

Moderator Person, die ein Gespräch oder einen Workshop steuert, oder einen Problemlösungsprozess strukturiert, sich aber inhaltlich nicht beteiligt.

Monopoly Money Schätzverfahren zum Priorisieren: Die Schätzer erhalten „Monopoly Money", also eine bestimmte Summe Spielgeld, das sie auf die angedachten/geplanten Product Backlog Items verteilen können.

Multitasking Bei Multitasking wird an mehreren Arbeitseinheiten parallel gearbeitet. Dadurch ist immer wieder auch ein Wechsel des Kontexts notwendig (Kontext-Switching), der (geistige) Kapazitäten bindet und Energie kostet.

MuSCoW Akronym für das Priorisieren mit den folgenden Abstufungen:
Mu = Must have – essentiell, also unbedingt notwendig,
S = Should have – erforderlich, sollte also vorhanden sein oder umgesetzt werden,
Co = Could have – wünschenswert, könnte vorhanden sein,
W = Would like to have, but not this time.

Nachfüllmeeting Replenishment Meeting

Netzdiagramm Siehe Radardiagramm

Oberste Direktive Siehe Prime Directive

Operations Review Meeting, Operation Review Dies ist ein Meeting auf einer höheren Ebene als die Abteilung (wie einem Bereich), bei dem verschiedene Teams Leistungsdaten, Fehlerberichte usw. mit anderen Stakeholdern wie Kunden oder weiteren Teams teilen.
Es findet oftmals monatlich statt.

Pain-Gain-Map Aus den Gamestorming-Techniken: Aufstellung, was die Nutzer glücklich macht (gains) und wo die „Schmerzpunkte" (pains) sind.

PAKKO Akronym für eine Fragetechnik: Persönlich, Aktivierend, Kurz und knackig, Konkret, Offen.

Paraphrasieren Der Gesprächspartner wiederholt das Wesentliche der empfangenen Kommunikation mit eigenen Worten.

Persona Dies bezeichnet einen archetypischen Anwender, der eine Anwendergruppe repräsentiert und dessen Ziele und Motivationen beschrieben werden.
Personas dienen der fortlaufenden Ausrichtung eines Produktes an den entsprechenden Zielgruppen.

Personal Kanban Dabei wird Kanban auf die Steuerung der Arbeitslast einer Einzelperson oder eines kleinen Teams angewandt.
Es wurde populär durch das gleichnamige Buch von Jim Benson und Tonianne DeMaria Barry. Dabei werden aus den sechs Kanban-Praktiken die ersten beiden besonders betont: Visualisieren der Arbeit und Begrenzen des Work-in-Progress.

Planning Poker®, Planungspoker Dabei handelt es sich um einen kollaborativen Ansatz zur Schätzung der Komplexität der Umsetzung von Product Backlog Items. Es schätzt das Team, das im Anschluss auch die Umsetzung macht. Dabei werden Planning Poker®-Karten eingesetzt.

Planning Poker®-Karten Spielkarten mit Punktewerten zum Schätzen der Komplexität der Umsetzung von Product Backlog Items.
Sie haben meist die folgenden Punktewerte: 0; 05; 1; 2; 3; 5; 8; 13; 20; 40; 100 mit den Sonderkarten Kaffeetasse (für Pause) und Fragezeichen (weitere Erklärung zum PBI [Product Backlog Item] notwendig).

POEM Siehe Product Ownership Evolution Model.

PMBOK® Guide, Project Management Body of Knowledge Dies ist der grundlegende Standard für Projektmanagement, herausgegeben vom Project Management Institute (PMI) und in regelmäßigen Abständen aktualisiert. Im Herbst 2017 wurde die sechste Auflage des PMBOK® Guide gemeinsam mit dem „Agile Practice Guide" veröffentlicht.

Portfolio Der Begriff wird ursprünglich in der Kunst für eine Sammelmappe genutzt. In der Wirtschaft ist ein Portfolio ein Bestand an Produkten, Rechten usw.:
Produktportfolio: Die angebotenen Produkte des Unternehmens oder Unternehmensbereichs.
Projektportfolio: Die Projekte und Programme eines Unternehmens oder Unternehmensbereichs.

Power-Interest-Grid, Stakeholder Portfolio Siehe Stakeholder Portfolio.

Prime Directive, Oberste Direktive Grundhaltung für Retrospektiven: „Wir sind tief davon überzeugt, – egal, was wir heute erkennen – dass alle Beteiligten zu jedem Zeitpunkt nach bestem Wissen, Gewissen und Kenntnisstand gehandelt haben."

Probability and Impact Matrix, Wahrscheinlichkeits- und Auswirkungsmatrix Siehe Wahrscheinlichkeits- und Auswirkungsmatrix.

Product Backlog Es wird auch als „Inventory of things to be done" bezeichnet, also die Liste der anstehenden Arbeiten. Es sind damit alle To-dos oder Arbeitseinheiten, an denen die Arbeit noch nicht begonnen hat und für die es auch noch keine Zusage gibt. Dies bedeutet, dass nicht alle Arbeitseinheiten im Backlog auch tatsächlich umgesetzt werden müssen.
Für das Product Backlog gilt das Akronym DEEP – siehe dort.
Die To-dos können während der Projektplanung bereits aufgelistet worden sein oder sie werden beispielsweise später ins Backlog aufgenommen:
- bei Scrum im Rahmen des Product Backlog Refinements
- bei Kanban bei Replenishment Meetings (Nachschubmeetings).

Product Backlog Item (PBI), Product Backlog-Eintrag Ein Element im Product Backlog, meist eine Anforderung.

Product Backlog Refinement Der Begriff kommt aus der Methode Scrum und bezeichnet die fortlaufende Pflege des Product Backlogs (früher Grooming genannt), die in der Verantwortung des Product Owners liegt.
Es bezeichnet das Weiterentwickeln des Product Backlogs mit Aufnehmen und Schätzen neuer Product Backlog Items, Hinzufügen von Details zu Items, Sortieren der Items, Entfernen obsoleter Items. Dies kann auch im Rahmen von Meetings erfolgen,

die ein- bis zweimal pro Sprint zwischen Product Owner, Development Team und Stakeholdern stattfinden.

Product Box Siehe Design the Product Box.

Product Owner Dies bezeichnet die Rolle in Scrum, die am Ende verantwortlich für Inhalt und Ausprägung eines Produktes verantwortlich ist. Die Aufgabe wird oft auch als die eines „Value Maximizer" beschrieben.
Vergleiche auch Service Request Manager als sich herauskristallisierende Rolle in Kanban.

Product Ownership Evolution Model (POEM) Von Oliver Winter und Tim Klein vorgeschlagenes Modell zur Evaluierung der Ausprägung der Product Owner-Rolle.

Product Roadmap Eine Roadmap gibt einen Überblick über die geplante Entwicklung eines Produktes und die nächsten Releases.

Produktvision Siehe Vision

Prognostizierter Lebenszyklus, predictive lifecycle Dieser Lebenszyklus ist der eher „klassische", sequenzielle Ansatz, bei dem der überwiegende Teil der Planung vorab stattfindet und seinen Niederschlag in einem Plan findet, der in der Folge abgearbeitet wird. Im Buch wird er daher auch als plangetriebenes Vorgehen bezeichnet.

Programm In einem Programm werden mehrere Projekte zusammengefasst werden, wenn man sich aus dem gemeinsamen Management einen Zusatznutzen verspricht, wie z. B. eine leichtere Ressourcenverwaltung.

Projekt Ein zeitlich begrenztes und weitgehend einmaliges Unterfangen, um ein Produkt oder eine Dienstleistung herzustellen.

Project Canvas Zusammenfassung der für die Genehmigung eines Projektes relevanten Informationen.
Sein Vorteil ist die strukturierte Darstellungsweise, die einen schnellen Überblick über relevante Projektinformationen gibt.

Project Charter, Projektauftrag Mit diesem Dokument wird ein Projekt formal durch den Sponsor genehmigt.
Es beantwortet im Regelfall die folgenden fünf W-Fragen: Wer ist beteiligt/betroffen? Worum geht es im Projekt? Wo wird es stattfinden? Wann – Anfang und Ende? Warum? Wie – die Beschreibung des Ansatzes und damit auch die Wahl des Lebenszyklus.

Projektleiter, Projektmanager Verantwortlicher für den Erfolg des Projektes, der mit der Planung, Durchführung und Steuerung des Projektes von der Organisation betraut wird.
Diese Rolle gibt es nicht in allen agilen Methoden.

Projektmanagement Dabei handelt es sich um die Anwendung von Wissen, Fähigkeiten, Methoden und Werkzeugen auf die Arbeit im Projekt, um darüber die Ziele des Projektes erreichen zu können.

Project Management Institute (PMI) Dabei handelt es sich um einen weltweit tätigen Projektmanagementverband. Er gibt Standards heraus, bietet entsprechende Zertifizierungen an und treibt Forschung und Entwicklung im Bereich des Projektmanagements voran. In diesem Zusammenhang relevante Veröffentlichungen sind der PMBOK® Guide und der Agile Practice Guide.

Project Management Body of Knowledge, PMBOK ® Guide Siehe PMBOK® Guide

Prozesszeit Die eigentliche Bearbeitungszeit (in Abgrenzung von der Durchlaufzeit).

Prune the Product Tree Bei diesem Innovation Game® werden wichtige Features und Funktionalität eines Produktes gesammelt und eine erste intuitive Bewertung dazu vorgenommen. Der Name ist abgeleitet von einem gezeichneten Baum, an den die Features „gehängt" werden – je näher am Stamm, desto wichtiger sind sie.

Puffer Vergleiche auch Queue = Warteschlange

Puffer werden als Queue bewusst vor einem Engpass oder einer bestimmten Aktivität auf dem Kanban-Board platziert, um beispielsweise einen Engpass kontinuierlich mit Arbeit versorgen zu können.

Pull-System Ein System, in dem die Arbeit von Mitarbeitern „gezogen" wird, wenn die entsprechende Kapazität vorhanden ist.

Push-System Ein System, bei dem die Arbeit zugeteilt oder in ein System gestellt wird, unter Umständen ohne ausreichende Berücksichtigung der vorhandenen Kapazität.

Queue, Warteschlange Queue bezeichnet eine Warteschlange;

Meist ist es eine Unterspalte auf dem Kanban-Board, in der Arbeitseinheiten auf ihre Weiterbearbeitung warten (z. B. „bereit für <<nächster Bearbeitungsschritt>>").

Radardiagramm Dies ist ein Diagramm mit einer sternförmigen Anordnung von Achsen für Messwerte. Durch das Eintragen der Werte und das Verbinden der Punkte ergibt sich grafisch ein Spinnennetz. Daher auch der alternative Name Spinnwebdiagramm.

Radardiagramme werden vor allem zum Vergleichen von Werten aus mit zeitlichem Abstand wiederholten Messungen genutzt.

Siehe auch Teamradar und Werteradar.

Referenzstory Eine User Story, die einem Schätzteam gut bekannt ist und die gemeinsam geschätzt wird. Sie dient in Folge als Referenz für alle weiteren relativen Schätzungen von User Stories. Das Schätzen erfolgt jeweils im Vergleich zur Referenzstory.

Regel Wortbedeutung lt. Duden: „Aus bestimmten Gesetzmäßigkeiten abgeleitete, aus Erfahrungen und Erkenntnissen gewonnene, in Übereinkunft festgelegte, für einen jeweiligen Bereich als verbindlich geltende Richtlinie".

In Kanban-Systemen ist dies u. a. die „Definition of Done" (DoD) oder ein WIP-Limit.

Release Das Produkt oder die Kombination von Arbeitsergebnissen, die an den Kunden ausgeliefert werden.

Release Burndown Das Release Burndown zeigt die noch verbleibende Arbeit des Releases.

Das Diagramm hat meist auf der x-Achse die Anzahl Sprints und auf der y-Achse die Anzahl Story Points des Releases.

Es wird mit jedem Sprint vom Product Owner zum Sprint Review aktualisiert.

Release Sprint Häufige Praxis, bei der Abschlussarbeiten für ein Release in einem separaten Sprint geplant werden. Dieser wird mitunter auch als Hardening Sprint oder Pre-Release-Sprint bezeichnet.

Diese Praxis ist umstritten, da jeder Sprint ein Inkrement erzeugen soll, dass potenziell ausgeliefert werden kann.

Relatives Schätzen Beim agilen Schätzen werden Product Backlog Items meist in Relation zueinander geschätzt, z. B. mittels Planning Poker® oder T-Shirt-Größen.

Remember the Future Dies ist ein Innovation Game®, bei dem sich die Beteiligten gedanklich in die Zukunft versetzen und von diesem Zeitpunkt in der Zukunft aus betrachtet versuchen heraus zu finden, was für den Erfolg wichtige Eigenschaften des Produktes gewesen sein könnten.

Replenishment Das Befüllen der Input Queue eines Kanban-Systems.

Replenishment Meeting, Nachfüllmeeting Meeting, bei dem die Input Queue des Kanban-Systems gefüllt wird. Dabei findet gleichzeitig eine Priorisierung der anstehenden Arbeit statt.

Retromat Webseite, über die Vorschläge für die Gestaltung von Retrospektiven abgerufen werden können.

Retrospektive Dies ist ein wichtiges Meeting, bei dem die Zusammenarbeit im Team, seine Prozesse usw. diskutiert werden, um gemeinschaftlich Verbesserungen herbei zu führen. Populär wurde der Begriff durch die Methode Scrum, wo die Retrospektive eines der wesentlichen Events zur Überprüfung und Anpassung der Vorgehensweise ist.

Review Wortbedeutung: Kritische Besprechung.

In Scrum findet das Sprint Review am Ende des Sprints statt. Dabei wird das Inkrement vorgeführt, das Ergebnis des Sprints besprochen und diskutiert, was als Nächstes zu tun ist.

Kanban kennt unterschiedliche Reviews: Operations Review, Risk Review, Service Delivery Review und Strategy Review.

Risiko Ein unbestimmtes Ereignis, das eine Bedrohung oder eine Chance für das Projekt oder die Projektarbeit darstellen kann.

Risikomanagement (im Projekt) Dazu zählen alle Prozesse und Tools, die der Identifizierung, der Analyse der Risiken, der Planung und der Umsetzung der entsprechenden Bewältigungsmaßnahmen sowie der weiteren Überwachung der Risiken im Projekt dienen.

Risk Response Risikobewältigungsmaßnahme.

Risk Review Kanban-Kadenz, die dem Risikomanagement gewidmet ist.

Roadmap Siehe Product Roadmap.

Scope Inhalt und Umfang des Projekts.

Scrum Engl. „Gedränge", Analogie aus dem Rugby.

Eine sehr populäre agile Methode, die mit sog. Sprints (Iterationen) arbeitet. Durch diese zeitlich begrenzten Sprints wird gleichzeitig auch die Menge der laufenden Arbeit begrenzt.

Scrum ist disruptiv (grundlegend anders) und nicht evolutionär wie die Kanban-Methode.

Scrum Guide Leitfaden zu Scrum, der von Jeff Sutherland und Ken Schwaber gemeinschaftlich entwickelt und fortgeschrieben wird.
Er beinhaltet Rollen, sog. Artefakte und Events sowie die Regeln von Scrum.

Scrum Master Rolle in der Methode Scrum.
Der Scrum Master sorgt für die richtige Umsetzung und Anwendung von Scrum, beseitigt Hindernisse, unterstützt das Scrum Team in seiner Entwicklung und der Zusammenarbeit.
Für Kanban siehe Kanban Master oder Service Delivery Manager.

Scrum-Rollen Scrum Guide kennt nur die folgenden Rollen: Product Owner, Scrum Master und Development Team.

Scrum-Team Scrum-Team besteht aus Product Owner, Scrum Master und Development Team.

Service Delivery Review Dies ist ein Meeting auf Abteilungsebene, bei dem Fortschritt und Leistung betrachtet werden. Es findet oft wöchentlich oder zweiwöchentlich statt.

Serviceklasse Tickets werden definierten Kategorien, den Serviceklassen, zugeordnet. Die meist gebrauchte Einteilung in Abhängigkeit von Risiken (Zeit bzw. Kosten) lautet: „standard", „termingebunden", „beschleunigt" und „unbestimmbare Kosten" (langfristig wichtig, aber kurzfristiger ökonomischer Nutzen schwer bestimmbar).

Servicelevel die Qualität der Leistung, die einem Service Level Agreement zugrunde liegt. Unterschiedliche Arbeiten können dabei verschiedenen Serviceklassen zugeordnet werden.

Service Level Agreement (SLA) Dies bezeichnet die Vereinbarung zwischen einem Auftraggeber und Auftragnehmer bezüglich der Qualität von immer wiederkehrenden Dienstleistungen. Dabei geht es vor allem um Fragen der Reaktionsgeschwindigkeit, des Umfangs der Arbeiten oder der Dauer der Abwicklung.

Service Delivery Manager Verantwortlich für den Fluss der Arbeit im Kanban-System, moderiert das Kanban-Meeting und das Delivery Planning Meeting.
Diese Rolle ist nicht von Kanban vorgegeben. Sie hat sich aber im Laufe der Zeit herauskristallisiert, sodass sie nun als eine von zwei Rollen in der Methode beschrieben wird.
(Anderson David J., Andy Carmichael (2016) Essential Kanban Condensed. Lean Kanban University Press, http://leankanban.com/guide/ Download 24. Februar 2017)

Service Request Manager Dies ist die Rolle in einem Kanban-System, die für die Nutzenmaximierung verantwortlich ist.
Sie entspricht damit dem Product Owner in Scrum.
Diese Rolle ist nicht von Kanban vorgegeben. Sie hat sich aber im Laufe der Zeit herauskristallisiert, sodass sie nun als eine von zwei Rollen in der Methode beschreiben wird.
(Anderson David J., Andy Carmichael (2016) Essential Kanban Condensed. Lean Kanban University Press, http://leankanban.com/guide/ Download 24. Februar 2017)

Significant Objective, „Übergeordnetes Ziel" Der Begriff „Übergeordnete Ziele" ist ein Vorschlag von Mike Cohn, um die Unterscheidung und Diskussion über die

Unterschiede von MVP, MMF und MMP zu umgehen. Das Significant Objective beschreibt, welches Ziel (Geschäfts- und Kundennutzen) mit dem nächsten Produktentwicklungsschritt/ Release erreicht werden soll.

Skalieren Der Begriff beschreibt die Anpassung der Größe.
Scrum ist für Development Teams von drei bis neun Personen gedacht. Bei der Skalierung werden mehrere Teams für größere Projekte aufgesetzt.
Der Begriff wird in Kanban analog angewandt, wenn der Einsatz von Kanban bis auf die Unternehmensgröße „hochgezogen" wird.

Spalte Vertikale Unterteilung des Kanban-Boards, die typischerweise einen Bearbeitungsschritt abbildet. Dabei kann eine Spalte auch in Unterspalten aufgeteilt werden, um Warteschlangen abzubilden.

Spaltenlimit Siehe WIP-Limit

Speed Boat Collaboration Game; Ursprünglich gedacht, um herauszufinden, was Kunden am Produkt gefällt und was nicht. Lässt sich übertragen vielseitig einsetzen: Dabei werden förderliche Aspekte und hinderliche Aspekte gesammelt.

Spinnwebdiagramm Siehe Radardiagramm.

Sponsor Allgemeine Bedeutung: Jemand, der etwas fördert, sponsert.
Im Projektmanagement versteht man darunter eine Person oder eine Gruppe aus dem Management, die ein Projekt autorisiert, unterstützt und dafür Ressourcen bereitstellt.

Sprint Dies bezeichnet die zeitlich begrenzte Iteration von maximal vier Wochen in der agilen Methode Scrum, in der ein Inkrement erarbeitet wird.

Sprint 0 Siehe Sprint Null.

Sprint Backlog Dies bezeichnet in der Methode Scrum die Product Backlog Items, die im Sprint Planning für den Sprint ausgewählt wurden sowie den Umsetzungsplan des Development Teams.

Sprint Board, Sprintwand Dient der Visualisierung der Sprintplanung, siehe auch Kanban-Board oder Task-Board.

Sprint Burndown Er zeigt die noch verbleibende Arbeit im aktuellen Sprint.
Bei der Darstellung als Diagramm sind auf der x-Achse die Arbeitstage des Sprints angegeben und auf der y-Achse die Arbeit im Sprint (als Anzahl der Tasks oder die geschätzten Stunden der Tasks).
Jeden Tag vor dem Daily Scrum wird die noch verbleibende Arbeit im Sprint durch das Development Team aktualisiert.

Sprint Goal, Sprintziel Es ist die Vision des Sprints und definiert seinen Nutzen. Es hilft die Arbeit des Development Teams zu fokussieren. Das Sprint Goal bleibt während der Sprints unverändert; die Ausprägung von Product Backlog Items kann aber im Sprint auf das Ziel hin angepasst werden (in Absprache mit dem Product Owner).

Sprint Null Dies ist ein Sprint, in dem das Team Grundlagen für seine Arbeit legt. Dabei werden meist noch keine funktionalen Anforderungen umgesetzt. Er ist aus diesem Grund umstritten.

Sprint Planning Dieser Begriff aus der Methode Scrum bezeichnet das erste Meeting (Event) eines Sprints, bei dem der Inhalt des Sprints geplant wird. Es besteht aus zwei Teilen.

Beim Sprint Planning Eins definiert das Scrum Team gemeinsam, „was" im Sprint erarbeitet werden soll. Dafür wird übergeordnet auch ein Sprint Ziel (Sprint Goal) definiert.

Beim Sprint Planning Zwei plant das Development Team die Umsetzung. Dabei werden die Product Backlog Items in Tasks herunter gebrochen. Es entsteht damit auch der Umsetzungsplan des Development Teams.

Sprint Review Siehe Review.

Sprint Retrospective Siehe Retrospektive

Stakeholder Dies sind Betroffene von oder Beteiligte an Projekten, sei es Einzelpersonen, Gruppen oder Organisationen.

Stakeholderportfolio, Power-Interest-Grid Einordnung der Projektstakeholder in eine Matrix mit den Dimensionen „Einfluss/Macht" und „Betroffenheit durch das Projekt". Stammt von Kevan Scholes und Gerry Johnson.

Stakeholderregister Darin werden alle Stakeholder eines Projektes aufgelistet und es kann eine Einschätzung zur Haltung oder Klassifikation der Stakeholder enthalten.

Standup-Meeting Kurzes, regelmäßiges Meeting im Stehen.

Vergleiche Kanban-Meeting oder Daily Scrum.

Stop starting, start finishing Lean- und Kanban-Mantra: Je weniger begonnene, noch nicht fertiggestellte Arbeit im System ist, desto höher ist der Durchsatz.

Vergleiche auch Little's Law.

Story Map Die visuelle Darstellung einer Roadmap, die neben der Priorisierung von Product Backlog Items auch die zeitliche Abfolge und Kombination von User Stories zeigt.

Story Point Story Points sind ein einheitenloses Maß, um die Komplexität der Umsetzung von Product Backlog Items zu schätzen. Dabei werden neue Items mit einer bereits geschätzten Referenzstory des Teams verglichen.

Strategy Review Kadenz in Kanban, die den Markt und seine Veränderungen betrachtet und überprüft, ob die derzeitigen operativen Ziele diesen Veränderungen noch gerecht werden.

Subject Group Siehe Themengruppe.

Swim Lane (Dt. Schwimmbahn)

Dies ist ein horizontaler Bereich auf einem Kanban-Board, der eine oder mehrere Spalten umfasst.

Durch verschiedene Swim Lanes können Tickets in Kategorien eingeordnet auf dem Board visualisiert werden.

Systemisches Konsensieren Dabei werden bei einer Abstimmung Widerstandspunkte für die verschiedenen Lösungsvorschläge vergeben: 0 – kein Widerstand bis 10 Punkte für maximalen Widerstand.

Task Bei Tasks handelt sich um kleinere Arbeitseinheiten, durch die gemeinsam eine User Story oder allgemein eine größere Arbeitseinheit umgesetzt werden kann. Es ist damit gleichzeitig der Plan, wie die Umsetzung schrittweise erfolgen soll.

Task-Board Dieser Begriff wird meist in Verbindung mit Scrum benutzt für ein Board, das eine Übersicht über anstehende, laufende und fertige Arbeiten bietet.
Es bildet meist nicht die Bearbeitungsschritte ab wie ein Kanban-Board.
Alternativ wird es auch als Sprint-Board oder Sprintwand bezeichnet.

Team Charter Dies ist ein Dokument, das Zweck, Grenzen und „Spielregeln" zeigt, die sich ein Team für seine Zusammenarbeit gibt.

Teamradar In Retrospektiven genutztes Radardiagramm, um vorher definierte Dimensionen in der Zusammenarbeit des Teams ein zu schätzen und diese Einschätzung mit zeitlichem Abstand erneut vorzunehmen.
Siehe auch Radardiagramm, Werteradar.

Template Dokument, das als Rahmen für eigene Ergänzungen zur Verfügung gestellt wird. Dies ist häufig in den Unternehmen der Fall, z. B. bei der Project Charter für die Projektgenehmigung.

Theme Ein noch großer Block von Anforderungen, der einen Namen hat und in der zeitlichen Folge noch weiter in kleinere Anforderungen aufgesplittet werden wird.
Dabei hat sich der folgende Sprachgebrauch eingebürgert: aus einem Theme werden mehrere Epics oder Features, aus jedem Feature wiederum mehrere User Stories.

Themengruppe, Subject Group Dies sind Themenbereiche des Projektmanagements wie Scope, Time, Cost etc. des ISO 21500 Standards. Sie werden dort mit Prozessen, deren Inputs und deren Ergebnissen beschrieben. Sie entsprechen den Knowledge Areas oder Wissensgebieten des PMBOK® Guide des Project Management Institute.

Ticket Die visuelle Abbildung einer Arbeitseinheit auf dem Kanban-Board, alternativ als Karte oder Kanban bezeichnet.

Timebox Eine feste Zeitdauer, die für Meetings oder Iterationen definiert wird. Die Timebox muss dabei nicht ausgeschöpft werden, legt aber eine maximale Dauer legt.

Time Timer® Uhren u. a. für Meetings, auf denen die Dauer eines Events (Timebox) eingestellt und dann jeweils die Restzeit deutlich sichtbar angezeigt wird.

To-do Wird hier als umgangssprachliche Beschreibung für jegliche anstehende Arbeit und Product Backlog Item genutzt.

User Story Eine kurze Beschreibung einer Anforderung, die aus der Sicht des Nutzers definiert und durch die Angabe des Nutzens auch in einen Kontext gestellt werden kann. Für die Formulierung hat sich eine Schablone eingebürgert mit: als… will ich, dass…., damit…
Gleichzeitig wird der Begriff auch für kleinere Anforderungen benutzt, die aus dem Schneiden von Features entstanden sind.

User Story Backlog Ein alternativer Begriff für Product Backlog.
Siehe Product Backlog.

Validated Learning In Lean Startup geprägter Begriff, der das Lernen anhand der Reaktion von Kunden beim Test einer Idee beschreibt.

Value Stream Siehe Wertstrom.

Vegas-Regel „What happens in Vegas, stays in Vegas“; häufig verwendete Regel in Retrospektiven.

Velocity Dies ist der Ausdruck für die Geschwindigkeit eines Scrum Teams. Sie errechnet sich aus der durchschnittlichen Anzahl Story Points, die ein Team pro Sprint schafft.
Der Wert dient vor allem der Planung.
Die Velocity ist damit teamspezifisch und kann nicht zwischen Teams verglichen werden.

Verzögerungskosten Siehe Cost of Delay.

Vision Dabei handelt es sich um die Formulierung und Abbildung der strategischen Ziele eines Produktes oder eines Projektes, die motivierend sein soll und die Ausrichtung der Anstrengungen aller Beteiligten auf diese Ziele unterstützen soll. Es ist wie eine „Fahne“, die dem Projekt oder Produkt vorangetragen wird.

Visualisierung Durch eine optische/grafische Aufbereitung werden abstrakte Daten und Zusammenhänge leichter erfassbar und verständlich dargestellt.

Wahrscheinlichkeits- und Auswirkungsmatrix, Probability and Impact Matrix In einer Matrix wird die Eintrittswahrscheinlichkeit von Risiken und deren Auswirkung bewertet und visualisiert.
Stammt von D.C. Hague.

Wall Estimation Schätzverfahren, das das Priorisieren und Schätzen des Aufwands/der Größe der Product Backlog Items (PBIs) kombiniert.
Einordnen von PBIs in ein Koordinatensystem mit den Achsen Größe und Priorität.

Walking Skeleton Begriff zu Story Maps: Als Walking Skeleton bezeichnet man die geordneten Aktivitäten/Features, die die Story abbilden und noch keine Details oder Alternativen beinhalten.
Vergleiche Story Map.

Wertstrom, Value Stream Alle Tätigkeiten oder Prozesse, die notwendig sind, um eine Dienstleistung oder ein Produkt vom Auftragseingang bis zur Auslieferung zu erstellen.
Typische Teilschritte können sein: Analyse, Design, Umsetzung, Test, Auslieferung.

Wert-Risiko-Matrix Matrix, die die Priorisierung von Anforderungen unterstützt:
x-Achse: für den Geschäftswert der Anforderungen von gering bis hoch
y-Achse: für das Risiko von gering bis hoch.

Werteradar Für Retrospektiven oder für die Selbsteinschätzung genutztes Radardiagramm, bei dem die Ausprägung und Einhaltung der agilen Werte eingeschätzt und mit zeitlichem Abstand erneut erfasst und verglichen wird.

WIP-Limit, Spaltenlimit Eine Regel, die den Work-in-Progress in einer Spalte begrenzt.
Durch weniger begonnene Arbeit können die Tickets schneller abgearbeitet werden, was die Durchlaufzeit erhöht.
Da es die Menge an Arbeit in einer Spalte begrenzt, wird es mitunter auch als Spaltenlimit bezeichnet.

Wissensarbeit Arbeit, die hauptsächlich Wissen nutzt und Wissen weiterentwickelt (nach Peter Drucker).

Work in Progress (WIP) Arbeit, die begonnen, aber noch nicht fertiggestellt ist. In einem Kanban-System wird dabei die Anzahl WIP in einer Spalte/einem Bearbeitungsschritt über ein Limit begrenzt (WIP-Limit).

Work Item Siehe Arbeitseinheit.

Workshop Dabei handelt es sich um ein Meetingformat, bei dem von den Teilnehmern gemeinsam, meist mit Unterstützung eines Moderators, ein Ergebnis erarbeitet wird.

Zeremonie Dies ist der frühere Begriff für die Events (Ereignisse, Meetings) in der Methode Scrum.

Sachverzeichnis

U. Kusay-Merkle, *Agiles Projektmanagement im Berufsalltag*,
https://doi.org/10.1007/978-3-662-56800-2

Printed by Printforce, the Netherlands